그 무한한 가능성

퓨전 테크
그리고
퓨전 비즈

그 무한한 가능성

퓨전 테크 그리고 퓨전 비즈

초판 1쇄 발행 : 2007년 5월 14일

지은이   이재동, 김원제
발행인   최규학

기획 / 진행   장성두
본문디자인   이오커뮤니케이션
표지디자인   김연아

발행처   도서출판 ITC
등록번호   제8-399호
등록일자   2003년 4월 15일

주소   서울시 은평구 역촌동 85-8 보원빌딩 3층
전화   02-352-9511(대표)
팩스   02-352-9520
e-메일   itc@itcpub.co.kr

인쇄 예림인쇄   용지 태경지업사   제본 문종제책사

ISBN-10 : 89-90758-72-6
ISBN-13 : 978-89-90758-72-9

값 16,000원

그 무한한 가능성

퓨전 테크
그리고
퓨전 비즈

이재동, 김원제 공저

ITC
INFO-TECH COREA

패러다임의 전환을 이끄는 퓨전 테크놀로지

IT, BT, CT 및 NT가 유기적으로 융합될 FT 시대의 새로운 패러다임은 이제까지의 제품 혹은 기능의 단순한 결합에서 더욱 발전한 이종 거대산업 간의 융복합 개념으로 삶의 질 향상을 위한 새로운 가치를 창조해 나갈 것으로 전망하고 있으며, 거대 산업이 창조적으로 융합될 FT(Fusion Technology) 시대의 도래로 미래 산업은 앞으로 과거보다 더욱 큰 기회(새로운 상품과 신규 시장)를 맞이할 것으로 전망하고 있습니다.

미래 하이컨셉 시대를 살아가기 위해서는 기술을 아름답게 하는 디자인 능력, 커뮤니케이션을 담은 스토리 구성 능력, 이질적인 조각들을 서로 결합하는 조화력, 남을 배려하고 즐길 줄 아는 여유, 의미와 만족을 추구하는 정신 등의 자질을 필요로 합니다. 이것이 바로 퓨전시대를 살아갈 '인간의 조건' 이라 생각합니다.

원래 퓨전의 어원은 라틴어의 fuse(섞다)로 이것이 영어식으로 명사화되어 Fusion(퓨전)이란 말이 생겨났습니다. 퓨전의 사전적인 의미는 융합, 용해, 합병, 통합, 연합으로 두 가지 이상의 요소가 섞여 만들어낸 스타일이나 의미, 가치, 문화 또는 새로운 조화를 이루는 것을 의미합니다. 따라서 퓨전 문화란 전혀 어울릴 것 같지 않은 다른 문화들이 만나 새로운 것을 창조해내는 것을 말합니다. 이국적인 취향을 선호하고 틀에서 벗어나고 싶어하는 신세대들이 관심을 가지면서 주목받기 시작한 퓨전 개념은 요리,

음악, 패션 등 문화뿐 아니라 기술 및 산업 분야에서도 21세기 거대산업과 문화 창조의 원동력으로 자리잡아가고 있습니다. 특히 기술 및 산업 분야에서 퓨전은 새로운 상품과 신규 시장을 창출하고 있습니다. 이처럼 퓨전의 물결은 복합화(기능의 집적)와 컨버전스(기능의 통합) 단계를 지나 화학적 결합을 통해 과거와 다른 변종을 만들어내는 단계로 진화하고 있습니다. 단순히 섞여 돌아가는 유행 같은 현상이 아니라 교집합 요소 간의 강력한 시너지 효과를 창출해 새로운 문화를 이루어내고 있는 것입니다.

이 책에서는 퓨전의 등장배경을 비롯하여 기술, 산업, 콘텐츠 등 다양한 분야에서의 퓨전의 의미와 이를 활용한 서비스 산업이 무엇이 있는지, 앞으로 어떻게 발전할 것인지 등을 설명하고 있습니다. 이 책은 모두 3부로 구성되어 있습니다. 1부에서는 21세기 문화 창조의 원동력으로서의 퓨전의 등장 배경 및 의미에 대하여 소개하였습니다. 2부에서는 6T(IT, BT, CT, NT, ET, ST)에 기반하여 다양한 분야에서의 퓨전의 모습을 보여주고 있으며, 과학기술과 문화의 퓨전으로서 CT의 부상을 소개하였습니다. 또한 다양한 산업 간 컨버전스, 콘텐츠(애니메이션, 방송, 영화 등) 분야에서의 퓨전 및 미디어/디바이스의 퓨전 현상 및 변화에 대하여 설명하였습니다. 이를 통하여 퓨전 현상에 기반한 거대산업 간의 융·복합 개념으로 삶의 질 향상을 위한 새로운 가치를 창조해낼 수 있는 방향을 소개하였습니다. 3부에서는 무한한 확장 가능성을 가진 퓨전의 미래 등 향후 발전 방향에 대하여 소개하였습니다.

이 책이 21세기 하이컨셉 시대의 퓨전(융복합) 환경의 주인이 되고자 하는 모든 분들의 실질적인 길잡이가 되기를 기대합니다. 이 책의 내용은 융합기술 연구 위원회의 연구원들의 공동 작업을 통해 이루어진 성과입니다.

머리말

다양한 아이디어와 열성을 보여준 연구원들에게 새삼 감사의 마음을 전합
니다. 또한 짧은 일정과 바쁜 업무 속에서도 이 책을 출간하기까지 애써주
신 도서출판 ITC의 최규학 사장님과 좋은 책을 만들기 위하여 꼼꼼하게 점
검해 준 장성두 실장에게 깊은 감사를 드립니다. 앞으로 다가올 퓨전시대에
더욱 발전되고 도움이 될 수 있는 내용으로 향상시킬 것을 약속드립니다.

2007년 4월

공동저자 이재동 · 김원제

3부 퓨전 비즈니스

공간, 기술, 문화 등 우리 사회 모든 분야에서 퓨전 키워드가 부상하고 있다. 서로 다른 것들을 섞어 새로운 것을 만들어내는 퓨전은 21세기 문화 창조의 원동력이 되고 있다. 특히 기술 및 산업 분야에서 퓨전은 새로운 상품과 신규 시장을 창출한다. 이처럼 퓨전의 물결은 복합화(기능의 집적)와 컨버전스(기능의 통합) 단계를 지나 화학적 결합을 통해 과거와 다른 변종을 만들어내는 단계로 진화하고 있다. 단순히 섞여 돌아가는 유행 같은 현상이 아니라 교집합 요소 간의 강력한 시너지 효과를 창출해 새로운 문화를 이루어내고 있는 것이다.

1부

퓨전 패러다임

1장 퓨전시대의 도래

1장 퓨전시대의 도래

1.1 21세기 키워드, 퓨전

"우리가 발명할 수 있는 것은 이미 모두 발명되었다." 미국 특허청장을 지낸 찰스 두엘(Charles H. Duell)의 말이다. 새로운 아이디어와 기술의 창의성을 인정하는 특허청의 수장이 남긴 말이라는 점에서 여러 가지를 곱씹어 생각하게 한다. 게다가 1899년에 던진 말이라는 점은 그 의미를 더욱 강력하게 한다. 성경에서도 "지금 있는 것은 언젠가 있었던 것이요, 지금 생긴 일은 언젠가 있었던 일이라. 하늘 아래 더 새 것이 있을 리 없다(구약성경 전도서 1장 9절)."라고 했다. 하늘 아래 새로운 것은 없다는 뜻 일게다. 결국 새롭게 해석하고 연결짓고 응용하는 것만이 있을 뿐이다. 창의성과 도전 정신이면 충분하다. 우리가 생각하는 모든 것이 가능한 시대가 되었다. 이러한 상상과 꿈을 가능하게 해 주는 것이 바로 '퓨전'이라는 키워드이다.

퓨전(fusion)은 fuse에서 온 단어로 '녹아 섞이는 현상'을 말하는 것으로 구리에 철을 섞어 청동이라는 특이한 색상의 더 강한 금속이 만들어지듯 둘 이상의 문화가 섞여 탄생된 제3의 특이한 문화를 일컫는 것이다.

이는 원래 다른 장르의 음악과 융합된 재즈 음악을 설명할 때 주로 사용된 용어이다. 1960년대 흑인 트럼펫 연주자인 마일즈 데이비스가 재즈와 록을 결합해 퓨전 재즈라 부르면서 일반인에게 널리 알려지게 되었다. 그러던 것이 음식, 문화 등을 포괄하는 개념으로 확장되고 있으며, 급기야 디지털 기기의 융합현상에 인용되고 있는 상황이다. 예컨대 전철을 타고 가면서 음악도 듣고 사진까지 찍고 심지어 방송까지 시청하는 휴대폰, 건설업과 통신업이 만난 '유비쿼터스 아파트', 내비게이션으로 무장한 '똑똑한 자가용', 이종 장르 간 경쟁도 마다 않는 이종격투기에 이르기까지 이전에는 전혀 별개의 영역에 존재하던 것들이 서로 결합해 전혀 새로운 것들을 보여주고 있다.

지난 세기말 미래학자들은 앞으로 펼쳐질 21세기의 키워드로 '퓨전'을 선택하는 데 주저하지 않았다. 문화와 과학기술이 주도하게 될 21세기에는 지역별, 인종별, 계층별 문화적 특성들을 한데 섞어 그 중에서 중요한 요소들만으로 새로운 성격을 창조해내야 생명력을 얻을 것이라는 확신이 있었기 때문이다. 그런 새로움을 창조하는 것이 바로 퓨전의 몫이다.

퓨전의 뒤섞임은 나름의 시대성을 지닌 문화현상이다. 하나만 가지고는 이 시대의 변화와 충격에 뒤따를 수 없기에 다른 문화와의 이종교배로 이겨나가겠다는 절충문화의 표출인 것이다. 1970년대부터 재즈를 시작으로 한 퓨전 음악, 퓨전 패션, 퓨전 음식 등 문화 전반에 걸쳐 자리잡은 하나의 문화현상이 되었다. 퓨전의 사전적 의미는 용해 또는 융해이다. 이 시대에 통용되고 있는 퓨전의 의미는 단순히 물리적인 섞음이라기보다는 요소들을 화학적으로 뒤섞는다는 뜻을 내포하고 있다. 뒤섞이어 새로운 것을 창조해내는 퓨전 문화의 힘은 우리 사회와 문화를 읽는 중요한 코드가 되고 있다.

퓨전 경향은 주로 첨단 분야에서 많이 나타난다. 청각의 확장 도구인 휴대전화와 시각의 확장 도구인 카메라가 결합하여 기존의 기능에 더해 전혀 새로운 기능을 발휘한 폰카(카메라폰)를 탄생시켰고, 이내 MP3폰이 등장하여 또 다른 퓨전을 시도하고 있다. MP3폰은 휴대폰의 본래 기능 외에 MP3 기능이 가미된 제품의 특징을 시각적으로 보여주고자 헤드폰과 기타의 비주얼을 차용하였다.

이른바 '데카르트 신드롬'으로 전자제품에 감성과 예술적 요소를 강조하고 있다. 데카르트는 기술(tech)과 예술(art)을 합성한 신조어로 첨단 가전제품에 소비자들의 오감을 만족시킬 수 있는 디자인과 기능성을 구현한 것을 일컫는다. 먹는 초콜릿을 핸드폰 이름으로 정한 LG전자의 '초콜릿 폰', 와인잔의 고급스러운 이미지를 차용한 삼성전자의 LCD TV '보르도' 등이 '데카르트 신드롬'의 대표적인 예이다. 이처럼 융합의 물결은 복합화(기능의 집적)와 컨버전스(convergence, 기능의 통합) 단계를 지나 퓨전(fusion, 화학적 결합)을 통해 과거와는 다른 변종을 만들어내는 단계까지 접어들었다.[1] 단순히 섞여 돌아가는 유행 같은 현상이 아니라 교집합 요소 간의 강력한 시너지 효과를 창출해 새로운 문화를 이루어내고 있는 것이다.

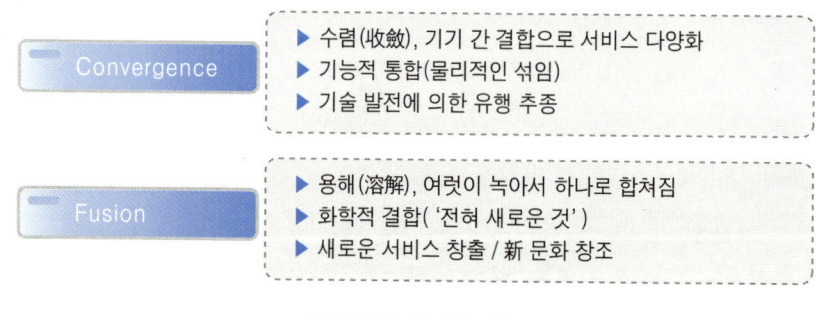

[그림 1.1] 퓨전의 개념

퓨전 문화는 'F(fusion)세대'라는 새로운 세대 개념을 끌어내기도 했다. 이 세대의 큰 특징은 무엇보다 기존의 관습에 얽매이지 않는다는 것이라 할 수 있는데,

---

[1] 컨버전스(융합)는 기능 차원의 결합을 의미하는 수준이었던 데 반해, 퓨전은 기능 차원을 넘어 전혀 새로운 기능을 창조해내는 화학적 작용을 의미하는 발전적 개념이다. 그러나 현재는 컨버전스라는 개념이 널리 사용되고 있으며, 점차 개념의 확장을 보이고 있는 상황이기에 이 책에서는 컨버전스와 퓨전이라는 용어를 혼용해 사용하기로 한다.

가장 쉬운 예로는 월드컵 당시의 태극기패션이나 페이스페인팅을 들 수 있다. 퓨전세대는 엄숙함과 즐거움을 경계짓지 않는다. 그들에게 엄숙함은 얼마든지 즐거움으로 변할 수 있다. 퓨전세대는 이질적인 문화요소들과 서로 다른 가치관을 쉴 새 없이 넘나들며 다양한 문화적 실험들을 잉태하고 있다. 의도했든, 의도하지 않았든 간에 지금 우리 문화는 서로 충돌하는 것들의 만남과, 그 만남으로 인한 새로운 것의 탄생이라는 문화적 상황에 놓여 있는 것이다.

이와 같은 퓨전 문화, 즉 뒤섞기와 새로움의 문화가 열풍처럼 불고 있는 이유는 무엇일까? 가장 우선적으로 손꼽을 수 있는 것은 시간과 공간 개념의 변화이다. 새로운 정보통신기술 덕분에 공간적으로 멀리 떨어져 있다는 사실은 더 이상 의사소통의 장애요소가 되지 못한다. 그뿐 아니다. 컴퓨터 화면 안에서 우리는 단 1초 만에 전혀 다른 영역으로 이동할 수 있으며, 서로 이질적인 분야의 정보가 모인 웹사이트를 한꺼번에 보는 것도 가능하다. 또한 정보를 입수하는 속도도 크게 빨라졌다. 클릭 한 번으로 곧바로 필요한 정보를 불러올 수 있다.

시공간의 개념만 변화한 것이 아니다. 사람도 변하고 문화도 변했다. 다양한 정보를 빠르게 입수할 수 있는 조건과 공간적 거리감의 축소는 서로 충돌하는 장르에 대한 심리적인 장벽까지 뛰어넘게 만들었다. 순식간에 정리되는 다양한 정보들은 다른 분야의 정보를 뒤섞을 수 있게 하였고, 정보의 개방성은 개인이 정보를 재창조하는 것도 가능하게 만들었다. 즉, 예전에는 각 분야의 전문가들에게나 가능했던 것이 아마추어들에게도 가능하게 되었으며, 빨라진 정보 입수의 속도는 '더 많은 정보, 더 새로운 정보'를 찾게끔 만들고 있는 것이다. 나아가 다양한 문화적 체험들은 사람들을 보다 새로운 문화를 찾도록 만들었고, 그것은 경계를 허물고 장르와 장르를 융합시키는 새로운 문화의 창출로 이어진 것이다.

[표 1.1] 퓨전의 영역

영역	내용 및 사례
문화	• 문화 + 문화 = 제3의 문화 • 하이브리드: 테크노아트, 이종격투기 등

기술	• 디지털 컨버전스(PC + TV + 전화 등)
	  – 기기 간 통합(멀티미디어 PC, PDA, 카메라폰, MP3폰, PMP 등)
	• IT 기반기술 컨버전스: IT + BT, BNIT 등
	  – 인간 + IT 컨버전스(사이보그 등)
	  – 사물 + IT 컨버전스(RFID 등)
	  – 공간 + IT 컨버전스(디지털 홈, U-시티 등)
	• 과학기술 + 문화 = CT

산업	• 전통산업 + 첨단산업
	  – e-Commerce; IT + 유통, e-Banking; IT + 금융
	  – e-Learning; IT + 교육, Telematics; IT + 자동차 등
	• 첨단 + 첨단
	  – VoIP, 광대역융합서비스, WiBro 등
	• 하이터치 + 하이컨셉
	  – 감성비즈니스, 퍼플오션, MSMU(Multi Source Multi Use)

미디어 & 콘텐츠	• 융합미디어서비스(웹 2.0/미디어 2.0)
	  – DMB, IPTV, WiBro 등
	• 퓨전 콘텐츠(복합콘텐츠): 장르 및 포맷 간 영역 파괴
	  – 형식: Freestyle(자유형) + Feedback(상호작용) + Fresh(신선함)
	  – 내용: Fun(재미) + Function(기능) + Feel(감동)

1.2 퓨전시대, 퓨전 문화

새로운 세대를 대표하는 하이브리드 스포츠인 이종격투기는 서로 다른 종류의 무술 간의 대결 구도로 이루어진다. 말 그대로 '이종(異種)'이다. 여러 스포츠 간 이종교배, 퓨전을 통해 새로운 스포츠를 만들어낸 것이다.

이종격투기에 열광하는 세대는 대부분 인터넷 세대이다. 이 국경 없는 세대들은 '국경 없는 가상 공동체'에 의해 탄생된 이종격투기에 열광한다. 이들은 '민족적 영웅' 탄생보다는 '개인적 영웅'을 창조하는 세대들로 불린다. 인터넷과 글로벌리

즘으로 무장한 세대에게 이전 세대를 관통하던 이념의 추동체인 국가적 이데올로 기나 정치적 정체성은 더 이상 의미가 없다. 이들에게 스포츠는 사회 통합적 기능 이 아니라 하나의 감성적 삶의 철학이다. 이종격투기는 고급, 저급의 이분법적 경 계를 떠나 문화적 다원성으로 인정해야 한다.

그래서 '블로그 세대(Be a Liberal & Open Generation)'로 대변되는 인터넷 세대들이 이종격투기에 열광하는지도 모른다. 이들 블로그 세대의 '개방(open)' 이란 감성 코드는 특히 스포츠에서 이종격투기로 투영된다. 섞일 수 없을 듯한 것 을 한곳에 모아놓은 강하고 빠르고 화끈한 이종 간의 싸움, 21세기 판 글래디에이 터에 블로그 세대가 몰입하고 있는 것이다. 과장되어 있는 듯한 뚜렷한 캐릭터에 빠른 결말 등은 컴퓨터 게임의 '가상'이 '현실'에서 이종격투기로 변주되면서 블 로그 세대의 코드를 상징적으로 보여준다.

하지만 무엇보다도 이종격투기가 성공한 가장 큰 요인은 하이브리드성의 새로 운 스포츠이기 때문이다. 하이브리드란 서로 다른 종이나 계통이 교배를 통해 여 러 가지가 섞인 잡종을 말한다. 이종격투기는 대중이 좋아할 만한 다양한 요소를 혼합하여 재창조해 버무려 놓았다(김원제, 2006). 지역, 계층, 인종, 문화의 여러 특성들을 혼합하여 새로운 것을 창조해야만 힘을 얻는다는 논리에 가장 부합하는 것이 바로 이종격투기인 것이다. 이종격투기에서 하이브리드 문화는 철저한 쇼비 즈니스의 도구로 존재한다.

이러한 하이브리드 퓨전시대에 우리 인간이 원하는 것은 무엇인가? 사람, 장소, 시간, 서비스, 장치 등의 관점에서 다음과 같은 것들이 기대된다.

첫째, 사람 차원에서 누구나(anybody)를 위한 것보다는 나만을 위한(for me) 것을 기대한다. 개인가치의 극대화, 편리성의 극대화, 프라이버시 보장, 개인화 향 상 등의 목표를 포함한다.

둘째, 장소 차원에서 어디서나(anywhere)를 넘어서 바로 여기(right here)를 기대한다. 프라이버시 보장, 자유의 극대화, 효율성 및 유용성의 극대화 등이 목표 이다.

셋째, 시간 차원에서 언제나(anytime)를 넘어 바로 지금(right now)을 지향한다. 자유의 극대화, 유용성 및 효율성의 극대화 등이 목표이다.

넷째, 서비스 차원에서 어떤 서비스(any service)가 아닌 내가 필요로 하는 서비스(what I need)를 지향한다. 편리성의 극대화, 유용성 및 활용성 확대, 개인화 향상 등을 목표로 한다.

마지막으로 장치 차원에서 어떤 기기(any device)가 아닌 내가 보유하고 있는 기기(what I have)를 지향한다. 유용성 확대, 비용의 최소화, 효율성 극대화가 그 목표이다.

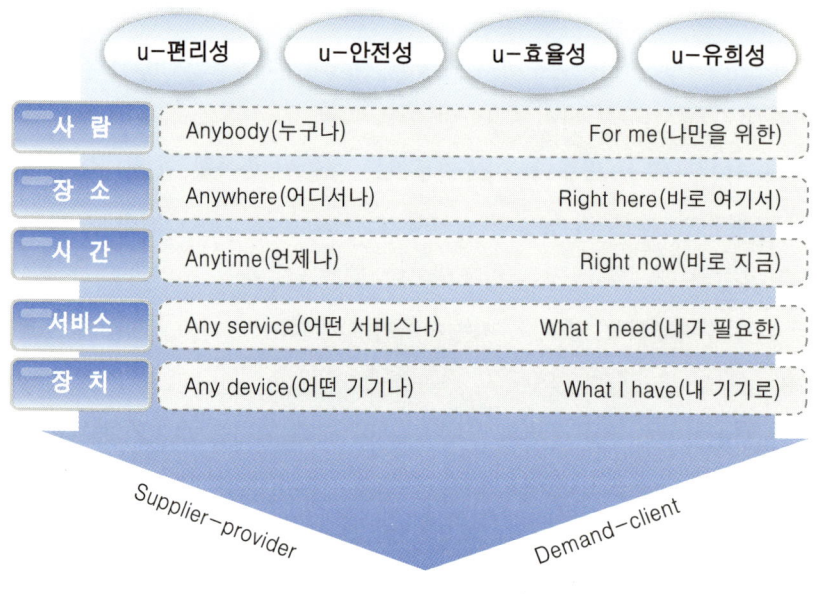

[그림 1.2] 퓨전시대 인간의 욕구 진화

다양화된 소비환경하에서 오늘날의 소비자는 철저하게 자신을 추구한다 (personalization). Self Gifting(자신을 위한 선물 구입), Uber Premium(한정된 명품 추구), I' Dividualism(정체성 + 개인주의, 유행 무시) 등을 그 특징으로 한다.

"인간은 Sex와 Status(위신)를 위해서는 돈을 아끼지 않는다"는 명제를 증명할 정도로 자신을 추구하는 경향이 크다.

이처럼 개인주의를 지향하는 오늘날의 소비자는 양면성 혹은 다면성을 갖는다. 첫째, 홀리즘(holism)과 미이즘(meism)이다. 집단적 소비와 개인 중심의 소비행태가 동시에 존재한다. 둘째, 디지털 노마디즘(digital nomadism)과 코쿠니즘(cocoonism)이다. 이동과 속도를 중시하는 유목민적 성향과, 안정과 정착을 중시하는 농경민적 성향이 상존하는 것이다. 셋째, 디지털 합리주의(rationalism)와 디지털 탐미주의(estheticism)이다. 이성적·합리적 소비와 감성적·과시적 소비의 양면성을 갖는다.

소비자 특성에 있어서 최근 경향은 프로슈머(prosumer)라는 신 개념을 선보이고 있다. 프로슈머란 기존의 소비의 주체였던 소비자(consumer)가 생산(product)의 주체로서 부각되고 있으며, 소비와 함께 생산의 욕구를 모두 포함하는 새로운 소비자 트렌드를 말한다. 이러한 프로슈머적 소비자 패턴은 개인화 욕구가 강하며, 개인화를 통하여 기존 재화의 소비를 개인의 선호에 맞는 개인화 과정을 통해 새로운 재화로 재창출하는 소비자 패턴을 보이고 있다.

향후 소비자에게 콘텐츠 서비스에 대한 다양한 선택권이 주어지면서, 어떤 매체를 주도적으로 이용하면서, 부가적으로 다른 매체를 활용할 것인가의 문제가 중요한 이슈로 떠오를 것으로 예상된다. 특히 융합 전송매체가 등장하고 보편화되면서 소비자들은 기존 CDMA 기반의 휴대폰 이외에, 다른 유형의 단말기기를 하나 더 호주머니에 혹은 가방에 넣고 자신이 처한 시간적·공간적 상황에 알맞게 기기와 콘텐츠의 활용에 적극적으로 나서는 진정한 의미의 참여자(participant)로 등장할 것이다.

롤프 옌센(Yensen, R.)은 그의 저서 『드림 소사이어티』에서 정보화 사회 이후에는 인간의 꿈과 신화와 감성을 중시하는 시대가 도래할 것이라고 예견했는데, '일상생활의 심미화'를 꿈꾸는 체험사회가 바로 그러한 사회인 것이다.

1.3 퓨전 테크놀로지

1.3.1 기술 패러다임의 전환

미래 테크놀로지의 진화 방향은 공급 차원에서 보면 복합화, 수요 차원에서 보면 단순화 경향을 지향한다. 이러한 경향은 이미 현실화되고 있다.

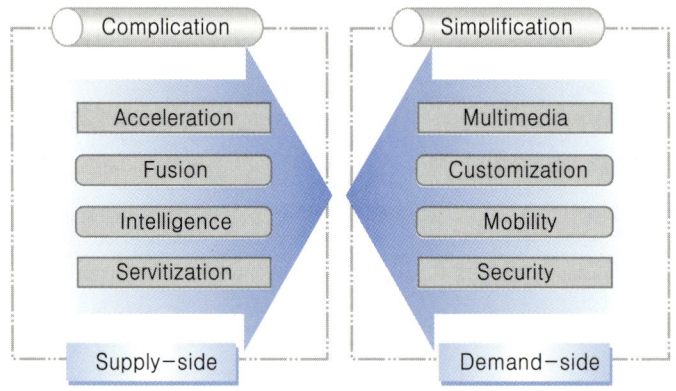

[그림 1.3] 테크놀로지 트렌드 변화

IT 기술은 인터넷 혁명을 지나 유비쿼터스 혁명의 시기로 진화하고 있으며, 향후 수년 내에 유비쿼터스 시대가 도래할 전망이다. 유비쿼터스 환경은 유비쿼터스 컴퓨팅과 네트워킹이 기반이 되는 유비쿼터스 정보기술(UIT)로 구성되는 환경이다. 이는 곧 IT의 제4패러다임, IT Everywhere 시대이다.

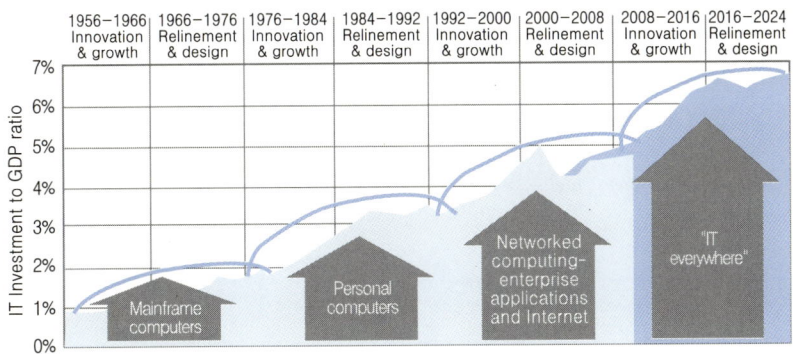

자료: Forrester(2005).

[그림 1.4] IT 패러다임 변화 추이

　이느덧 우리 시대는 퓨전기술(FT: Fusion Technology) 시대로 접어들고 있다. 이미 이종 기술 간에 융합이 활발해지고, 이에 따른 신제품/신산업 창출 및 기존 산업구조/생산방식의 혁명적 변화가 이루어지고 있다. 향후 IT, BT, NT(Nano Technology), CT(Culture Technology) 등 핵심 테크놀로지 간의 메가 융합현상이 두드러질 것으로 보이는데, 유기적으로 융합된 융합기술은 이제까지의 제품 혹은 기능의 단순한 결합에서 더욱 발전한 거대산업 간의 융·복합 개념으로 삶의 질 향상을 위한 새로운 가치를 창조해 나갈 것이다.

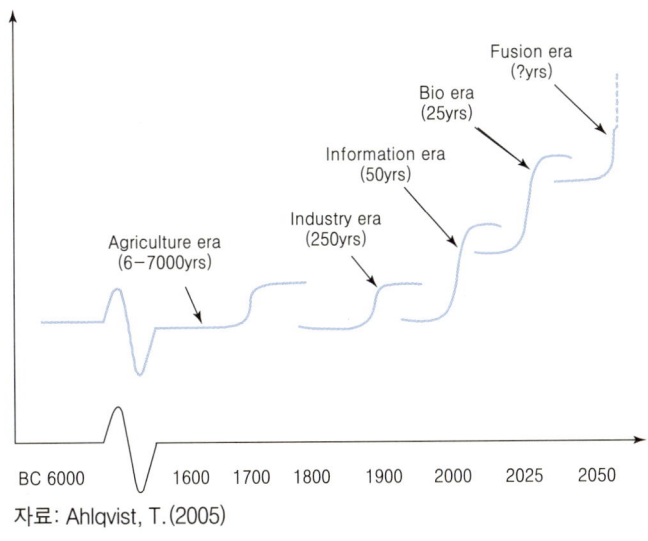

자료: Ahlqvist, T.(2005)

[그림 1.5] 테크놀로지 진화

어떠한 기술이 발달할수록 인간은 그 기술을 인간화하려는 경향이 있다. 즉, 인간에 대한 기술의 편리성을 높이는 동시에 인간을 기술의 중심에 두려 한다는 것이다. 또한 기술에서 시작된 융합은 사회문화적 융합으로 확대되어 거대한 복합문화사회를 형성하면서, '예술과 기술의 문화적 통합'으로 나타난다.

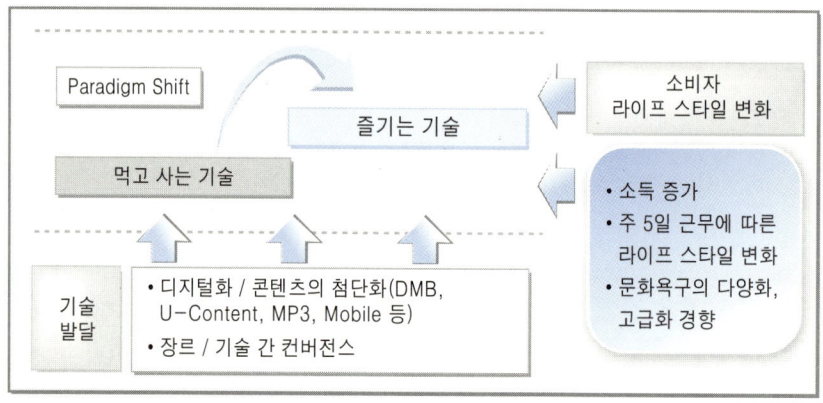

[그림 1.6] 기술 패러다임의 전환: '즐기는 기술'로의 진화

최근 중요성이 높아지고 있는 체험지향 사회에 필요한 것도 바로 '인간적인 기술'이다. 소비자들은 디지털이라는 새로운 생활의 이면에서 인간적인 감성과 여유로움이 급속하게 사라지는 것을 보면서 인간적인 가치를 되찾고 싶어하는 강한 욕구를 갖고 있다.

상품의 규격화된 기능과 서비스로는 더 이상 소비자를 사로잡기 어렵다. 소비자가 원하는 것은 감동적인 경험을 제공하는 상품이나 서비스라는 사실에 주목해야 한다. 관건은 소비자, 즉 인간의 감성을 자극하고 되살려주는 데 있다. 그렇다면 무엇이 해결방안이 될 것인가? 그것은 바로 경험을 팔아야 한다는 것이다. 아무리 디지털이 세상을 지배한다 해도, 테크놀로지를 개발하고 활용하여 편의를 추구하는 주체는 사람이기 때문이다. 인간이 있고서야 기술도 있기 때문이다.

1.3.2 퓨전기술, 웰빙의 조건

서로 다른 것들을 섞어 새로운 것을 만들어내는 퓨전은 21세기 문화 창조의 원동력이 되고 있다. 상이한 문화 영역을 아우르고 장르 사이의 벽을 뛰어넘는 퓨전 현상이 시대적 흐름으로 자리잡은 까닭은 상상력과 창조성을 극대화할 수 있는 가장 효율적인 접근방법으로 여겨지기 때문이다.

이러한 맥락에서 과학기술에 나타나고 있는 퓨전 추세 역시 필연적인 현상임에 틀림없다. 기술 퓨전을 선도하는 분야는 바로 디지털 퓨전이다. 디지털 기술을 매개로 하여 서로 다른 세 분야, 즉 정보처리기술(퍼스널 컴퓨터), 영상기술(텔레비전), 통신기술(전화기)이 한 덩어리로 융합되는 것이다. 그에 따라 전통산업과 첨단산업, 첨단기술과 첨단기술 사이의 경계를 넘나드는 퓨전 바람이 거세게 몰아치고 있다. 세계 시장에서 경쟁력을 지닌 신기술과 신제품을 창출하기 위해서 퓨전은 효과적인 전략으로 평가되고 있다.

퓨전은 가치창출의 핵심기반으로 작용하는 창발적 진화(emergent evolution) 과정이다. 이에 따라 창발적 진화는 단순한 기술적 용어에서 사회문화적 가치가 되고 있다. 특히 디지털 융합은 '융합의 융합'을 이끌어 초융합(mega-convergence)을 발생시킬 전망이다. 전통적인 미디어 영역을 중심으로 시장의 수요를 예측하고, 소비자의 기호를 겨냥한 디지털 융합은 고유한 기능들을 보다 발전시켜 새로운 서비스로 재탄생되고 있다.

IT 시대 이후에는 FT(Fusion Technology, 퓨전기술) 시대가 올 것이라고 황창규 삼성전자 사장은 「서울디지털포럼 2006」과 「CES 2007」에서 거듭 강조했다. 앞으로 5～10년 사이에 퓨전기술이 새로운 시대 흐름을 주도하게 되며, 이러한 FT 시대에는 기존의 기술과 기기 간 컨버전스(융·복합)와는 다른 차원의 융합이 이뤄질 것이라는 게 그 골자다. 한마디로 IT에 BT(바이오기술), NT(나노기술) 등이 융합된 FT가 미래의 기술 트렌드가 될 것이라는 얘기다. 이른바 '융합기술'로 불리는 FT는 최근 급속히 발전하고 있는 IT를 비롯 BT, NT 분야 등을 서로 합친 것(synergistic combination)으로, 기존 기술의 한계를 극복함으로써 경제 및 사회에 혁명적 변화를 가져올 것으로 보인다. IT, BT, NT 등 세 가지 첨단기술영역의 융합을 일컫는 'BINT'라는 신조어도 이젠 낯설지 않다. 서로 다른 학문 간의 공동연구로 이루어지는 학제연구(interdisciplinary studies)도 시대적인 유행이 되고 있다. 컨버전스의 시작은 기술 분야였지만, 컨버전스는 이제 기술영역을 넘어 문화현상이 되고 있는 것이다. 어쩌면 이것이 기술의 힘이다.

새로운 콘텐츠나 문화는 그에 맞는 기술이나 미디어에 담겨야 한다. 여기서 우리는 기술과 문화의 관계를 생각해 볼 필요가 있다. 물론 기술은 물질영역이고 문화는 정신영역에 가깝다. 얼핏 기술과 문화는 물질과 정신의 관계처럼 대조적으로 보이지만 사실은 동전의 양면과 같다. 디지털 시대에는 사실 이를 기술적으로 구분하는 것조차 쉽지가 않다.

역사의 큰 흐름을 되돌아보면 시대의 문화를 만들어 온 것은 기술의 발전이었다. 문화가 기술을 만들었다기보다는 기술이 새로운 문화를 창조했던 것이다. 굳이 기술결정론(technological determinism)[2]이란 이론을 제시하지 않더라도 새로운 문화를 만들어 온 일차적인 요인은 언제나 기술변동이었다. 증기기관이라는 기술적 요인은 산업혁명을 가능하게 했고, 산업혁명은 산업사회의 자본주의 문화를 가져왔다. 컴퓨터의 발명은 사회의 정보화를 가능하게 했고, 정보사회의 문화를 정착시켰다. 사이버문화, 디지털문화를 가져온 건 인터넷과 디지털 기술이었다.

컨버전스는 이러한 디지털문화와 잘 어울리며 글로벌화로 문화 경계가 모호해진 현대사회의 문화와도 코드가 맞는다. 컨버전스 패러다임은 여기저기 하청을 줘서 만든 부품들을 모으고 조립하는 산업시대 패러다임과는 본질적으로 다르다. 산업혁명이 불러온 사회의 패러다임은 분업이었고, 그래서 전문화가 중요했다. 한 우물을 파고, 기술 하나에만 매달리다 보면 그 분야에서 성공할 수 있었고 그 기술의 대가가 될 수도 있었다. 분업은 사회발전과 맥을 같이 했고 각 분야 전문가들에 대

[2] 기술은 그 자체의 논리에 따라 진화하며 이들 기술에 의해 사회가 변화한다고 보는 입장이다. 문화의 형태를 결정하는 중심요인은 기술이고 기타 사회문화적 인자(因子)는 전적으로 이것에서 영향을 받는다는 견해를 지지한다. 기술, 특히 미디어기술은 자체의 추동력에 의해 발전하고, 자체의 내재적 논리에 따라 문화에 효과를 일으킨다는 것이다.

한 수요를 불러왔다.

하지만 이런 구습적인 패러다임에 기초한 사회는 한계에 부딪혔다. 과학기술영역도 마찬가지였다. 개별적인 기술과 영역의 발전은 지속되어도 기술과 기술의 결합을 통한 상승발전이 없었던 것이다. 학문도 예외가 아니었다. 이제는 단일 학문만으로는 급변하는 사회 환경을 적절히 설명해낼 수 없다. 여러 가지 기술이 융합되어 하나의 새로운 기술을 만들고, 서로 다른 학문 분야들이 협동연구를 해야 하는 이른바 '기술과 환경의 컨버전스 환경'이 도래하고 있는 것이다.

이른바 학제 간 컨버전스도 활발하게 이루어지고 있다. 인문학과 사회학의 통합이 이루어지고 있고 인문사회와 과학기술, 과학과 기술 자체의 경계도 모호해지고 융합화 현상을 보이고 있다. 수학과 경제가 결합된 지는 이미 오래되고 수학과 금융이 결합되어 금융수학으로 복잡한 금융시장을 예측 분석하고 있다. IT 분야가 세상을 풍미하자 BT, NT 심지어 CT(문화콘텐츠기술)가 새롭게 등장하고 이들이 융합하여 BIT 기술, BNT 기술 등 복합기술로 발전하고 있으며 KAIST에도 문화기술대학원, 금융공학대학원, 바이오시스템학과 등이 설치 운영되고 있다. 최근의 노벨상 수상자를 보면 특정 분야의 단독 수상보다는 화학상 부문에서 의학박사가 공동수상하고, 생리의학상을 물리학자가 공동수상하기도 한다. 이렇듯 지금까지 '분야'라는 용어로 분리되었던 각각의 영역들은 빠르게 서로의 벽을 허물고 있고 경계를 없애고 있다. 경계를 넘나드는 포스트모더니즘의 세계도 일종의 퓨전의 산물이라고 할 수 있다.

문화와 과학의 융합을 통한 가치 창출, 즉 과학기술과 사회문화의 연계성도 확대되고 있다. 광학예술인 옵아트, 동력·빛의 효과 등을 이용한 키네틱아트, 백남준의 비디오아트 등 과학기술을 적극 활용하여 감성영역의 가능성을 넓혀가는 예술활동이 활발히 진행되고 있는 것이다.

프리만과 크로우는 1950년대 이후 과학기술 환경 변화에 따른 세계적인 과학기술 발전의 목적과 수단을 3단계로 구분하여 설명하고 있다.

[표 1.2] 시대별 과학기술 발전 목표와 방법

기간	1950~75	1975~95	2000년 이후
주요 목표	정치적 목적 (국방력)	경제적 목적 (산업 경쟁력)	사회적 목적 (고용 및 삶의 질)
정책수단	과학주도	기술주도	수요주도
주요 투자기술	원자력, 우주, 화학	전자, 컴퓨터, 통신	문제해결을 위한 과학기술의 융합

자료: 한국과학기술정책연구원(2003)

결국 2000년 이후 과학기술이 갖는 궁극적인 목표는 인간의 삶의 질을 제고하고 웰빙 라이프를 지향하는 데 있다.

오늘날 복잡하고 하이테크화된 사회시스템으로 인해 인간은 늘 바쁘게 살고, 다양한 업무로 스트레스에 내몰린다. 그에 따라 일상의 가치가 급격히 쇠락하고 인간 간 격차도 커지고 있다. 하이테크가 '차가운(cool)' 기술로 작동하는 것이다.

이러한 삶을 웰빙으로 전환하기 위해서는 '보이지 않는(invisible) 기술'이 되어야 하는바, 바로 '따뜻한(warm)' 기술이 그 해답이 된다. 따뜻한 기술은 즐기는 삶, 심플한 삶을 지향하며 고효용, 최소한의 간섭을 모토로 한다.

이러한 인간을 향한 따뜻한 기술은 이미 우리 생활의 다양한 분야에 파고들고 있다. 인구 구조가 역전되어 점차 나이 들어가는 세상에 퓨전 테크놀로지가 등장해 웰빙 라이프의 가능성을 열어주고 있다. 또한 인터넷은 모든 곳과 소통을 가능하게 해 네트워크 사회, 공동사회를 만들어가고 있다. 디지털 융합의 가속화는 퓨전서비스를 제공해 주면서 개인맞춤 서비스를 제공하기도 한다.

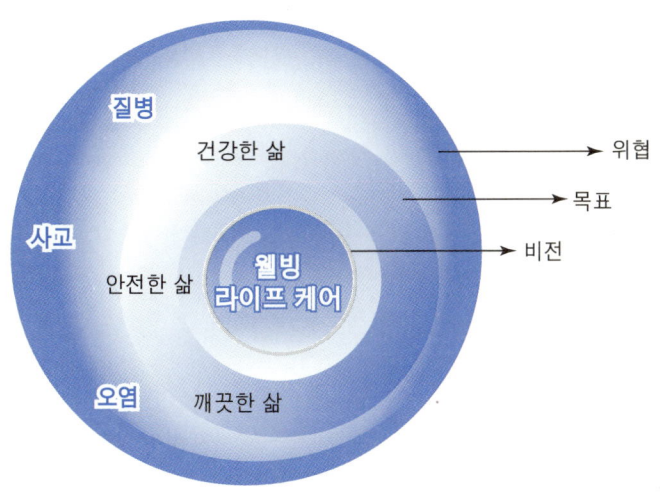

자료: 조위덕(2005)

[그림 1.7] 웰빙 라이프를 위한 테크놀로지

그림 1.7에서 보이는 대로, 질병, 사고, 오염 등의 각종 위협으로부터 인간을 지켜 건강한 사람, 안전한 사람, 깨끗한 삶이라는 목표를 달성, 웰빙 라이프를 실현해 주는 것이다. 이것이 바로 미래 테크놀로지의 사명이며, 퓨전 테크놀로지의 비전인 것이다.

웰빙 라이프를 위한 테크놀로지는 인간을 위한 고차원적 개념으로 진화한다. 우선 컴퓨팅 패러다임(computing paradigm)에 있어 정적인(static) 공동체에서 역동적인(dynamic) 공동체를 지나 자율적인(autonomic) 공동체로 진화한다. 기술원칙(technical principles)은 상황인식(situation-aware)에서 자율성(autonomic)을 지나 자가증식(self-growing)하는 단계로 진화한다. 응용 공간(application space)은 가정/건물(home/building)에서 도시(city)를 거쳐 사회(society)로 확대되고, 그에 따라 응용 범위(application domain)는 건강/복지(healthcare/wellness)에서 공공안전(public safety), 환경보존(environmental preservation) 차원으로 확대된다.

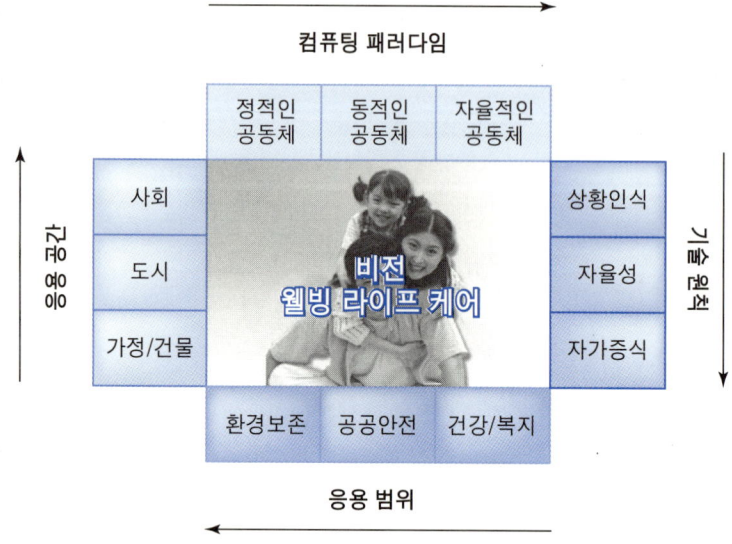

자료: 조위덕(2005)

[그림 1.8] 웰빙을 위한 기술 비전

　과거의 가치들과 첨단기술 간의 융합현상을 이해하지 못한다면 향후 엄청난 속도로 발전할 IT 기술이 가져올 미래 변화를 내다보는 것은 불가능하다. 인터넷, 휴대폰을 통한 개인들 간의 의사소통이 전례 없이 폭발적으로 증가하고 있다. IT 기술이 인류에게 갖는 가장 중요한 기능은 정보의 전달이 아니라 감정의 전달이다. 새로운 퓨전세대는 '오늘, 바로 이 시간, 이 장소'를 즐기며, '현실 그 자체'를 중요하게 생각한다. 이러한 트렌드의 핵심에는 퓨전기술이 존재하는데, 오늘날의 테크놀로지는 더 이상 차가운 것이 아니며, 어려서부터 IT 기술을 장난감처럼 가지고 놀던, 그래서 기술을 다루는 데 너무나 똑똑해진 퓨전세대는 테크놀로지를 활용해 모든 것을 따뜻하게 만들어내고 있다.

1.4 퓨전 비즈니스

1.4.1 체험의 상품화, 체험경제 시대

오늘날 소비자는 상품이 아니라 상품에 담겨 있는 스타일과 이야기, 경험과 감성을 구매하는 경향이 크다. 경험은 일차 상품, 이차 상품, 서비스가 아닌 그 상위의 가치로 신체적, 정신적 또는 미적 감동을 의미한다. 따라서 경험지향의 엔터테인먼트 콘텐츠가 시장에서 위력을 발휘하게 된다. 예컨대 관광산업의 경우, 관광객이 단지 비행기를 타고 싶거나 산에 오르고 싶어서 관광하는 것은 아니다. 경험과 추억을 만들기 위해 기꺼이 돈을 소비하는 것이다. 테마파크에서 입장권을 구입하는 것도 단순히 돈을 지불하는 것이 아니라 체험을 구입하는 것이다. 친구들과의 즐거움, 연인과의 추억, 가족들과의 한가한 시간을 느끼는 것이다. 젠슨(Rolf Jensen)의 설명대로, "소비자는 상품이 아니라 상품에 담겨 있는 스타일과 이야기, 경험과 감성을 산다." 백문이 불여일견(百聞而不如一見)이던 시대를 지나 백견이 불여일행(百見而不如一行)인 시대다.

바야흐로 '체험경제(experience economy)' 시대가 도래하고 있는 것이다. 경제적 가치에 따라 '농업경제 → 산업경제 → 서비스경제 → 체험경제'로 진화하고 있는 것이다.

[표 1.3] 체험경제 시대로의 전환

경제	농업경제	산업경제	서비스경제	체험경제
제공물 특징	대체 가능	유형	무형	감동적 기억
제공물 특성	자연물	규격품	주문품	개인적 특질
판매자	거래업자	제조업자	공급자	연출자
구매자	시장	사용자	의뢰인	개인초대관객
수요의 원천	성질	기능	편익	감동

'체험경제'라는 용어를 처음 사용한 학자는 파인과 길모어(Pine and Gilmore, 1999)이다. 이들에 따르면, 고객의 마음속에 남는 경험의 창조와 제공을 위해서는 3S의 추구, 즉 고객의 만족(satisfaction)을 향상시키고, 고객의 희생(sacrifice)을 감소시키고, 고객이 기대하는 이상의 놀람(surprise)을 제공해야 한다. TGI 프라이데이나 베니건스와 같은 패밀리 레스토랑에서는 고객에게 무릎을 꿇고 주문을 받음으로써 고객이 주문할 때 고개를 들지 않아도 되며(희생 감소), 다양한 음식에 대한 친절한 설명(만족 향상)을 제공하고, 폴라로이드 사진이나 생일축하 공연으로 즐거운 경험(기대 이상의 놀라움)을 제공하고 있다. 이들은 현재와 미래의 고객을 위해 감동적인 체험을 연출해야 한다고 주장하는데, 체험연출은 그저 고객을 즐겁게 하는 것이 아니라 그들을 참여(engage)시키는 것이다(김원제 외, 2005).

"고객이 생산품이다(The customer is the product)"라는 경영컨설턴트 홀더 (Holder, 2001)의 말에서, 체험사회의 성격이 단적으로 드러난다. 구입할 필요가 느껴지는 물건이나 제품이 더 이상 존재하지 않는 물질적 풍요 속에서는, 소유하지 않는 것이 없는 관계로 사람들은 아직 경험하거나 체험하지 못한 것을 찾아 나선다. 물질적 풍요 속에서 새로운 상품의 원천은 바로 소우주에 해당할 정도로 불가하며 한정적인 인간과 인간 삶 자체가 되어가고 있다.

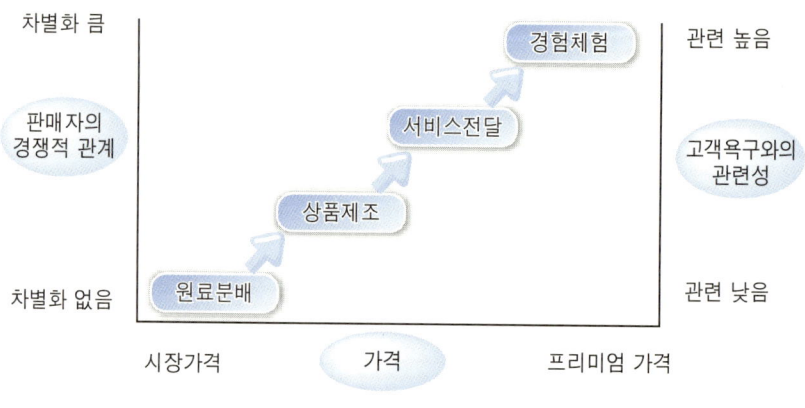

[그림 1.9] 경험경제로의 전환

하드웨어 중심의 20세기 제조업은 21세기에는 지원 산업화되고, 20세기의 지원 산업이었던 소프트웨어, 콘텐츠, 광고, 오락산업 등이 전면에 나서는 등 기존의 산업구조는 변화하고 있다.

21세기는 산업사회에서 인간의 지식, 감성, 창의력, 상상력이 부가가치 창출의 원천이 되는 지식기반사회(knowledge driven economy)로 패러다임의 대전환이 진행되고 있다. 산업시대의 제조업과 서비스 중심의 산업생산(industrial production)에서 다양하고 광범위한 문화적 체험을 상품화하는 문화생산(cultural production)으로 급속한 변화가 일어나고 있다.

전 세계로 연결된 통신망(웹)은 다양한 문화 역량을 디지털 기술로 콘텐츠화함으로써 새로운 글로벌 시장 및 문화권을 형성하고 있으며, 문화생산은 물질생산과 비슷한 가치체계를 갖기 시작하였다. 경쟁의 원천이 기술력, 자금력, 인력에서 지식, 감성, 무형자산, 창의력, 상상력으로 급속하게 이행하고 있다. 이에 향후 산업의 패러다임은 기술 중심에서 인간주의 중심, 문화주의 중심, 자연주의 중심으로 전환될 것이다.

1.4.2 감성 컨셉 비즈니스

경제 중심의 사회혁신 흐름을 보면, 경제시스템의 변천과정을 명확히 이해할 수 있다. 서울대 황준석 교수는 다니엘 핑크(Daniel H. Pink)의 사회 발전을 혁신의 관점에서 그림 1.10의 도식으로 명료하게 설명해 준다.

초기 농경사회의 경우 경제학에서는 보통 생산함수를 자본과 노동이라는 투입요소로 설명한다. 농업시대의 경우 기술 수준이 높지 않기 때문에 자본을 통한 토지의 매입과 노동력 투입을 통한 생산량 증대가 수확물의 양을 결정하는 중요 요인이었던 것이다. 그러나 산업혁명이라는 혁신에 의한 사회 개혁은 이러한 함수의 개선을 요구하게 되는데, 그 이유가 바로 기술 개발 때문이다. 기술 개발은 적은 노동으로도 큰 성과를 올릴 수 있는 산업화를 야기하고 대량 생산을 통한 대량 수요 창출을 가능케 함으로써, 기술과 수요라는 측면을 혁신의 중심으로 올려놓았다.

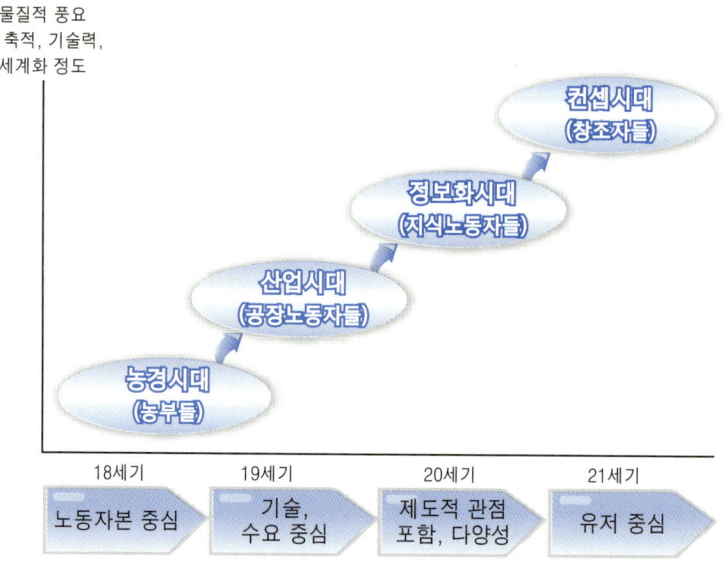

[그림 1.10] 혁신 관점에서 사회 발전 모델: 컨셉시대로의 진화

이러한 산업사회 이후 우리가 현재 당면한 사회가 바로 정보화 사회이다. 정보화 사회는 무한한 정보의 축적을 통해 다양한 기술들이 서로 융합될 수 있는 토대를 마련해 주었으며 이러한 축적된 역량이 현재의 컨버전스 사회를 이끌고 있다. 컨버전스 사회에 추가된 혁신의 주요인은 바로 제도적 측면인데, 이는 무수히 쏟아져 나오는 신기술과 그러한 기술 간의 조합이 발전할 수 있도록 하는 데에 국가 제도, 혹은 기업의 기술 개발 및 상용화 시스템이 큰 역할을 함을 의미한다. 사회 제도나 국가 제도 혹은 기업 시스템은 특정 기술을 선택, 발전시키는 데 중요한 역할을 하게 됨으로써 정보화 사회의 혁신을 이끌고 있다.

이러한 하이테크 기반의 다양화된 정보들과 제도적인 중심이 선도하던 사회를 지나면 미래에는 컨셉시대(conceptual age)가 도래하게 된다. 현재는 공학기술 정보 위주의 고도의 정보화 사회이며 다양한 기술 발전 전략을 통해 네트워크 사회 구축을 위한 인프라망이 빠른 속도로 구축되어 가고 있으며, 사용자의 인프라망에 대한 접근성 또한 크게 향상되고 있다. 이러한 상황에서 미래의 중요한 부분이 될 현상은 그러한 구축망을 통해 개개인이 주고받고자 하는 콘텐츠의 개발과 유통이 될 것이다. 콘텐츠는 사용자에 의해 직접 선택되며 사용자가 원치 않는 콘텐츠는 시장 경제의 원리에 의해 시장에서 배제된다. 따라서 얼마나 사용자의 요구가 잘 반영되는지가 매우 중요해지며, 미래에는 이러한 사용자의 역할이 보다 확대되어 실제 기술 개발에도 큰 영향을 미치는 사용자 중심의 사회가 될 것이다. 이러한 사회에서 요구되는 것이 바로 창의성을 갖는 우뇌 중심적인 사고이며 창조적 사고는 하이터치(high touch)와 하이컨셉(high concept)을 통해 완성된다.

과거에는 하이테크라는 매력 자체가 소비자들을 끌어당겨 수요를 창출했지만, 미래에는 그리한 하이테크 제품을 만든 회사의 브랜드 가치, 디자인, 사용자들 간의 공감대 형성, 감성적인 만족도 등이 제품 선택에 큰 영향을 미치게 될 것이나. 이처럼 다른 사람과 공유 가능한, 즉 유저 간의 확산을 이룰 수 있는 공통된 목적과 의미를 발견하고 만들어 나가는 것이 바로 하이터치이다. 하이터치는 다시 여섯 가지의 감각(senses)으로 나누어 볼 수 있는데, 디자인(design), 스토리(story), 조화(symphony), 감정이입(empathy), 놀이(play), 의미(meaning)가 바로 그것이다. 이러한 여섯 가지의 감각으로 이루어진 하이터치는 정보화 사회에서 축적된 하이테크와 만나서 목적 있고 의미 있는 지식으로 탈바꿈하게 된다. 그리고 하이컨셉이란 이렇게 이루어진 다양한, 서로 관계가 없어 보이는 지식 속에서 관계를 발견하여 감성적이고 예술적으로 조합해내는 능력을 의미한다.

기술, 산업, 콘텐츠, 미디어 등 다양한 분야에서 퓨전바람이 거세게 몰아치고 있다.

첫째, 테크놀로지 퓨전으로 정보기술(IT)·생명공학기술(BT)·나노기술(NT)·문화기술(CT)·환경기술(ET)·우주항공기술(ST) 등 이른바 '6T'가 혁신의 주체이다. 디지털과 유비쿼터스 테크놀로지에 기반하여 다양한 분야에서 퓨전의 모습을 보여준다.

둘째, 과학기술과 문화의 퓨전으로서 CT가 부상하고 있다.

셋째, 산업 분야에서의 퓨전은 IT 산업 내 컨버전스(디지털 컨버전스)와 산업 간 컨버전스(IT와 타 산업과의 컨버전스)로 다양하게 전개되고 있다.

넷째, 콘텐츠 역시 퓨전하고 있는데, 기능적 차원에서뿐만 아니라 장르(애니메이션, 방송, 영화, 교육출판 등) 간 퓨전이 대세이다.

다섯째, 미디어 & 디바이스 분야에서도 퓨전은 유행처럼 번지고 있는데, 웹 2.0에 이어 미디어 2.0(DMB 등 융합서비스)으로 대표된다.

이처럼 퓨전은 기존 범위의 한계를 극복함으로써 경제 및 사회에 혁명적 변화를 초래하고 있다. 이제까지의 제품 혹은 기능의 단순한 결합에서 더욱 발전한 거대산업 간의 융·복합 개념으로 삶의 질 향상을 위한 새로운 가치를 창조해내고 있는 것이다.

2 부

퓨전 테크놀로지,
콘텐츠 그리고 미디어

2장 테크놀로지 퓨전 1: 디지털 퓨전

2.1 테크놀로지의 진화, 6T 패러다임

테크놀로지 혁명의 시대다. 혁명의 주인공은 정보기술(IT)·생명공학기술(BT)·나노기술(NT)·문화기술(CT)·환경기술(ET)·우주항공기술(ST) 등 이른바 '6T'이다. 인류사에서 대변화를 이끈 신석기 농업혁명, 18세기 산업혁명과 같은 '21세기판' 기술혁명이다.

각국 정부는 물론 학계 등은 각 분야에서 6T 개발에 박차를 가하고 있다. 현재 각국이 집중개발하고 있는 핵심기술만도 수백여 가지가 넘는다. 전면적인 지식사회로의 진입, 무한경쟁을 촉발하는 세계화의 진전, 새로운 부의 원천 확보에서 뒤처지지 않기 위한 분투다.

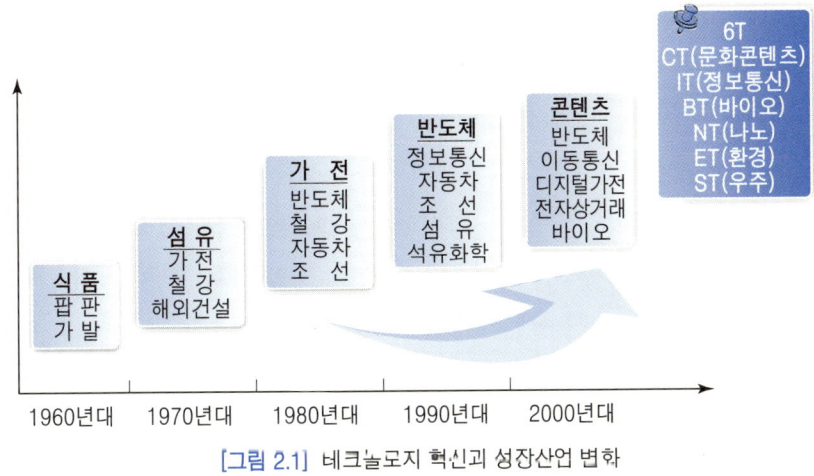

[그림 2.1] 테크놀로지 혁신과 성장산업 변화

   그러한 노력의 결과로 이전에는 상상도 할 수 없었던 첨단기술들이 속속 선보이고 있다. 더욱이 이들 기술 간의 융합이 빠른 속도로 진행되어 기술혁신을 가속화하고 있다. IT-BT, BT-NT, BT-ET, NT-IT, NT-ST, IT-CT, CT-BT, CT-NT 등은 이를 단적으로 보여준다. 문제는 그 결과다. 앨빈 토플러는 이러한 기술 개발이 "우리를 어디로 이끌어 갈지 확실하게 알 수 없다"고 최근 펴낸 『부의 미래(Revolutionary Wealth)』에서 말하고 있다. 그만큼 파급효과가 크다는 지적이다.

   한 국가의 개별적인 과학기술 수준은 결국 그 국가의 산업경쟁력으로 이어지는 결과를 낳는다. 최근에는 과학기술의 발전 속도가 점점 더 가속화되면서 각 분야를 선점하기 위한 국가별 기술지원도 크게 늘어나는 실정이다. 한 분야의 진보된 과학기술은 인접 분야로 확산되면서 인프라를 구축하게 되고, 이런 기술 발전을 토대로 세계 시장에서 보다 많은 우위를 차지할 수 있기 때문이다. 따라서 기술의 진보를 추구하지 못하는 국가는 전통적 산업에서 우위를 점유하고 있다 하더라도 곧 뒤로 처지게 된다. 기술 발전을 토대로 신산업을 위해 꾸준히 노력하고 국가적 지원으로 기술의 진보를 가져올 때만 글로벌 경쟁구도에서 살아남을 수 있는 초일류 국가가 될 수 있다.

이미 미국, 일본, EU 등 주요 선진국들은 각국의 특성에 따라 국가중점 투자대상 분야를 선택하여 전략적으로 집중지원하고 있다. 일부 미래유망 신기술은 선진국 역시 개발 초기단계이며 앞으로 세계시장의 빠른 성장과 주도권 경쟁이 전망되므로 현 시점은 국가적인 육성전략이 절대적으로 필요한 시기이다. 미래유망 신기술은 21세기 미래 사회에 지속적인 국가경쟁력 제고와 삶의 질 향상을 위한 핵심수단이 될 것이다. 한국 정부는 미래유망 신기술 분야를 국가전략과학기술로 지정하고, '선택과 집중'의 원칙하에 국가차원의 핵심기술 확보가 필요하다고 판단해 범부처가 총 지원하는 국가육성 과학기술기본계획을 수립해 추진 중이다.

21세기 과학기술의 발전과 경제사회 변혁을 주도할 IT, CT, BT, NT, ET, ST 등 신기술의 등장은 정치, 경제, 사회, 문화 등 모든 영역에 광범위한 파급효과를 예견케 하고 있다. 특히 디지털 기술의 발전에 힘입은 정보처리능력의 확대로 연구개발 기간이 단축되고, 연구 생산성이 비약적으로 증대하고 있다. 또한 기술 분야 간 융합으로 신기술 및 신산업이 탄생하고 기술 발전은 더욱 가속화되고 있다. 생체정보처리(정보 + 생명), 지능형 MEMS(정보 + 생명 + 재료), 메카트로닉스(정보 + 기계), 생체친화성재료기술(생명 + 재료) 등 다양한 형태의 융합기술 및 복합기술이 태동하고 있다.

그러나 과학기술의 급속한 발전은 인류에게 미래에 대한 새로운 희망이라는 선물을 선사해 주기도 하지만 정보격차, 개인정보의 유출, 생명윤리 등 사회적, 법적, 윤리적 문제를 야기할 가능성이 항상 존재하고 있다. 따라서 이와 관련하여 국가의 과학기술정책 결정과정에 국민들의 참여욕구가 가시화되는 실정이다.

이들 6T 분야에 대해 구체적으로 살펴보면 다음과 같다.

2.1.1 IT(Information Technology)
: 문자·음성·영상 등 정보의 생성·도출·가공·처리·전송·저장 기술

Information Technology의 약자인 IT 기술은 정보를 생성, 도출, 가공, 전송, 저장하는 모든 유통과정에서 필요한 기술을 말한다. 반도체, 컴퓨터, 소프트웨어,

정보통신, 인터넷 분야가 대표적인 IT 산업 분야로 꼽힌다. 6T 산업의 발전은 IT로부터 잉태됐다고 해도 과언이 아니다.

IT 분야에서 각국이 현재 집중하고 있는 핵심기술로는 고속 대용량의 테라비트급 광통신 부품, 트랜지스터, 저항, 콘덴서류를 고밀도로 집적하여 패키지화한 집적회로, 나노융합기술 등이 적용된 차세대 디스플레이, 고밀도 자기정보저장장치, 멀티미디어 전송속도가 3세대보다 50배 이상이나 빠른 4세대 이동통신, 고속 인터넷 네트워킹, 멀티미디어 단말기와 운영체계, 정보보안/암호, 전자상거래, 정보검색과 DB 기술 등 헤아릴 수 없이 많다.

미국의 경우 NII(National Information Infrastructure)[1]에서 IT 기반 구축과 더불어 광통신, 첨단 컴퓨팅 등 차세대기술 개발에 주력하고 있다. 2000년부터 부처 간 공동연구개발사업인 '정보기술연구개발사업(IT R&D)'을 추진하고 있는데 2000년 예산에서는 15.5억 달러, 2001년 예산에서는 19.3억 달러를 투자하고 있다. 또한 MIT Lincoln Lab., 북미연구조합(OIDA) 등 산학연 공동연구 컨소시엄 위주의 광통신 연구개발이 추진되고 있다.

일본은 정보통신 고도화와 이용 촉진, 정보통신을 위한 사회경제구조 개혁을 추진하기 위해 '21세기 정보통신비전: IT Japan for All'을 2000년에 수립했다. 최첨단 네트워크 이용환경 실현, 통신 방송의 종합화, 2005년까지 광섬유망을 사용한 초고속 정보통신망 구축 등을 추진하고 있다. 일본의 경우 광통신기술을 21세기 핵심기술로 인식하고, FTTH(Fiber to the Home) 사업을 구축하여 관련사업의 체질강화를 선도한다는 계획이다.

유럽연합(EU)은 유럽 전역을 연결하는 정보통신 네트워크 구축으로 각 회원국 및 기업의 경쟁력 강화와 유럽 시민의 삶의 질 향상을 도모하는 'e-Europe 계획'을 천명한 바 있다. 프레임워크 프로그램 내의 ESPRIT, RACE, ACTS 프로그램 등을 통해 멀티미디어 서비스, 광통신, 차세대 인터넷 등의 기술 개발 지원에 적극적이다. 제5차 프레임워크 프로그램 중 정보통신 분야 예산비중은 24.1%를 차지

---

[1] 전 미국의 가정, 기업, 교육·연구 기관, 도서관, 의료 기관 등의 공공 기관을 고속·광대역의 정보통신망으로 연결하여 모든 국민이 언제 어디서나 공공 정보에 접속하여 상호 통신할 수 있는 기반을 구축하려는 미국 행정부의 구상을 의미함.

[표 2.1] 2006~2010 세계 IT서비스 시장전망(단위: 백만 달러)

지역	2001	2005	2010	연평균성장률(%) 2001~2005	연평균성장률(%) 2005~2010
아시아/태평양	26,784	38,248	59,564	9.3	9.3
동유럽	4,021	4,955	7,090	5.4	7.4
일본	65,917	82,822	99,976	5.9	3.8
남미	18,917	21,155	36,434	2.8	11.5
중동/아프리카	6,229	7,842	11,831	5.9	8.6
북미	237,067	270,238.1	368,677	3.3	6.4
서유럽	153,912	203,534	271,998	7.2	6.0
총계	512,847	628,793	855,569	5.2	6.4

자료: Gartner Data quest(2006)

하는 실정이다. 특히 영국, 독일 등 유럽 국가들은 정보화 촉진활동에 역점을 두고 정책을 추진하고 있다.

　그동안 우리나라는 IT를 국부창출과 국가경쟁력의 근간으로 여기고, 적극적인 IT 기반 전략을 수행해 왔다. 우선 'Cyber KOREA 21'을 통해 전화선을 이용한 PC 중심의 전자공간 개척과 확장의 시대를 천명했으며, PC와 인터넷의 보급에 국가 IT 전략의 기축이 주어졌다. 다음으로 'e-Korea 전략'은 '세계에서 컴퓨터를 가장 잘 활용하는 나라'를 위해 유·무선 브로드밴드 기반을 확충하고 국민, 산업, 정부의 생산성을 획기적으로 향상시키는 데 국가 IT 전략의 역량을 총 집결시켰으며, 최근의 'u-KOREA 전략'은 사람과 사람을 보다 잘 연결하는 전자공간의 확장과 고도화에 머무르지 않고, 국가의 모든 자원을 컴퓨터와 네트워크로 연결한다는 유비쿼터스 기반구축으로 국가 IT 전략의 무게중심을 옮겼다.

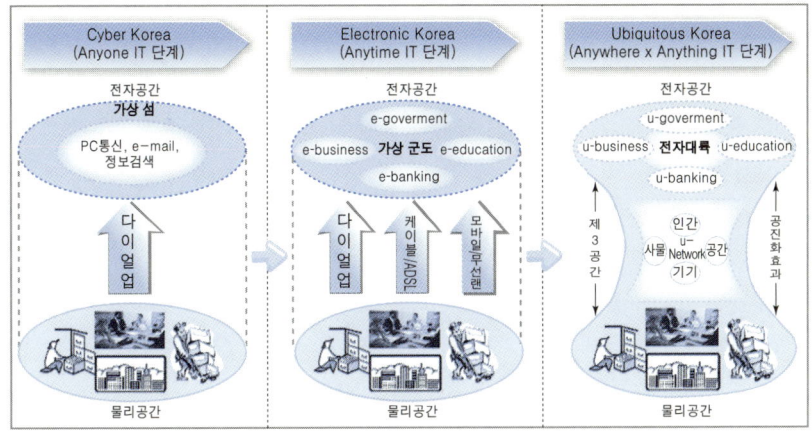

자료: 허원규(2003); 정통부/ETRI.(2006)

[그림 2.2] 국가 IT 패러다임의 전개

2.1.2 BT(Bio Technology)

: 생체정보를 처리 가능한 신호로 검출하고, 생체정보를 이용한 생체인식, 생체신
호를 이용한 인체 정보의 획득, 처리, 인식하는 기술

Biotechnology의 약자인 BT 기술은 생명현상을 일으키는 생체나 생체 유래물
질 또는 생물학적 시스템을 이용하여 산업적으로 유용한 제품을 제조하거나 공정
을 개선하기 위한 기술이다. BT는 무병장수와 식량문제 등 삶의 질을 향상시키는
고부가가치 기술이다. 특히 BT는 향후 10년 뒤에는 IT에 이어 국가 차세대 핵심
성장동력으로 성장할 것으로 기대를 모으고 있다. BT 기술을 활용하면 인체 적합
성이 강화된 의약품이나 기기를 개발할 수 있고 사용되는 원료의 재활용도를 높일
수 있을 뿐만 아니라 환경친화적인 제품의 개발이 가능하다. 따라서 BT 산업은 고
령화와 보건, 식량, 환경, 에너지 등 인류가 직면하고 있는 각종 문제점을 해결할
수 있는 21세기형 산업이라고 할 수 있다.

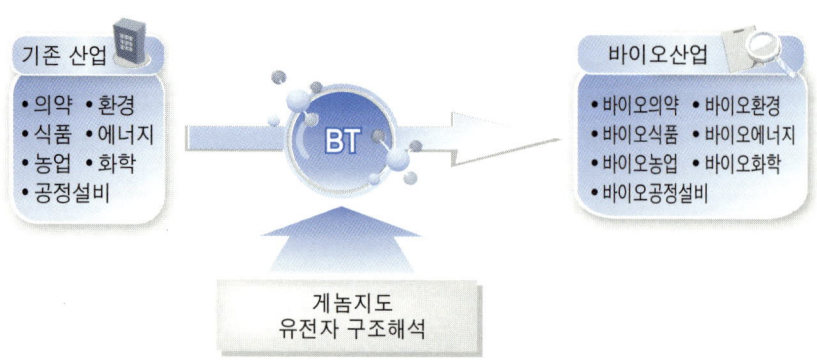

[그림 2.3] BT 산업의 개념과 범위

최근까지 전 세계의 이목을 받았던 황우석 교수의 줄기세포 연구는 논문조작이라는 비극적인 결론으로 끝났지만 BT 산업이 가져올 미래의 파급력을 보여주는 데 중요한 역할을 했다. 한편 벼 유전자정보 개발로 영양가가 많고 수확이 많은 슈퍼벼 개발, 산업소재와 의약소재를 생산하는 형질전환 식물개발, 성인병 유전자 요인을 분석해 개인별 맞춤 진단을 해 주는 연구 등은 상당한 성과를 내고 있는 중이다.

[표 2.2] 주요국의 BT 분야 특허대상 비교

구분	대상	한국	미국	EU	일본
물질	유전자	특허 가능	특허 가능	특허 가능	특허 가능
	DNA 단편	특정 질병의 진단용 등 구체적인 유용성이 입증된 경우에만 특허 가능			
	단백질	특허 가능	특허 가능	특허 가능	특허 가능
	미생물	특허 가능	특허 가능	특허 가능	특허 가능
	동물	특허 가능	특허 가능	특허 가능 (단, 품종은 불가)	특허 가능
	식물	무성적으로 반복 생식할 수 있는 변종식물만 가능	특허 가능	특허 가능 (단, 품종은 불가)	특허 가능
	인간, 신체의 일부	특허 불가	특허 불가	특허 불가	특허 불가
	인간 배아 간세포	특허 여부 검토 중	특허 가능	?	?
방법	수술방법 진단방법 치료방법	사람 불가 동물 가능	특허 가능	특허 불가	사람 불가 동물 가능

자료: 한국공학교육기술학회(2005)

현재 우리나라에서는 유전체 기반기술·단백질제 연구·뇌신경과학 연구 등의 기초 기반기술, 바이오 신약개발 기술·유전자 치료기술 등의 보건의료 관련 응용 분야, 유전자변형 생물체 기반기술·동식물 병해충 제어기술 등의 농업과 해양 관련 응용 분야에서 BT 개발이 집중되고 있다.

미국은 세계 최고 수준의 기초연구를 배경으로 세계 주도권을 지속적으로 유지하는 것을 목표로 하고 있다. 이를 위해 BT 기술을 정보통신 및 나노기술과 더불어 21세기 3대 과학기술의 하나로 선정하여 집중지원하고 있다. 미국의 BT 산업 정책목표는 국제경쟁력 및 세계 최선두 국가 유지이며, 이미 다져진 BT 기초기반기술 및 BT 산업 육성기반을 바탕으로 종합적인 육성전략을 지속적으로 추진하면서 타 산업 분야와 달리 정부와 민간이 혼연일체가 되어 진력하고 있는 것이 매우 특징적이다. 미 정부는 2000년도에 총 연방정부 연구개발예산 833억 달러의 25%인 208.5억 달러를 생명공학 분야에 투자하고 있다. 현재 국립보건원(NIH)을 중심으로 인간 유전체 해독의 2단계 작업인 질병 치료와 신약개발 연구에 박차를 가할 계획인 것으로 알려지고 있다. 또한 보건의료 이외 분야의 상대적 약점을 인식하고, 타 응용기반 분야(농산물, 해양 등)로 기술을 확대하기 위해 노력하고 있다.

일본은 정부 주도로 기초 생명과학 분야의 미국, 유럽 catch-up 전략을 추진하고 있다. 인간 유전체 연구는 미국에 뒤졌으나, 실용화를 위한 포스트 유전체 분야에서 선두 확보를 위해 생명공학 분야에 대폭적인 투자를 추진하고 있다. 실제로 일본 정부는 바이오산업 활성화를 위하여 1999년 '헬릭스(Helix) 계획', 2000년 '밀레니엄 프로젝트', 2002년 'BT 전략요강(바이오테크놀로지전략회의)' 등을 순차적으로 추진하여 2010년 25조 엔의 시장규모와 1,000개의 바이오기업 및 신규 고용 100만 명 창출을 목표로 한 국가차원의 대형 프로젝트를 추진 중에 있다.

EU는 EU 중심의 공동개발(국별 협력체제 유지)과 국별 산업화 연계를 강화한다는 방침이다. 영국은 1999년 말 생명공학의 경제적 잠재력과 전략적 중요성에 관한 「Genome Valley Report」를 내고, 생명공학을 중점 육성하고 있다. 프랑스는 1999년 「Post Genome Project」를 추진하여 세포 치료, 유전자 치료, 약물유전학, 바이오칩 등의 분야에 집중적으로 투자하고 있다. 또 독일은 유럽 내 1 위의 생명공학 경쟁력 확보를 목표로 '생명공학진흥종합대책'을 1998 년 수립·추진하고 있는 한편 2002 년 1 월에는 EU 차원에서 생명과학과 바이오테크놀로지―유럽의 전략(Life Sciences & Biotechnology―A Strategy for Europe)을 수립하고, BT 기반 강화, 공공부문의 적극적 역할, 국제적 접근, 효율적 이행 등 4 개 전략하에 30 개 행동계획(action plan)을 제시하였다. 6 차 프레임워크 프로그램 (2002~2006 년)에 따라 혁신적 연구 개발에 투자하는 175 억 유로 중 17%에 해당하는 29.6 억 유로를 보건의료 분야에 투입하고 있으며, BT 산업 정책의 핵심으로 바이오클러스터 육성에 집중하고 있다.

2.1.3 NT(Nano Technology)

: 원자·분자 크기의 수준에서 물질을 분석·조작·제어할 수 있는 기술

Nanotechnology[2]의 약자인 NT 기술은 물질을 원자·분자 크기의 수준에서 조작·분석하고 이를 제어할 수 있는 과학과 기술을 총칭하는 용어이다. 나노는 난쟁이를 뜻하는 고대 그리스어 나노스(nanos)에서 유래되었으며 1 나노미터(nm)는 10 억분의 1m 로, 머리카락의 굵기의 약 8만분의 1 크기로 수소원자 10 개를 나란히 늘어놓은 정도이다. 나노기술은 학문 간 경계가 없는 학제 간(interdisciplinary) 연구가 필요하며, 분석, 제어, 합성의 전 과정이 극미세 수준(100nm 이하)에서 제어하기 때문에 높은 기술 집약도가 필요하다. 또한 오염발생 방지, 효과적 오염 제거 등이 가능하여 환경친화성이 높은 기술이며, 생체 나노 구조와 활동을 본떠 인공 구조물을 만드는 것이 나노기술의 요체이기 때문에 자연에 가장 근접한 기술로 평가받고 있다.

NT 는 정보통신은 물론 생명과학, 의료, 환경 등 다양한 분야의 산업 발전에 기여할 것으로 평가받고 있다. 실제로 일본의 신 에너지산업기술 종합개발기구 (NEDO)에서는 압력과 인간이 느끼는 것과 같은 수준의 촉감을 로봇이 느낄 수

---

[2] 나노기술이라는 용어는 미국의 에릭 드렉슬러 박사가 『창조의 엔진: 다가오는 나노기술의 시대』라는 저서에서 처음 사용했는데, 현재는 21 세기를 이끌어갈 핵심 과학기술로 인식되고 있다.

[표 2.3] 나노기술의 역사

연도	주요 내용
1959년	• 노벨물리학상 수상자인 리처드 파인만, 미국 물리회에서 강연 – 원자 수준에서의 물질의 조작 가능성에 대해 최초로 언급 (There is a plenty of room at the Bottom)
1960~1970년대	• 양자역학(Quantum Mechanics)에 대한 실험물리학적 성과들이 간헐적으로 발표 – 일본의 '久保' 효과(나노 크기의 금속 미립자 중 전자가 방출하는 효과 발견) 등
1981년	• IBM 취리히 연구소에서 주사형 터널현미경(STM) 개발 • 원자 크기의 백분의 일 해상도 실현
1985년	• 일본, 국가 프로젝트인 '나노 기구 프로젝트' 출발
1986년	• AT&T 벨연구소, STM을 이용한 원자이 분리 및 수정 실험에 성공 – 원자 수준에서의 조작 가능성 입증 • 미국의 드렉슬러, 『창조의 엔진』 발표 • 분자나노테크놀로지의 개념 정립, 분자기계에 대한 개념 제시
1991년	• 일본, 국가 프로젝트인 'Atom 프로젝트' 출발
2000년	• 미국 클린턴 전 대통령, NNI(National Nanotechnology Initiative) 전략 발표 • 나노테크놀로지를 국가 경제 및 안보를 위한 최우선 전략과제의 하나로 공식 인정
2001년	• 일본, 2001. 6, 'n-Plan 21' 추진 • 한국, '나노기술종합발전계획' 수립 추진

자료: 나노기술연구조합(www.nanokorea.net)

있도록 하는 인공 피부를 개발하고 있으며, 미국의 International Fashion Machines사는 주위 환경에 따라 옷 색깔이 자동으로 변하는 의복의 개발을 추진 중이다. 이는 도체성의 전자섬유 및 열을 가하고 식힘에 따라 색깔이 변하는 열-색채 잉크를 이용한 것이다.

로봇이 수술을 한다는 것은 이제 놀랄 만한 일이 아니다. NT가 적용되면 백혈구보다 작은 로봇이 몸속을 돌아다니며 상처 부위를 치료할 수 있다. 또한 방탄복에 강철보다 10배 이상 강하면서도 알루미늄보다도 2배나 더 가벼운 탄소나노튜브를 사용할 수 있게 된다. 이 외에도 입을 수 있는 웨어러블 컴퓨터, 터치 센서가 있어 가전제품의 케이스를 벗기지 않고 조작할 수 있는 신소재 천 등이 머지않은 미래에 상용화될 전망이다.

나노기술은 초미세입자 재료의 특이성 응용기술과 신구조 인공물질 창출 등의 소재 분야를 비롯, 나노 바이오, 나노 소자, 나노 기반 및 공정, 나노시스템 분야로 나누어져 개발이 진행되고 있다.

한국을 비롯한 미국, 일본, 중국 등은 다가올 미래의 나노기술에 있어 특히 나노 소자에 대한 중요성을 크게 인식하고, 국가적인 차원에서 투자를 집중하고 있다. 현재 나노 재료 시장에서 가장 큰 점유율을 보이고 있는 시장은 나노 분말 시장이다. 나노 분말이란 나노 입자 직경의 크기가 100나노미터 이하인 미세한 분말을 말한다. 가장 규모가 큰 나노 재료 시장에서 나노 분말은 2004년의 경우에는 93%를 차지한다. 앞으로 이와 같은 나노 분말시장에 대한 투자와 연구개발이 늘어날 전망이다.

한편 미국은 2000년도 대통령 연두교서를 통해 나노기술을 IT, BT와 함께 차세대 경쟁력 확보를 위한 핵심기술로 채택했다. 2000년부터 부처 간 공동사업인 'NNI(National Nanotechnology Initiative)'를 추진해 2001년 예산 중 4.23억 달러를 투자했다. 2001년 1월 클린턴 정부는 NNI 계획을 발표함으로써 나노 관련 과학과 기술에 대해 범정부적인 연구개발 정책을 추진하였다. NNI 계획은 나노과학과 기술에 6개의 정부부처와 연방기관을 통해 수억 달러를 투자하는 계획으로, 재료, 물리, 화학, 생물 분야 등에 나노스케일 연구 프로그램을 후원하는 미 정부 내 다수 기관의 의지를 표명한 것으로 볼 수 있을 것이다.

일본 역시 미국처럼 국가 차원의 나노기술 개발사업 계획을 수립 중이다. 일본 정부는 2001년도부터 재료나노기술 프로그램을 신규로 추진해 2001년 예산을 3.96억 달러 규모(전년대비 23.8% 증가)로 증액하여 나노기술 개발 강화를 돕고 있다. 또한 IT, 바이오에너지환경을 지원하기 위한 나노기술 개발에 중점하고 있다. 일본의 나노기술은 정부와 산업체, 대학이 유기적으로 발전하는 모습을 보이고 있다. 일본 정부의 적극적인 나노과학기술 발전 계획과 더불어 세계적인 일반 기업들인 히타치, NEC, NTT, 후지쓰, 소니, 후지 등이 핵심기술 개발을 위해 분주하며, 특히 MEMS(초소형 시스템, 초소형 기계: Micro Electro Mechanical Systems) 기술과 관련해서는 상당수 연구 진척이 이루어진 상황이다.

EU는 미국 및 일본과는 달리 도달 가능한 범위 내에 있는 기술 개발을 목표로 추진해 에너지 환경, 생명과학 또는 유전공학 분야의 나노기술 개발에 우선 투자하고 있다. 2000년도 유럽 정부가 나노기술에 투자한 규모는 총 1.84억 달러로 추정된다. 유럽의 대표적인 나노기술 선도 기관으로는 독일의 막스플랑크 연구소, 프랑스의 국가과학연구협회(CNRS), 스웨덴의 국가과학기술청(NUTEK), 스위스의 IBM 기술연구소 등을 들 수 있다. 이 외에도 네덜란드, 루마니아도 국가적으로 차세대 나노기술을 적극 육성하고 있는 국가이며, 이들 국가의 나노기술 관련 프로젝트와 연구투자금액이 매년 증대되고 있다.

우리나라는 2002년 3월 나노기술종합발전계획을 수립하고 2010년까지 나노기술 선진 5대국에 진입하고, 향후 5년 내에 핵심 연구 인프라 구축을 완료하는 계획을 발표하였다. NT와 기존 기술을 연계하여 제품의 고기능·고효율·소형화를 달성하고 IT·BT·ET(Environment Technology) 등과의 융합발전을 통해 첨단 기술시장을 선점하는 것을 목표로 하고 있다.

2.1.4 CT(Culture Technology)

: 문화상품의 기획, 개발, 제작, 생산, 유통, 소비 등과 이에 관련된 서비스에 필요한 기술

Culture & Contents Technology의 약자인 CT는 좁은 의미로는 문화산업을 발전시키는 데 필요한 기술을 말하며, 광의적인 개념으로는 인간이 영위하는 삶의 질을 향상시키고 문화예술 발전을 촉진시키는 기술로서 Culture와 Technology가 독립적인 분과로 합쳐진 것이 아니라, Culture와 Technology가 융합하여 만들어진 새로운 기술 개념이라 할 수 있다. CT는 처음부터 문화콘텐츠를 염두에 두고 개발되는 기술로, 기술적인 측면에서 접근한 IT와는 응용 분야에서 출발점부터

[표 2.4] 나노기술의 세계시장 전망

기술 분야	2002	2003	2008	연평균성장률 (2003~2008)
나노재료	6,825.6	7,366.6	2,1426.8	23.8%
나노측정	168.0	181.0	1,241.0	47%
나노소자	0	0	6030.0	N/A
계	6,993.6	7,547.6	28,695.8	30.6%

자료: 전자부품연구원(2006); BCC, RGB-290 Nanotechnology: Realistic Market Evaluation

다르다고 할 수 있다.

CT의 영역은 크게 세 부문으로 구성할 수 있는데, 기반기술과 응용기술, 공공기술이다. CT 기반기술은 콘텐츠 및 서비스 기반을 강화하기 위해 콘텐츠산업 전 분야에 공통으로 적용될 수 있는 기술(창작기술, 표현기술, 유통/서비스기술)이고, CT 응용기술은 콘텐츠 장르별 기술 역량을 강화하기 위해 콘텐츠 수요에 기반한 특화된 기술(애니메이션기술, 방송기술, 음악기술, 게임기술, 영화기술, 출판기술)이며, CT 공공기술은 문화산업의 공공성을 강화하기 위해 고유 문화유산의 보존 및 문화 소외계층의 문화향유를 위한 기술(문화유산기술, 문화복지기술)을 의미한다. 예컨대, 최근 만들어지고 있는 대부분의 컴퓨터 게임에는 영화 못지않은 정교한 그래픽과 동영상이 포함되어 있다. 또한 컴퓨터 게임의 스토리가 영화의 스토리만큼 복잡해지고 있다. 영화제작의 주요소인 스토리보드, 시나리오, 음향 및 음악이 게임제작에도 적용되고 있는 것이다. 이렇게 만들어진 게임 하나가 자동차 수만 대를 판매하는 것과 같은 부가가치를 낳고 있다. CT는 앞으로 디지털 기술과 영화의 완전한 융합, 컴퓨터 음악산업의 팽창, 디지털 문학, 쌍방향 영화, 사이버문화 등에 대한 지평을 넓힐 것으로 기대된다.

CT와 같은 창의성 높은 신생 기술은 산업·기술적으로 막대한 파급효과를 미치는 미래 원천(특허)기술 분야이다. 앞으로 CT는 하이테크 기반의 인간감성에 친화되는 하이터치, 인간 중심의 인터페이스를 추구하는 HCI(Human Computer

Interaction)와 연계되어 복합 고도화될 것으로 전망된다.

CT는 우리나라에서 창안한 개념이지만 미국은 '연예산업(entertainment industry)', 영국은 '창조산업(creative industry)' 등의 용어를 비슷한 개념으로 사용하고 있다.

세계적으로 문화산업의 중요성이 부각되고, 이에 국가차원에서 미래 성장산업으로 문화콘텐츠산업이 국가 신 성장동력으로 선정되어 국가 차원에서 지원과 육성을 통하여 산업의 활성화를 추구하고 있다. 국내의 경우 CT를 미래의 유망 신기술 6T(IT, BT, NT, ET, ST, CT)에 포함하여 차세대 국가전략 기술로 선정하여 지원을 강화하고 있으며, 세계 각국은 고부가가치를 창출하는 미래 핵심 산업으로 문화산업에 대한 지원정책을 강화하고 있다. 미국에서는 미디어/엔터테인먼트 산업을 군수산업에 이은 2대 산업으로 미국경제를 견인하고자 추진하고 있다. 영국에서는 1997년부터 창작산업을 국가의 미래 전략산업으로 육성하여 이미 세계 기술 혁신을 선도하고 있고, 프랑스는 문화산업 지원 영역을 애니메이션, 게임, 디지털콘텐츠산업으로 확대하고 있으며, 일본의 경우 세계 제2의 문화산업 강국으로 정부의 지원보다는 민간부문의 기제를 활용하여 문화산업을 육성하고 있고, 최근에는 '지적재산입국'을 주창하며 콘텐츠 해외유통, 지적재산권보호, 우수인재양성 등을 위해 정부의 역할을 확대하고 있는 추세이다.

2.1.5 ET(Environment Technology)

: 환경에 관련된 산업에 연관된 기술, 즉 환경산업기술

Environment Technology의 약자인 ET기술은 환경오염을 저감·예방·복원하는 기술로 환경기술, 청정기술, 에너지기술 및 해양환경기술을 포함한다. 과학문명이 고도로 발전하고 있는 현대사회에서 쾌적한 삶에 대한 인류의 욕구는 증대하고 있다. 또한 환경문제의 경우 개별 국가에 머무는 문제가 아니라 인접 국가에 미치는 영향 등을 고려할 때 환경기준의 설정을 통한 새로운 무역규제의 등장 등 환경 관련 수요가 증대하고 있다.

 ET는 자원고갈 위협, 기후 변화, 생물다양성 손실, 산성비, 오존층 파괴 등의 이름으로 지구를 위협하는 것에 대한 반작용의 결과이기도 하다. 특히 지구촌에 대한 각종 위협은 일국 단위에서 그치지 않기 때문에 전지구적 차원의 대책으로 나타나고 있다.

 미래의 환경기술은 재활용을 늘리거나 환경오염 물질을 줄이는 전통적인 환경기술과는 근본적으로 다르다. 더 첨단화되고 종합적인 기술을 필요로 한다. 토양과 지하수가 오염되었을 때 오염물질을 분해하는 것뿐 아니라 자정능력까지 복원시키는 기술이 좋은 예이다. 또한 쓰레기를 자원으로 재생산하는 획기적인 방법도 이에 해당된다. 수질오염 처리 및 재이용 기술, 폐기물 처리 및 활용 기술, 에너지 소재 기술, 연료전지 기술, 청정원천 공정기술, 해양환경 관리 기술 등은 이 같은 핵심적 역할을 맡게 될 미래 기술들이다.

 미래의 에너지 문제도 ET 분야에서 대안을 찾을 수 있다. 온실가스를 이용하는 방법으로 매립지의 메탄가스를 미생물을 이용해 효율적으로 모으고 이를 연료전지에 사용해 전기를 생산하는 기술이 있다. 또한 이산화탄소를 흡착하는 조류미생물을 사용해 폐수처리에 응용하는 기술도 개발 및 응용될 수 있다. 또한 화석연료를 대체하는 에너지원에 대한 요구가 높아지면서 플라스틱 쓰레기를 열분해하는 기술을 응용해 청정연료를 생산하는 기술도 선보일 것으로 전망된다.

 미국은 21세기를 위한 에너지기술 개발전략 중 에너지 절약, 신 재생 에너지, 핵융합의 응용 에너지 기술 분야를 강화한다는 방침이다. 1997년 13억 달러에서 매년 8.3%씩 증가하여 2003년까지 124억 달러를 투자하였고, 또한 2020년까지 폐기물 발생량 30~50%, 에너지 사용량 30~40%, GDP당 자원사용량 20~25% 감소 등 정량적 목표를 정하고 기술 개발을 추진하고 있다.

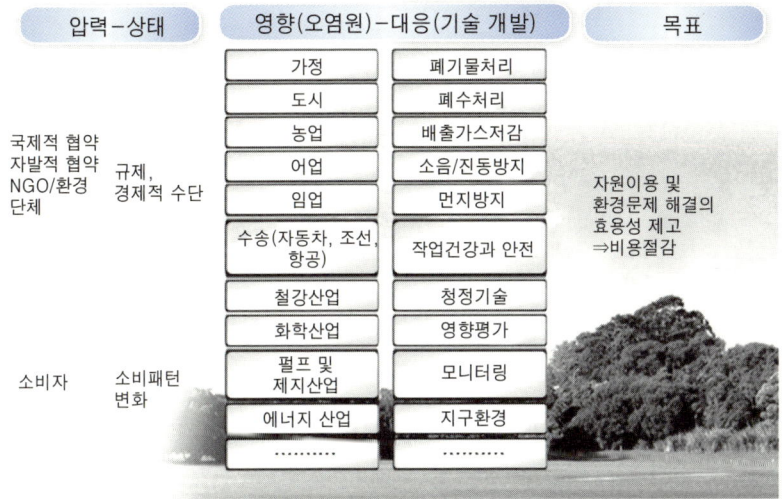

| 압력-상태 | 영향(오염원)-대응(기술 개발) | 목표 |

자료: 안두현 외(2002)

[그림 2.4] 환경산업 및 환경기술의 개념

일본은 에너지·환경을 고려한 종합개발계획인 'New Sunshine 계획(1993~2020년)'을 수립·추진하고 있으며, 연간 600억 엔을 투자하고 있다. 일본의 경우는 무엇보다도 환경규제와 환경산업의 발전을 동시에 추구하는 '성장과 계획 지향적 접근(Growth and Planning Approach)'에 기초를 두고 환경정책을 수행하는 것이 특징이다.

EU는 총 에너지 중 대체에너지 사용비중 확대(1996년 6% → 2010년 12%)와 CO_2 배출량 감축(2010년까지 1990년 수준대비 15%)을 위해 ALTENER, SAVE 프로그램 등을 추진하고 있다. 또한 유럽국가 전체의 경쟁력을 향상시키고 미국, 일본 등에 공동 대응하기 위해 EUREKA, ACE, NETT 프로그램을 실시해 청정기술·신 제조공정기술·재활용기술 등 환경기술 개발 및 정보 교류 등을 실시하고 있다.

2.1.6 ST(Space Technology)

: 우주항공기술, 우주비행장이나 인공위성 우주기지를 만드는 기술

Space Technology의 약자인 ST기술은 위성체, 발사체, 항공기 등의 개발과 관련된 복합기술이다. 전자, 반도체, 컴퓨터, 소재 등 관련 첨단기술을 요소로 하는 시스템 기술로 기술 개발 결과가 타 분야에 미치는 파급효과가 매우 큰 종합기술로 인정받고 있다.

우주개발의 꽃은 바로 통신위성이다. 전문가들은 앞으로 수천, 수만 개의 위성이 하늘로 띄워질 것으로 예상하고 있다. 무게가 현격하게 줄어드는 것은 물론, 크기도 신용카드 크기까지 줄어든다. 전문가들은 이러한 변화를 확인하는 데는 10년이 걸리지 않을 것으로 내다보고 있다.

이 과정에서 개발된 기술들은 다시 다른 산업의 요소로 투입되어 사회를 비약적으로 발전시킬 것이다. 통신·기상·지구탐사위성 설계, 우주개발을 위한 위성 핵심기술 개발, 로켓추진기관 기술, 소형 위성발사체 기술 개발, 차세대 항공기술 개발 등이 미래 우주시대를 이끌 핵심 과제들이다.

우주산업은 크게 제작산업 분야와 서비스산업 분야로 나뉜다. 제작산업 분야는 다시 위성체 제작과 우주 발사체 제작 그리고 지상 장비의 제작으로 나누어 볼 수 있으며 서비스산업 분야는 위성방송, 무선 및 데이터 제공 원격탐사로 나눌 수 있다.

세계 우주개발 국가들이 지출하는 우주개발 정부 예산은 1990년대 평이한 수준을 유지하던 추세를 벗어나 다시 증가되기 시작했다. 우주개발의 양대 축을 이루고 있는 미국과 유럽의 민수 군수 분야 우주개발 예산의 축소로 1992년에서 200년 사이 매년 2%씩 감소추세를 보였으나 최근 미국 우주개발예산의 증가에 힘입어 2002년과 2003년 각각 7.5%, 7.6%씩의 증가를 보이고 있다.

미국은 항공우주국(NASA)과 국방부(DOD)를 중심으로 행성탐사, 우주왕복선, 첩보위성 관련 연구를 주로 수행하고 있다. 2001년 전체 연구개발예산의 11% 정도를 ST 개발에 지원하고 있다.

일본은 우주개발정책대강을 통해 중점 투자방향을 제시한 바 있다. 과학기술청, 환경청, 운수성 등을 중심으로 2000년도 기준 약 2조8천억 엔의 예산을 투자했다. 주요 우주 프로그램은 H-IIA 로켓 개발, 국제우주정거장 참여 등이다.

EU는 16개국이 가맹된 유럽우주기관(ESA)을 통한 우주계획 수립 및 공동연구를 실시하고 있다. 지구 관측, 우주환경 이용, 우주 수송시스템 개발 등 주로 비 국방 우주 분야 전반에 걸쳐 각종 연구를 추진한다. 1999년도에는 우주 분야 개발에 30억4천만 달러를 투자했다.

2.2 기술의 새로운 패러다임, 디지털 컨버전스

2.2.1 디지털 컨버전스의 개념과 이해

디지털 컨버전스(digital convergence) 개념은 '정보통신계의 선지자'라고 불리는 니콜라스 네그로폰테가 "디지털 기술과 컴퓨터 산업의 발달을 위하여 커뮤니케이션 산업이 일정 수준까지 함께 접근해야 한다"고 주장하면서 1970년대 후반부터 주목받기 시작하였다.

사전적 의미에서 융합(converge)이라는 용어는 서로 다른 방향으로부터 같은 지점으로 접근하거나 서로 교차하는 것을 의미하고, 융합화(convergence)란 연합(union) 및 공통적 결론을 향한 움직임을 의미한다. 그리고 이 용어가 커뮤니케이션 분야에 적용될 때의 의미는 서로 다른 미디어시스템이나 조직이 서로 결합하고 교차하는 것이다(Dennis, E. E. and Pavlik, J. V., 1993; 2). 즉, 융합화란 다른 종류의 네트워크 플랫폼으로 기본적으로 같은 종류의 서비스를 전송할 수 있는 가능성, 혹은 전화기, TV, PC 등의 소비형 기기의 통합화를 말하는 것이다. 융합화의 의미는 종래 정보통신산업 분야 간의 분리가 기술 발전으로 인해 서비스영역 및 이에 대한 제도적 적용의 경계가 불분명해지면서 제기된 용어로서, 융합화에 관한 논의는 총체적으로 통신과 방송, 그리고 컴퓨터를 포함하는 커뮤니케이션 기술 확장의 역사과정에서 이해할 수 있다.

결국 디지털 컨버전스란 하나의 기기로 모든 서비스가 가능하도록 정보통신 기술을 접목하여 단말기나 네트워크의 제약 없이 새로운 서비스를 제공하는 것이다. 말 그대로 디지털 컨버전스는 IT의 발전에 바탕을 두고 있고 디지털 기기(정보, 가전기기)의 짧은 수명주기로 인해 가능하다. 즉, 가정의 모든 가전기기가 디지털화되어 유·무선 네트워크와 연결됨으로써 새로운 형태의 소비자 욕구를 충족시킬 수 있는 기기 간의 결합을 말한다.

디지털 컨버전스는 디지털 기술을 매개로 컴퓨터, 가전, 통신, 멀티미디어 등 여러 디지털 기기와 기반기술, 그리고 콘텐츠가 서로 유기적으로 융합(merging)되는 현상이다. 신호(signal)와 대역폭(bandwidth)에 있어서 디지털화는 사운드, 이미지, 문자, 그래픽, 영상 등을 비트(bit)라는 최소의 디지털 형태로 변환하여 동일한 네트워크와 단말기를 통해 결합하고, 저장하며, 가공하여 빠르고 효과적으로 전송할 수 있음에 따라 융합을 발생시키는 핵심 추동요인이라 할 수 있다. 이에 따라 디지털 융합은 디지털 기술을 매개로 컴퓨터, 가전, 통신, 멀티미디어 등 여러 디지털 기기와 기반기술, 그리고 콘텐츠가 서로 유기적으로 융합되는 현상을 의미한다. 방송망과 통신망이 하나로 합쳐지는 '네트워크 융합'과 방송사업자가 통신서비스를 제공하는 '서비스 및 사업자 융합'은 통신과 방송의 융합 환경을 보여주는 대표적인 사례이며, 이는 각 사업 분야의 입장에서는 새로운 도전이자 기회로 작용하고 있다.

컨버전스가 사회의 중요한 성장 동인으로 작용하고 있다. 미래 사회는 노년층의 확대 및 세분화, 싱글족, No-Kids족, 독거노인 등의 증가에 따른 핵가족의 재분열, 개인주의 및 개성 중시 경향 만연, 글로벌 차원으로의 사고 및 활동 공간 확대, 온라인 등 제품/서비스 유통 채널의 확대 등으로 소비자 니즈가 더욱 다양화/고도화되는 방향으로 진전될 것으로 전망된다.

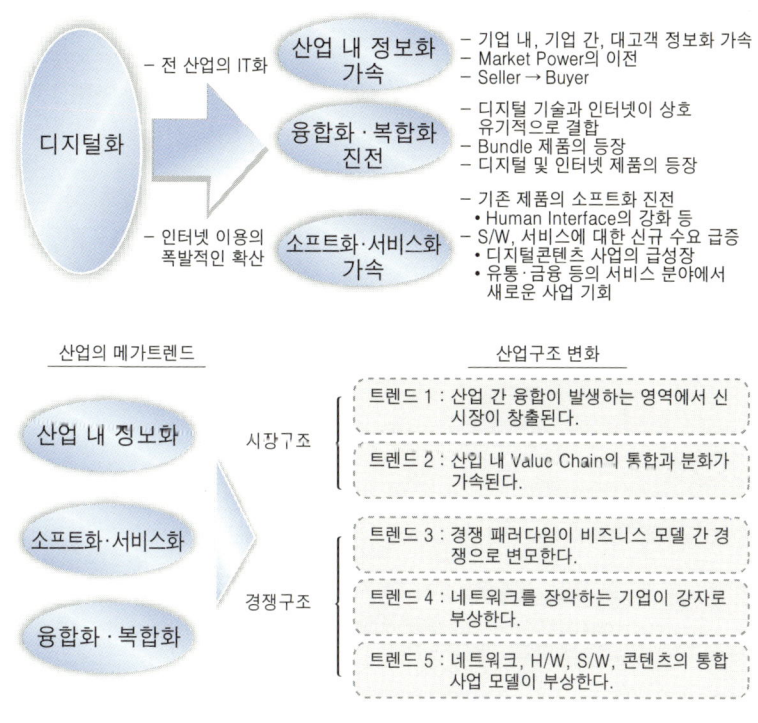

자료: 권혁기 외(2000)

[그림 2.5] 융합에 따른 메가트렌드 변화

한편 다양화/고도화되는 고객 니즈 변화를 제대로 만족시키기 위해서는 기존 제품/서비스로는 한계가 존재하여 혁신의 필요성이 증가하게 된다. 이러한 혁신의 유형은 창안적 혁신(innovation as invention)과 재조합적 혁신(innovation as recombination)으로 나누어 볼 수 있다(Hargadon, A., 2003). 창안적 혁신은 지금까지 존재하지 않던 것을 새롭게 만들어내는 것이고, 재조합적 혁신은 이미 존재하던 것들을 혁신적으로 재조합하는 것을 의미한다. 기술 성숙과 경쟁의 첨예화 등으로 기존에 없는 완전히 새로운 제품/서비스의 창출은 힘들어지고 있으며, 추진과정에서 비용이 많이 들고 성공 확률도 낮다. 반면 다양한 산업/사업에서 이미 검증된 기술, 아이디어 등을 창조적으로 재조합하여 새로운 가치를 창출하는 것이 보다 효과적인 혁신 방안이며, 이것이 바로 컨버전스인 것이다.

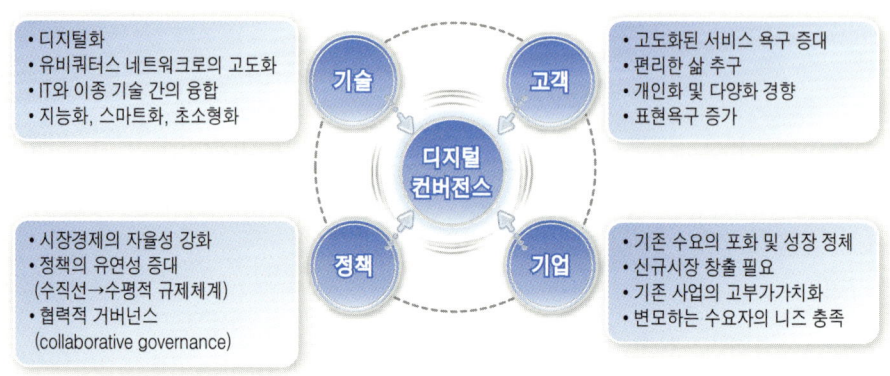

[그림 2.6] 디지털 컨버전스의 동인

2.2.2 디지털 컨버전스의 3대 핵심 분야

사회현상으로서 디지털 컨버전스가 가속화되고 있다. 국내외 가전 통신업계는 단순 복합기능(MP3 + 디지털 카메라 등)이나 모바일에 부가기능을 추가하는 신제품을 개발해내고 있다. 또한 최근에는 업종 및 서비스 간 융·복합 현상이 두드러져 새로운 사용가치가 창출되는 방향으로 심화·확대되는 추세이다. 최근의 웰빙에 대한 추구, 소비자 니즈 등 다양한 라이프 스타일의 변화와 더불어 사회 트렌드에서도 컨버전스 현상이 활발하게 일어나고 있다.

사회현상으로서의 컨버전스를 기반으로 기기·기능 간 복합화에서 인간과 사물 공간으로 디지털 컨버전스가 진행되고 있다. 로봇팔이나 피부 내 칩 이식 등 사이보그 기술이 발전되면서 사람과 기계 간 경계가 허물어지고 있는 양상이며, 도서, 농축산물 등 각종 사물에 RFID 칩이 내장되면서 사물 간 커뮤니케이션이 가능해지는 시대도 조만간 도래할 것이다. LBS, 디지털 홈, u-City 등 공간의 IT 컨버전스뿐만 아니라 현실과 가상공간의 융합을 통한 영화 속의 디지털공간도 형성되고 있다.

미래의 인간 + IT, 사물, 공간의 컨버전스는 현재 진행되고 있는 디지털 컨버전스보다 더 큰 사회 변화를 초래할 것으로 예상된다. 즉, 모든 경계가 허물어지는 새로운 공간과 커뮤니케이션이 등장할 것이며, 새로운 개념의 서비스뿐만 아니라 산업구조를 개편하는 비즈니스가 창출될 것이다.

[표 2.5] 디지털 컨버전스의 심화 · 확대

구분	현재	미래
융합 유형	기기+기기 / NW+NW / 업종+업종 / 서비스+서비스	인간-사물-공간+디지털
형태	DMB폰, 모바일 뱅킹	사이보그, 생체인식, RFID 칩, LBS, 디지털 홈, U-City 등
파급효과	기기통합, 서비스 다양화	제4의 공간 형성

앞으로 디지털 컨버전스가 심화되면서 획기적으로 소비자의 효용이 증대할 것이며, 고부가가치의 블루오션이 창출될 것이며, 산업 외부에 있던 기업들에게 새로운 기회를 주는 게임 룰의 변화 등 소비자와 기업들에게 긍정적 기회를 제공해 줄 것으로 전망된다.

한편 디지털 컨버전스의 핵심 분야는 크게 세 가지로 나누어 볼 수 있는데, 첫째는 인간 + IT 컨버전스이며, 둘째는 사물 + IT 컨버전스이며, 셋째는 공간 + IT 컨버전스이다.

1) '인간 + IT 컨버전스' 분야

이 분야는 지속적인 연구 · 개발이 이루어지고 있는 분야이다. 생체인식과 결합된 디지털 기기가 확산되고 있으며, 인간과 기계의 결합인 사이보그도 등장하고 있다. 우선, 생체인식기술은 보안이나 접근 제한을 위해 지문, 망막, 얼굴 등 인간의 생체정보를 이동통신, 노트북 등에 적용하는 기술이다. 현재 다양한 생체인식기술이 적용되거나 연구되고 있으며, 그 중 하나가 홍채나 망막을 이용한 인식기술이다. 손모양 인식은 생체인식기술 중 가장 먼저 자동화된 기법으로 개인마다 손

가락의 길이가 다르다는 점에서 착안, 손가락 형태를 분석하여 이를 디지털화한
시스템으로 영상인식기술의 발전으로 단순한 길이를 측정하는 것에서 벗어나 다
양한 특징을 추출하여 사람을 인식하는 데 사용되고 있다. 이 외에도 정맥인식, 얼
굴인식 기술 등이 연구되고 있다.

[표 2.6] 생체인식기술들 간의 장·단점 비교

생체인식기술	장점	단점
지문	비용 저렴, 우수한 안전성	지문이 보이지 않거나 손상될 가능성
얼굴	쉽고 빠르고 비용이 저렴	조명 및 자세에 따라 영향을 받고 정확도 낮음
장문/손모양	최소의 저장용량 요구	처리속도가 늦고 정확도 떨어짐
홍채	위조 불가능	대용량 특징 벡터(256bytes)
망막	안전성, 우수	사용 거부감
성문	비용 저렴, 원격 접근에 적당	처리속도 늦고 사람 상태에 쉽게 영향
필채	비용 저렴	사람 상태에 쉽게 영향, 높은 오인식률
정맥	위조 불가능	추출이 어려움

인간과 기계가 결합된 사이보그 기술도 상당부분 진척되어 있다. 특히 최근에는
인간의 뇌와 컴퓨터를 연결하는 인터페이스 기술(BCI)이 개발되어 인간과 기계
간의 커뮤니케이션이 가능해질 것으로 예측된다. 또한 로봇도 앞으로는 인간과 유
사한 기능을 갖춘 휴머노이드(humanoid)로 발전할 것이다. 실제로 일본의 미쯔
비시에서 10명의 인간을 알아보고 휴대폰과 연결하여 모니터 기능을 하는 휴머노
이드 'Wakamaru' 로봇을 출시한 바 있다.

2) '사물 + IT 컨버전스' 분야

이 분야는 RFID 기술이 그 핵심에 있을 전망이다. 소형 반도체 칩을 이용해 사
물의 정보를 처리하는 기술인 Radio Frequency Identification의 약자인 RFID
는 판독·해독 기능이 있는 판독기와 고유 정보를 내장한 RF 태그(RF ID tag), 운

용 소프트웨어, 네트워크 등으로 구성된 전파식별 시스템은 사물에 부착된 얇은
평면 형태의 태그를 식별함으로써 정보를 처리한다.

앞으로 수십 년 내로 기존의 바코드는 모두 RFID로 대체되고 모바일 산업에 이
은 핵심 산업으로 부상할 것이다.

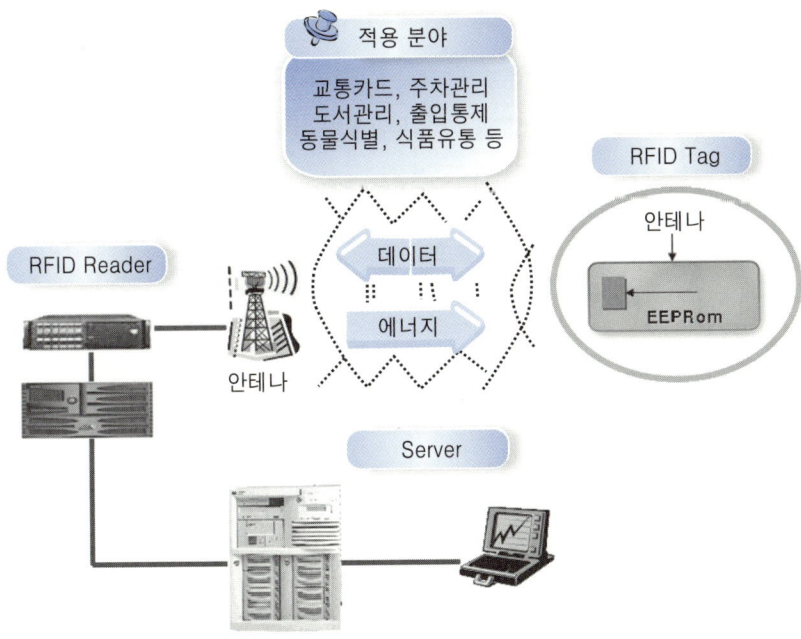

[그림 2.7] RFID 원리 및 분야

사물 자율적인 지능서비스로 사물과 IT 간의 컨버전스가 진화할 것이다. 즉, 언
제 어디서나 사물들이 네트워크에 연결됨으로써 자율적으로 커뮤니케이션하는 단
계까지 발전할 것이며, 각 사물에 부착된 센서 간의 상황인식을 기반으로 지능화
된 서비스가 가능해질 것으로 전망된다.

3) '공간 + IT 컨버전스' 분야

물리공간과 이동성의 컨버전스인 LBS와 디지털 컨버전스의 총아인 디지털 홈, 전자-물리공간이 융합된 u-city가 대표적인 서비스이다.

개인이 이동한 위치에 따라 차별화된 서비스를 제공할 수 있는 위치기반 서비스 (LBS: Location Based Service)는 이동통신망을 기반으로 이동성이 보장된 기기를 통해 사람이나 사물의 위치를 파악, 활용하는 서비스이다. 현재 LBS 기술은 기본적으로 이동통신망에 기반한 서비스이다. 즉, CDMA/CDMA2000, WCDMA, Wibro 등의 이동통신기술상에서의 통신 인프라와의 표준 및 기술 관련성을 갖고 있다.

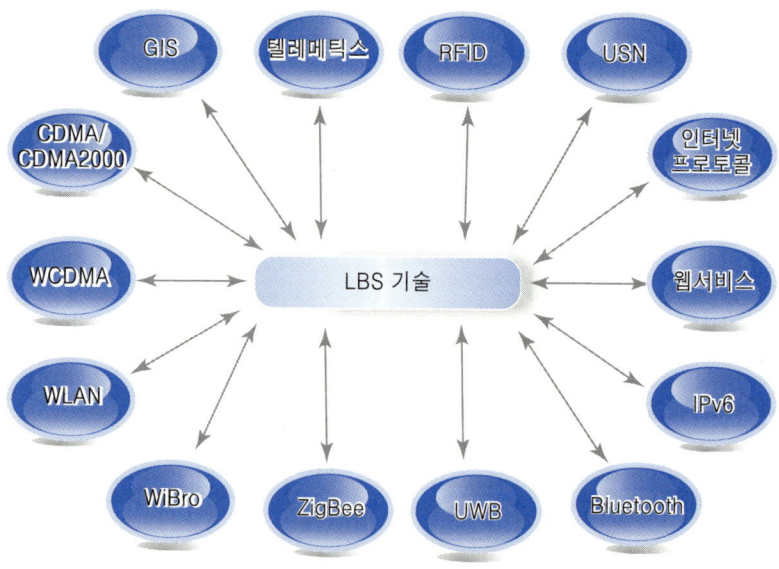

자료: 한국정보통신기술협회(2005)

[그림 2.8] LBS의 연관기술 연계도

최근에 대두되고 있는 유비쿼터스 관련 기술 및 서비스는 이 위치기반 서비스와 밀접한 관계가 있으며 유비쿼터스를 구현하기 위한 기술은 통신 인프라 및 각종 데이터 수집을 위한 센서 기술 등 현재 정보, 통신 관련 기술뿐만 아니라 정밀기계

관련 기술까지를 총 망라한 넓은 영역을 포함하게 될 것이다.

가정은 언제 어디서나 디지털 기기 간의 커뮤니케이션을 통해 모든 서비스가 가능해지는 '디지털 공간'으로 변모하고 있다. 향후 가정에는 PC와 모바일 기술, 정보가전 등이 모두 융·복합되어 원격의료, 원격교육 등의 첨단서비스가 구현될 것이다. 홈 네트워크 사업을 둘러싸고 전자-건설-통신사 간의 제휴가 최근 활발해지고 있다. KT는 삼성전자, KBS, MBC, 위니아만도, 대림산업, SK 텔레콤은 LG 전자, 하나로, 텔레콤, SBS, SK 건설 등과 컨소시엄을 구성해 공동으로 사업 모델을 개발하고 있다.

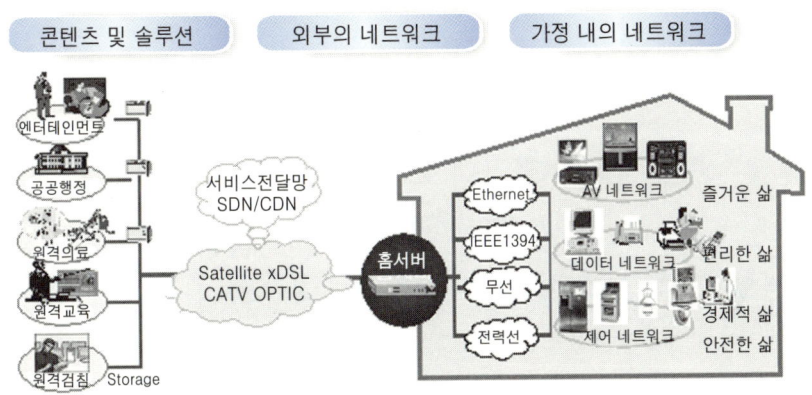

[그림 2.9] 홈 네트워크 구성

전자-물리공간이 융합된 도시 'u-city'도 현재진행형이다. 싱가포르에 건립된 HP의 '쿨타운(Cool Town)'은 모바일 기술과 인공지능, 음성인식, 전자태그 등 각종 첨단기술의 축소판 도시로 실험 중이다. 또한 IT 기술의 혁명이 일상생활뿐만 아니라 비즈니스로 접목될 수 있음을 보여주는 산 증거로서 평가받고 있다. 유럽의 'INTERCITY' 역시 유비쿼터스 컴퓨팅이 구현된 스마트 도시로 2030년 지속가능한 사회 구현의 일환으로 추진 중이다.

[그림 2.10] 싱가포르의 'HP 쿨타운'

2.3 IT 기반 퓨전 테크놀로지: 유비쿼터스 테크놀로지

2.3.1 UIT 개념 및 산업적 의미

유비쿼터스(ubiquitous)는 라틴어에서 기원하는 단어로 '어디에나 있다, 임재 (臨在)하다'라는 의미이다.[3] 제록스 팔로알토연구소의 CTO(최고기술책임자)였던 마크 와이저(Mark Weiser)가 '유비쿼터스 컴퓨팅'이라는 개념을 제창한 것은 1988년이었다. 컴퓨터 사용자가 일보다도 컴퓨터 조작에 더 몰두해야 하는 성가심을 비판하며 인간 중심의 컴퓨팅 기술로서 유비쿼터스 컴퓨팅 비전을 제창한 것이다(Weiser, Gold, and Brown, 1999). 이후 1999년부터 일본의 노무라총합연구소가 이 용어를 도입하여 향후 일본의 IT 패러다임으로 개발하고 있으며, 우리나라도 ETRI를 중심으로 u-네트워크를 21세기형 신 IT 패러다임으로 삼고 연구를 진행하고 있는 상황이다. 유비쿼터스는 유비쿼터스 컴퓨팅과 유비쿼터스 네트워크를 기반으로 물리공간을 지능화함과 동시에, 물리공간에 펼쳐져 있는 각종 사

---

[3] 유비쿼터스라는 용어를 우리말로 번역할 때 편재(遍在)라는 낱말을 사용하는데, 편재의 의미가 갖는 중복성(偏在와 遍在)과 일본식 번역이라는 한계를 갖는다. 따라서 '모든 곳에 존재한다'는 의미로서 임재(臨在)라는 낱말이 보다 적절한 것으로 평가된다.

물들을 네트워크로 연결시키려는 노력이다. 인터넷이 책상에 홀로 떨어져 있던 컴퓨터를 연결시켰다면, 유비쿼터스화는 환경 속에 떨어져서 존재하는 물리적인 사물들을 연결하는 것이다(전석호·김원제, 2005).

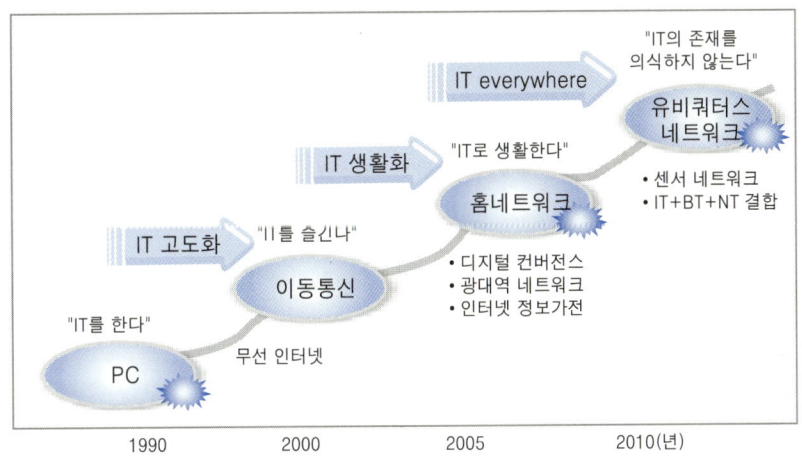

[그림 2.11] 유비쿼터스 IT 혁명의 진화단계

결국 유비쿼터스 컴퓨팅은 다종·다양한 현실세계의 디바이스, 사물과 환경 속으로 스며들어 상호연결되어 언제 어디서나, 어떤 단말로도 망에 접속하여 서비스를 이용할 수 있는 인간·사물·공간 간의 최적 컴퓨팅 & 네트워킹 환경인 것이다. 그리고 이 개념을 보다 확장하면, 유비쿼터스 컴퓨팅과 유비쿼터스 네트워크의 결합 그리고 NT, BT와의 거대융합에 의한 차세대 IT 혁명으로서의 사회적 변혁의 총체이자 국가경영전략으로 기능하게 되는 것이다.

주지하다시피 1960년대의 대형 컴퓨터 시대, 80년대 중반 이후 PC 중심의 컴퓨터 네트워크 시대, 그리고 90년대 중반 이후 인터넷 활용시대를 거쳐, IT 네트워크가 일상화되는 유비쿼터스 시대로 접어들고 있다.[4] '5 Any'(anytime, anywhere, anything, anynetwork, anydevice) 시대이다. 유비쿼터스 혁명은

---

[4] 멀티미디어 시장의 출현은 전화(1890), TV(1930), 그리고 컴퓨터(1980)가 융합되면서 나타나는데, 그 간격이 50여 년이었다. 그런데 컴퓨터가 PC 중심으로 발전하면서 그 융합속도는 10년 간격으로 빨라지고 있다.

사물들의 인터넷화(Things to Things = Internet of things = networks of atoms)를 지향한다. 즉, 유비쿼터스화는 사람, 컴퓨터, 사물들을 네트워크로 연결하고 3차원으로 정보를 수신 및 발신하게 되는 단계를 지칭한다.

IT 환경이 유선, 무선, 유무선통합, 근거리무선통신 그리고 서버, PC, PostPC, 센서, MEMS(Micro Electro Mechanical Systems), 초소형 컴퓨팅 객체로 전개됨에 따라 전자공간과 실세계는 사실상 서로 통합 혹은 융합되고 있다. 모든 객체가 하나 되는 글로벌화(표준화, 인터넷화)가 진행되는 동시에 모든 객체가 특화되는 개인화(다양화, 전자적 사물화)라는 서로 상반된 두 가지 기술 진화의 방향이 실세계와 전자공간에서 조화된 세 차례의 파동을 일으키면서 하나 되고 있다. 즉, 서버기술과 유선통신기술 영역은 이음매 없는 망 통합(첫째 파장)으로 진화되고 있으며, 클라이언트와 포스트PC 기술과 무선 및 유·무선 통합망기술은 초고속/대용량의 멀티미디어 데이터에 대한 브로드밴드 접속 서비스(둘째 파장)를 제공하고 있으며, 내장 초소형 컴퓨팅 객체와 MEMS, 센서기술 및 근거리 무선통신기술은 자율형 컴퓨팅 환경(셋째 파장)을 제공하는 방향으로 진화하고 있다. 이러한 IT 진화 파장의 성숙에 따라, 성숙된 IT 인프라를 기반으로 하는 IT·서비스의 융합, IT·NT의 융합, IT·BT의 융합 등으로 기술 진화의 성장 동인이 이동하고 있는 것이다.

이러한 유비쿼터스 혁명은 새로운 경제적 수요를 창출, 제2의 IT 부흥을 이끌어낼 뿐만 아니라 유비쿼터스 사회시스템이라는 새로운 문명의 장을 열 것으로 기대된다. 이에 1990년대 말부터 새로운 지식정보국가 패러다임이란 전제 아래 미국을 비롯해 일본, 유럽 등 세계 각국에서는 모바일, 브로드밴드, 극소형 컴퓨터, IPv6의 기술이 창출해내는 컴퓨팅 혁명의 실체를 유비쿼터스 컴퓨팅으로 파악하고 각국의 정부, 기업, 연구소들이 주도권을 잡기 위해 많은 노력을 기울이고 있다.

2.3.2 UIT 기술 동향 및 전망

철학자 아리스토텔레스는 신은 세상을 창조했지만 이를 직접적으로 관리하지 않고 자율적으로(autonomous) 세상의 구성원이 활동을 하도록 했다는 철학을 주장했다. 이는 자동화(automation)의 결함으로 인한 유지보수(maintenance)가 없는 환경이라는 것을 의미한다. 기술은 제약을 벗어나기 위해 개발되었다. 즉, 기술을 생각하는 이유는 업무의 한계성, 수작업이 많은 부분을 단순화하고 자동화하려는 것이다. 그러나 의미의 다양성이 파괴되고 우리는 새로운 형태의 제약을 경험하게 되었다.

자동화의 원리는 다음과 같다. 도구는 도구를 만들게 되고, 현재 인간은 프로그래밍 언어 또는 칩셋을 개발해 인간의 불편함을 해소해 줄 수 있는 또 하나의 도구, 즉 애플리케이션을 개발하게 되었다. 그러나 궁극적으로 도구의 본실은 인간의 관여 없이 언제 어디서나 자율적으로 움직이는 환경을 구성하는 것이다. 이것이 바로 유비쿼터스 컴퓨팅 패러다임이다. 인간의 욕구 또는 자아만족을 위한 기술 패러다임이라 하겠다.

[표 2.7] 유비쿼터스 기술의 속성

속성	내용
끊김 없는 이동성 (Seamless Mobility)	어떤 기기를 사용하든 상관없이 언제 어디서나 필요한 정보를 얻을 수 있음
디지털 모바일화 (Digital Mobilization)	모든 물리적인 프로세스나 개인의 접촉이 디지털 모바일화됨
가상현실화 (Virtual Realization)	가상으로 존재하는 데이터 또는 정보가 현실공간으로 표현될 수 있는 가상현실화됨
개인화된 단말장치 (Personalized Device)	개인을 중심으로 더 많은 서비스를 제공할 수 있도록, 디바이스가 개인화됨
상황인지 (Context Awareness)	주변의 상황에 대한 인지 능력 보유

유비쿼터스 환경은 3C(Communication, Computing, Context Aware)의 통합을 지향한다. 커뮤니케이션과 컴퓨팅, 인식 간 통합을 통해 콘텐츠를 인식하는 토털 커뮤니케이션을 구현하게 되는 것이다.

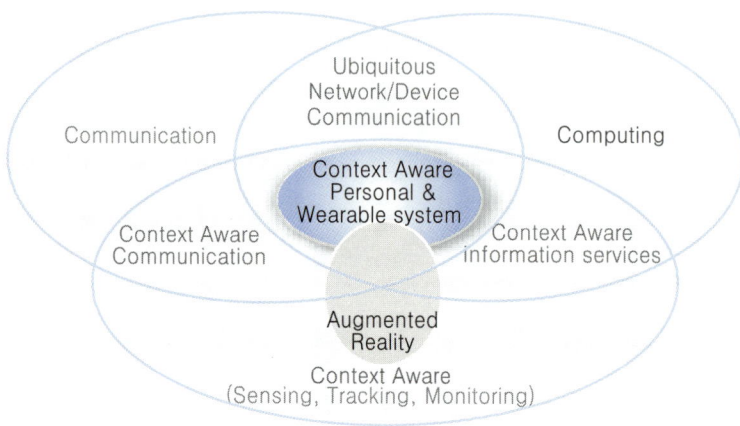

[그림 2.12] 3C의 통합

유비쿼터스 환경에서의 커뮤니케이션은 '사람 대 사람(P to P)의 커뮤니케이션'에서 '사람과 기계(P to M)', '기계 대 기계(M to M)', 그리고 '사물과 사물(O to O)의 커뮤니케이션'으로 패러다임이 전환하고 있다. 예컨대, P2M은 휴대폰과 자판기, M2M은 홈 네트워킹, T2T는 전자태그 간 통신의 모습으로 실체화된다. 각종 센서 및 기존의 상품 바코드를 대신하는 스마트 태그(RFID) 등이 제조물, 의자, 교량 등 모든 일상사물과 도시공간에 스며듦으로써 사물의 지능화(things that think), 공간지능화(smart space)가 진전되는 것이다. 이는 철저하게 이용자, 즉 인간 중심의 커뮤니케이션을 실현하는 것이라고 하겠다(전석호·김원제, 2003).

유비쿼터스는 컴퓨팅 객체가 실생활 공간의 사물과 환경 속으로 스며들어 상호 연결되어 인간·사물·정보 간의 자율적 컴퓨팅 환경을 제공한다. 이는 '물리적 세상(일상생활) + 사람 + 정보 + 컴퓨터(소형 컴퓨터 칩 + 센서 + 네트워크)'의 개념으로 설명된다. 컴퓨터가 존재할 수 있는 모든 사물과 공간에 존재한다는 것이다.

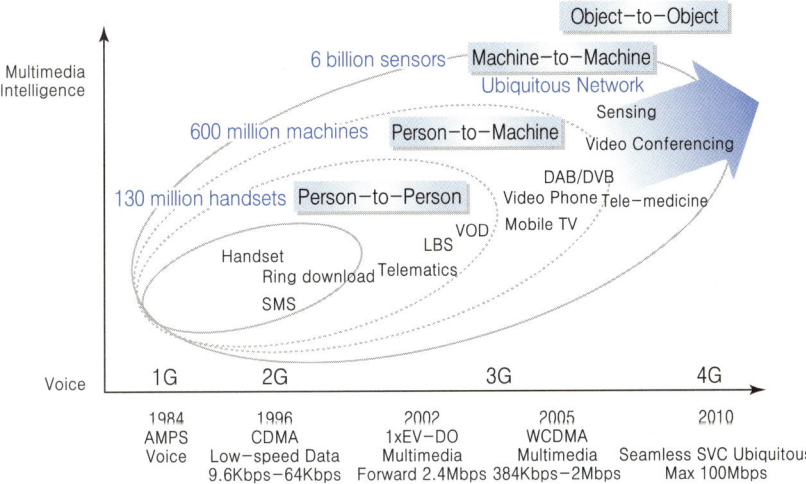

자료: 조위덕(2005)

[그림 2.13] 커뮤니케이션의 진화

또한 유비쿼터스는 Mobile Computing과 Intelligent Environments의 결합이다(Weiser, 1991). 유비쿼터스 테크놀로지를 설명하는 주요 개념은 Embodied Virtuality, Calm Technology, Invisible Technology 등이다. 즉, 가상공간이 아닌 실제 세계의 어디서나 컴퓨터의 사용이 가능해야 하며, 사용자에게 보이지 않아야 하며(내장형, 소형, 지능형), 인간화 인터페이스로서 사용자 상황에 따라 서비스가 변해야 하는 것이다(Weiser & Brown, 1995).

유비쿼터스 IT와 관련한 기술혁신은 세 가지 영역의 변화를 중심축으로 한다. 첫째, PC, 컴퓨터, 지능, 무선기기 등을 포함한 Computing Power의 영역(Computing의 Ubiquity & Embeddedness 보장), 둘째, Context-awareness 기능을 도출하기 위한 Sensing의 영역, 셋째, 다양한 IT 기능의 통합을 지향하는 Inter connectivity의 네트워크 영역(Mobility의 보장) 등이다(강홍렬, 2004).

전자공간과 물리공간을 연결해 주는 것은 차세대 컴퓨팅 기술이다. 차세대 컴퓨팅 기술은 현재 사용되고 있는 PC와는 크기나 용도 면에서 크게 다르며, 기능 면에서도 차이가 난다.

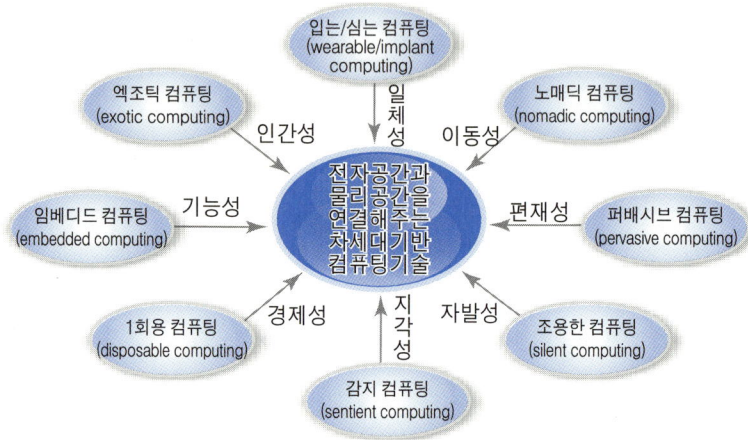

[그림 2.14] 유비쿼터스 테크놀로지의 구성개념

유비쿼터스화는 정보화의 보다 진전된 단계로서, 정보기술을 활용하는 목적이 전자공간이 아닌 물리공간에 초점을 둔다. 정보화가 인류문명의 기반인 물리공간으로부터 이탈하려는 패러다임이라면, 유비쿼터스화는 정보화가 세상의 모든 문제를 해결할 수 없다는 한계를 인식하고 물리공간으로 회귀하려는 패러다임을 의미한다(하원규, 2003).

2.3.3 IT 기반 컨버전스와 퓨전기술 산업 동향

디지털 컨버전스는 디지털화, 네트워크의 고도화, 신기술들의 융합(technology integration)을 기반으로 소비자, 기업, 정부의 상호작용을 통해 전 산업에 걸쳐 기능 통합(function integration), 영역 확대(coverage extension), 새로운 가치 창출(value creation)이 일어나는 현상이다.

디지털 컨버전스는 기능의 통합, ICT 산업 내 융합, 타 산업으로의 확장, 유비쿼터스 컨버전스로 구분될 수 있다. 기능의 통합은 멀티미디어 PC, PDA, 카메라폰,

MP3폰, PMP 등의 예에서 볼 수 있듯이 디지털 기술이 적용된 통신, 가전, 컴퓨터 등 기기들 간의 통합이 일어나는 현상이다. 또한 VoIP, 원폰, 광대역융합서비스, WiBro 등의 예와 같이 ICT 산업 내 융복합화도 심화되고 있다. e-Commerce(IT + 유통), e-Banking(IT + 금융), e-Learning(IT +교육), DMB, IPTV(IT + 방송), Telematics(IT + 자동차) 등과 같이 IT의 활용이 비 IT 산업으로 확산되면서 융합의 영역도 타 산업으로 확산되고 있는데, 이러한 확산은 타 산업에서 새로운 서비스를 창출하고 있다. IT 기술의 보편화와 Sensing, BT/NT 등 신기술의 융합으로 기기, 사물, 시설물(공간), 인간이 네트워크를 통해 상호연결됨으로써 고도화된 가치를 창출할 수 있는데, 이러한 이상적인 상태를 유비쿼터스 컨버전스라 한다. 유비쿼터스 컨버전스의 구현에는 지능형 로봇, u-Home, RFID 활용서비스 등의 역할이 클 것으로 전망된다. 디지털 컨버전스가 확장될수록 경제 주체 간의 갈등 및 협력관계가 더욱 복잡해지고, 새로운 해결과제들이 등장하게 된다.

IT의 활용이 비 IT 산업으로 확산되면서 융합의 영역은 타 산업으로 확산되었으며, 이러한 확산은 타 산업에서 생산성을 제고시키고 새로운 서비스를 창출하고 있다. IT와 유통이 결합된 전자상거래, IT와 금융이 결합된 e-Banking, IT와 교육이 결합된 e-Learning 등에서 이미 현저한 생산성 향상과 이로 인한 시장의 확대가 나타나고 있다. 일부 분야에서는 융합의 진행이 예상보다 더디게 나타나고 있으며, 또 일부 분야에서는 예상보다 빠르게 융합이 진행되고 있다. 융합의 진행은 소비자에 의해 주도되어야 시장성을 확보할 수 있으며, 인위적인 규제에 의해 융합의 속도와 부문이 정해져서는 생산성 제고와 시장 확대라는 목표를 달성하지 못할 것이다. 기술적 가능성과 규제보다는 소비자의 편이성, 효용에 의해 융합의 속도와 대상이 정해질 수 있는 틀을 만드는 것이 정부의 역할이며, 이러한 틀을 갖출 때 융합은 생산성 제고와 삶의 질 향상으로 이어질 것이다.

실제 IT, BT, NT 기술 간 퓨전이 진전되어 각 기술과 영역 간의 경계를 넘는 기술혁신이 가속화되면서 새로운 형태의 기술 및 서비스가 출현하고 있다. BT의 한 부류인 인간유전체 염기서열 해독, 인공지능 시스템을 기반으로 하는 첨단 의료기기 활용 등에 초고속·대용량 정보처리와 같은 IT 기술의 접목은 필수적인 요소가 되고 있다. 이러한 기술적 흐름은 IT, BT, NT 간 활발한 융합을 가져오고 있으며 현재의 성장동력인 IT와 차세대 성장동력인 BT, NT가 결합한다면 시너지 효과는 막대할 것으로 전망된다.

IT, BT, NT 등 최근 급속히 발전하는 신기술 분야의 상승적인 결합(synergistic combination)으로 이종 기술 간 융합을 통하여 신제품/서비스를 창출하거나 기존 제품의 성능을 향상시키고 있다. 1980 ~ 1990년대에 시작된 컴퓨터 및 커뮤니케이션 기술혁명과 2000년대 시작한 IT, BT, NT 혁명 등 2개 분야의 신기술곡선 (S-curve)이 중첩되는 영역에서 발생하고 있다.

이러한 이종 기술 간 퓨전은 IT-NT와 IT-BT 분야에서 활발히 전개되고 있으며, 향후에도 동 분야가 기술 간 융합을 주도할 전망이다. IT-NT 융합기술 시장규모는 2010년 4,610억 달러, IT-BT 융합기술 시장규모는 2010년 720억 달러로 성장할 것으로 전망된다(정보통신부, 2005). 한국은행은 향후 아시아 경제의 성장동력으로 IT와 BT, NT, 그리고 항공우주와 환경 및 에너지를 각각 나타내는 ST, ET를 포함한 지식기반산업을 우선적으로 꼽고, 포스트 IT 시대를 적극 대비하는 국가가 아시아 경제에서 두각을 나타낼 것이라고 예측했다. IT, BT, NT 등 지식기반산업으로 2010년 후반부터 국가경쟁력 지도가 바뀔 전망인데 2010년 전반까지는 기존 분야의 경쟁력에 의존해 경제성장을 지속하고 세계적인 산업구조도 현재의 모습을 어느 정도 유지하겠지만, 2010년 이후에는 포스트 IT 등과 관련한 신기술 획득이 국가경쟁력을 좌우할 것으로 전망했다.

이러한 논의들이 전망에 그치는 것이 아니라 실제 정부에서는 2006년 5월 의결된 'IT 기반 융합 부품·소재 육성계획'을 통해 기술 간 융합에 대한 구체적인 청사진을 제시하고 있다. 이 계획에는 미래 사회 서비스 수요를 바탕으로 기술확보 가능성, 시장규모, 상용화 시기 등을 고려하여 핵심 IT 융합기술 분야가 선정되었는데, IT-NT 7대 핵심기술은 이미지센서, 역학센서, 환경센서, 실리콘신소자, 나노 SoC, 전원소자, 광소자 등이며, IT-BT 8대 핵심기술은 바이오정보분석, 바이오센서, 생체이미징, 바이오칩, 유해 유기물센서, 생체신호인터페이스, 바이오데이터보호, 생체정보보호 등이다. 이 계획에서는 2015년까지 미래 사회 서비스 수요를 바탕으로 도출한 오감통신 도우미(UTC), 건강·환경 도우미(PLC)[5] 서비스 및 플랫폼 개발을 목표로 설정하였으며, 2대 서비스·플랫폼 개발과 연계하여 IT 융합기술 분야 20대 핵심 부품·소재 개발(UTC 기반 11개 핵심 부품·소재, PLC 기반 9개 핵심 부품·소재)이 제시되고 있다.

[그림 2.15] IT-NT-BT 융합기술 전략 서비스 · 플랫폼 분야 선정

한편 IT-BT-NT 간 융합기술은 크게 IT-BT, IT-NT, BT-NT로 분류 및 구분해 볼 수 있다. 요소기술로는 IT에서 컴퓨터(하드웨어, 소프트웨어), 반도체, 유무선통신, 정보보호 등이 있으며, BT에서 유전공학, 바이오장기, 분자생물학, 신약 등이 있고, NT에서는 나노신소재, 나노구조체, 나노공정, 정보저장 등이 있다.

융합기술로는 IT-BT에서 바이오인포매틱스, 바이오센서칩, 바이오컴퓨터, 생체인식/보호 등이 있고, IT-NT에서는 양자컴퓨팅, 나노일렉트로닉스, 나노포토닉스, 나노센서 등이 있으며, NT-BT에서는 나노바이오센서, 인공조직, 약물전달, 친 생체물질 등이 있다.

---

[5] UTC(Ubiquitous Terminal Companion), PLC(Pervasive Life-care Companion)

서비스/제품으로는 IT-BT에서 원격진료/자가진단, 맞춤의약, 생체인식시스템, 바이오컴퓨터 등이 있고, IT-NT에서는 인공장기/근육, 유전자치료, 지능형약물전달시스템, 입는 바이오센서 등이 있으며, NT-BT에서는 인체내장형로봇, 교감형단말, 정보저장기기, 정보처리부품 등이 있다.

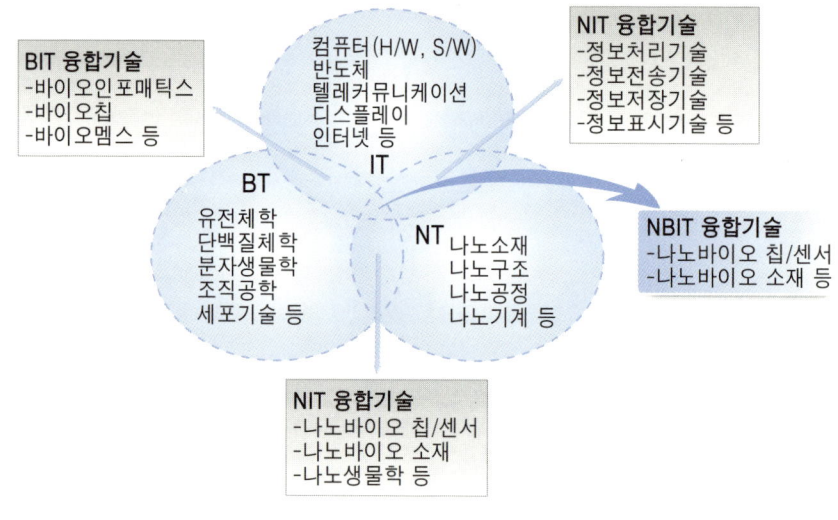

[그림 2.16] NBIT 융합기술의 개념도

IT-BT 융합기술은 기존 정보통신기술을 생명체현상(BT)과 접목하여, 생물학적인 원리와 특성을 활용한 새로운 IT 제품/서비스(하드웨어, 소프트웨어, 응용 분야)를 창출하는 기술이다. IT-BT 요소기술은 바이오인포매틱스, 바이오전자, 생체정보인터페이스, 생체정보보호, 바이오컴퓨터 등 5개 분야로 구분된다. 이러한 IT-BT 융합기술은 IT-NT 융합기술에서와 달리 융합의 형태가 크게 다른 두 가지 하부 기술로 이루어져 있다고 할 수 있다. 그 하나는 BT 기술의 기반으로서의 IT(IT기반의 BT)이고 다른 하나는 IT 기반으로의 IT-BT이다. BT 기반으로의 IT는 BT기술(바이오기술)이 IT(정보통신기술)를 통해 BT 기술의 한계를 돌파하기 위해 생성되는 신기술로 바이오 애플리케이션 시스템의 주요 기반기술(산업)로 IT(산업)

[표 2.8] IT 기반 퓨전기술의 범위

구분	세부기술 분야	대표제품(예)
NBT	나노바이오 칩/센서	나노바이오 센서, DNA 칩, 단백질 칩, LOC(Lab-on-a-chip) 등
	나노바이오 소재	생체모방 나노소재, 기능성 나노소재 등
	나노생물학	바이오/화학 센서, 광바이오시스템, 생체나노머신 등
NIT	정보처리 분야	양자컴퓨터, 나노전지 등
	정보전송 분야	나노복합 광통신용 광소자, 실리콘 나노점의 전광소재/소자 원천기술제품 등
	정보저장 분야	테라급 초고밀도 자기 정보저장 매체 등
	정보표시 분야	차세대 리소그라피 원천기술, MEMS 기술제품 등
BIT	바이오인포매틱스 (Bioinformatics)	DNA 해석 소프트웨어, 단백질 해석 소프트웨어, 바이오 DB 마이닝 등
	바이오멤스(BioMEMS)	초고밀도 집적회로, 초소형 기어, 초미세 기계구조물 등

가 응용되는 것을 의미한다. 한편 IT 기반으로서의 IT-BT는 정보통신시스템이 인체 관련 기술 및 정보를 흡수하여 인간친화적인 정보통신시스템(IT 시스템)을 만들어내는 것을 의미한다.

앞서 살펴본 건강·환경 도우미(PLC: Pervasive Lifecare Companion) 서비스는 IT-BT 융합기술의 사례이다. PLC 기술은 첫째, 개인의 건강상태를 실시간으로 감지/처리/인터페이스하여 상시 건강관리, 응급사태 예방 등의 의료서비스를 제공하는 'U-헬스 서비스'와 둘째, 실시간으로 사물·환경정보를 감지, 환경오염 및 유해식품 감지, 재난재해 경보 등의 환경 관련 서비스를 제공하는 '안전/환경 감시 서비스'로 구분할 수 있다.

IT-NT 융합기술은 원자 또는 분자 레벨의 나노기술을 IT 기술에 접목하여, 고성능/소형화/이동성 등을 획기적으로 높인 새로운 핵심 원천기술이다. IT-NT 융합 요소기술은 나노센서, 나노일렉트로닉스, 나노포토닉스, 양자컴퓨터 등 4개 분야로 구분된다.

[표 2.9] IT-BT 융합기술의 범위 및 분류

구분	세부기술 분야	대표제품(예)
바이오 인포 매틱스	바이오정보분석 S/W 기술	신약 발견 및 개발을 지원하기 위해 바이오데이터를 분석하여 고부가가치 정보를 생성하는 소프트웨어 기술
	비이오정보관리 S/W 기술	분산된 대용량의 바이오 데이터를 효율적으로 검색하고 관리하는 소프트웨어 기술
	의료유전정보분석 S/W 기술	질병과 약물반응의 유전적 요인을 추출하고 검색하는 S/W 기술
	디지털셀기술	세포 내의 유전자, 단백질 및 각종 화합물의 시공간적 기작을 컴퓨터로 모델링하고 시뮬레이션하는 기술
바이오 감지소자	전기화학센서	생체정보를 전기적 신호로 검출하는 센서
	광학센서	생체정보를 광학적 신호로 검출하는 센서
	기타(압전, 탄성파, 열)	생체신호를 기타 방식으로 검출하는 센서
	마이크로어레이칩	DNA, 단백질, 세포, 신경 등과 같은 생체 물질을 반도체와 같은 무기물 위에 조합하여 기존의 반도체칩 형태 장치
	랩온어칩	센서 어레이와 혈액과 같은 생체샘플을 처리하고 가공할 수 있는 유체제어기술, MEMS 기술이 칩상에서 모두 결합되어 이루어지는 장치
생체 정보 인터 페이스	뇌-컴퓨터인터페이스	뇌파를 이용한 컴퓨터 인터페이스
	정서(감성)인터페이스	생체정보를 이용한 정서(감성) 인식 및 표현
	생체신호인터페이스	생체신호를 이용한 인체정보의 획득, 처리, 인식
생체 정보 보호	바이오데이터보호	바이오 물질 암호추출, 암호처리 및 유출 방지
	바이오정보관리	바이오 정보관리 및 바이오 키 생성
	생체정보보호	바이오 정보 암호화, 인증기술 및 BAN 정보보호
바이오 컴퓨터	연산용 바이오컴퓨터	DNA를 이용하여 연산모델 기술 개발 등을 통한 정보처리, 정보저장, 분자 진단 및 치료 등에 응용 가능한 기술
	분석용 바이오컴퓨터	질병진단 규칙을 용액상 DNA 데이터로부터 학습하여 분자 진단 및 치료 등에 응용 가능한 기술

자료: ETRI(2006. 6)

[그림 2.17] 건강 · 환경 도우미(PLC) 플랫폼 개념도

나노센서는 나노급 정보를 감지할 수 있게 구조체를 제작 및 제어할 수 있는 기술을 의미하며, 나노센서기술, MEMS 기술, 구조체기술 및 제어기술 등이 포함된다. 나노일렉트로닉스는 기존의 반도체 트랜지스터소자의 기술적 한계를 극복하기 위해 실리콘나노소자, 분자트랜지스터, 전이트랜지스터, 스핀트랜지스터 등의 신기능 나노전자소자기술과 나노공정기술, 나노 SoC 기술 등이 포함된다.

나노포토닉스는 기록밀도 면에서 한계에 진입한 CD, DVD 등 기존의 광디스크 기술의 한계를 대비한 신개념의 초분해능광메모리기술 및 나노입자형광광저장기술 및 나노광전변환기술 등으로 전자기계식저장기술, 고체매상저장기술 등이 포함된다. 양자컴퓨터는 기존 기술의 한계를 극복하고 초고성능, 광대역성을 성취하기 위해 양자를 이용한 컴퓨터 및 통신 기술로 1020나노 크기의 미세구조를 이용해 큐빗을 만드는 기술로 양자컴퓨터기술, 양자점 광통신소자기술, 양자통신기술 등이 포함된다.

'2006 IT 기반 융합 부품·소재 육성계획'의 2대 서비스 플랫폼으로 PLC와 함께 제시된 오감통신 도우미(UTC: Ubquitous Terminal Companion)는 언제, 어디서나 유비쿼터스 네트워크에 접속하여 기존 통신 기능과 더불어, 시각, 청각 등 오감정보까지 주고받을 수 있는 지능형 교감통신서비스로서 IT-NT의 융합기술 사례에 해당한다.

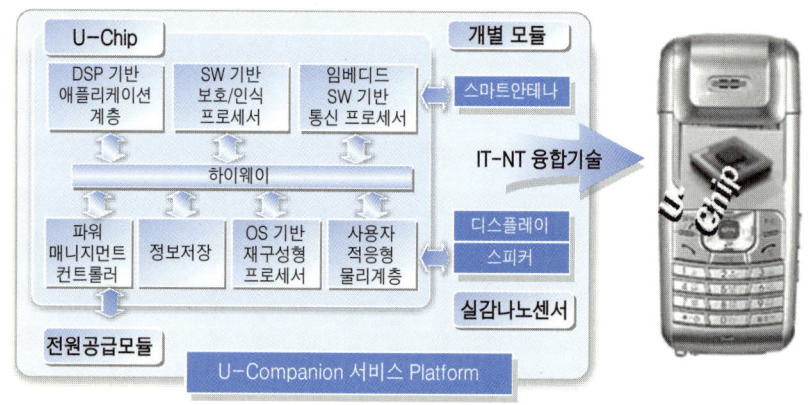

[그림 2.18] 오감통신 도우미(UTC) 플랫폼 개념도

NT-BT 융합기술, 즉 나노기술을 이용한 바이오기술은 나노기술에 의한 극미세 도구를 이용하여 바이오 물질의 이송, 조작, 검출, 인식과 바이오 정보의 분석 및 재합성을 통해 생명현상의 원리와 기저에 관한 새로운 지식탐구와 관련 바이오기술의 개발에 목적을 두고 있다. 나노 도구는 많은 양의 바이오 관련 정보를 짧은 시간 내에 정확하게 수집 및 분석하고 안정적으로 재합성하기 위한 것으로, 이를 사용한 바이오 물질의 조작을 통해 나노영역에서의 바이오 연구를 가속화할 수 있다.

나노도구를 이용한 유전체 구조와 기능을 분석하고 결함을 치료하고자 하는 유전체학, 유전자 정보를 이용한 단백질 합성 및 분석에 관한 단백질공학, 줄기세포의 배양과 장기 및 조직의 복제, 그리고 바이오 물질 대사 및 조립에 관한 대사공

학 등이 나노바이오기술과 관련된다. 이러한 첨단 나노기술을 이용하여 생명현상
의 근본 단위인 유전체를 다루는 극미세 도구를 만들 수 있게 됨에 따라 이를 이용
한 극미세 바이오 연구와 관련된 기술 개발이 급속히 추진되고 있다. 나노기술을
이용한 바이오 정보의 분석과 조작 기술 개발의 대표적인 예가 바이오 칩이며, 이
는 크게 DNA 칩, 단백질 칩, Lab 칩으로 구분된다. NT-BT는 질병 진단, 바이오
센서, 의약품 개발 같은 의약 분야에서 가장 먼저 혁명을 일으켜 2010~2015년
에 시장이 급속히 팽창하게 될 것으로 전망된다.

다양한 IT 기반 퓨전기술의 특징은 다음과 같다.

첫째, 융합기술은 선동/현새 기술과 딜리 다흭제적(interdisciplinary) 기술로
서 기존 과학기술 패러다임의 변화를 촉진한다. 기술수단의 중복성이 높아지며, 공
동의 방법 및 이론이 활용된다. 지식은 다학제적이고 융합되어 기존 영역 파괴 및
새로운 영역을 창출한다. 타 분야와 연계된 지식은 독립된 지식보다 고부가가치를
창출한다.

둘째, 산업별 가치사슬의 수평적 통합 및 수직적 확장을 촉진한다. 산업별 가치
사슬 내에서 수평적 통합과 더불어 다른 산업의 가치사슬로의 수직적 확장 및 영
역을 재구성한다.

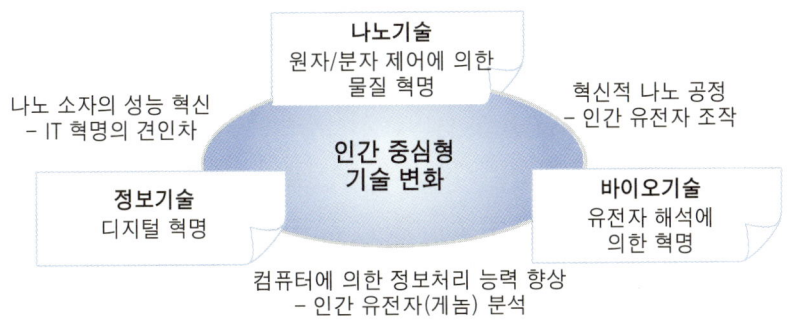

[그림 2.19] NT, BT, IT의 상호작용 및 영향관계

IT 기반 퓨전기술을 통한 다양한 기대효과를 정리하면 다음과 같다.

첫째, IT-BT-NT 융합기술산업 육성을 통해 성장 가능성이 큰 융합서비스 및 제품시장 선점으로 차세대 성장동력을 창출할 수 있다. 신기술을 접목시켜 기존 시장을 확장하거나 새로운 시장을 창출하는 것이다. 전반적으로 낮은 수준에 머물고 있는 R&D 투입도를 높이고 IT, BT, NT 등 신기술을 활용하여 새로운 제품이나 서비스를 개발할 수 있다.

둘째, BT, NT 등 신소재 및 부품기술 활용을 통해 IT 산업을 고도화하고 생명공학, 보건의료, 농림수산, 환경 등 IT 활용 분야 확대를 통해 성숙되고 있는 IT 기술의 한계를 극복할 수 있다. 한편, 고령화의 진전, 환경문제, 삶의 질 향상 요구 등에 U-헬스케어(Healthcare), 웰빙(Well-Being) 등에 따른 신기술 서비스 수요 확대를 통해 적극 대응할 수 있다. IT와 BT가 결합하면 에이즈 같은 난치병의 치료에도 성과가 있을 전망이다. 줄기세포를 이용한 치료법이 가까운 미래에 에이즈를 치료하는 데 있어 유력한 대안이 될 것이다. 인체에 들어가서 모니터링하고 정보를 저장하는 칩은 이미 만들 수 있는 수준으로, 조만간 현실화될 전망이다.

셋째, 새로운 고용을 창출하고 경제 전반에 대한 막대한 파급효과를 기대할 수 있다. 정보통신부에 따르면 융합기술생산으로 인한 파급효과는 2010년 509억 달러, 2015년에는 967억 달러에 달할 것이고, 고용창출 효과는 2010년 19만 명, 2015년 26만 명에 달할 것으로 전망된다.

세계적인 경쟁력을 보유하고 있는 IT와 새로운 서비스에 대한 높은 수용성 및 적극적인 정부의 정책의지는 융합기술이 갖는 강점이다. 융합기술의 기반기술인 IT의 세계적인 경쟁력 및 새로운 서비스에 대한 국민의 높은 수용성은 향후 융합기술의 발전 및 산업화 과정의 중요한 요인으로 작용할 것이다. 반면 융합기술의 낮은 경쟁력, 전문인력 부족, 인프라 미비는 약점 요인이다. 장비·시설 및 정보 등 인프라와 다학제적 지식을 가진 전문인력의 확보가 경쟁력을 좌우하는 기반투자 요구형 분야이다.

[표 2.10] IT 기반 퓨전기술의 활용 분야 및 사례

활용 분야	활용 사례
건강한 삶 추구	– 효율적인 진단 및 치료 시스템 구축 – 질병의 예방, 치료 등 인공장기 이식을 통한 수명의 연장
안정적 식량 확보	– GMO, LMOs 기술을 통한 대량 식량 생산 – 병해충에 강한 품종개량 등을 통해 식량증산에 기여 – 농수축산 먹거리의 보관, 저장, 가공 기술의 획기적 개발
에너지/환경여건 개선	– 화석에너지자원의 발굴, 채굴, 수송, 저장의 효율화 – 태양에너지, 수소활용에너지 등 재생에너지 이용의 활성화 – 자원효율 증가, 폐기물 저감, 오염물질 배출 저감을 통한 환경오염의 원인 제거
국가안전 확립	– 첨단무기와 징비를 통한 군사력 강화 – 자연재해 및 재난의 감지, 예측, 방지, 구난기술 확보에 의한 사회안전시스템 향상

융합기술은 발전 초기단계로 기술기회가 풍부하고 향후 높은 성장성과 타 분야의 막대한 파급효과는 기회요인이다. 새로운 기술 패러다임 특성을 갖는 융합기술의 기회 포착을 통해 선진국과의 원천기술 격차 해소 및 신 시장 선점이 가능하다. 반면 투자의 장기성 및 고위험성 등 융합기술이 갖는 특징과 선진국의 지적재산권 선점, 중국 등 후발국의 추격은 위협 요인이 된다. 경쟁력 있는 IT를 기반으로 집중과 선택에 의한 중장기적 육성을 통해 선진국과 격차 해소 및 후발국의 추격을 따돌릴 수 있는 전략이 요구된다 하겠다.

이렇게 미래의 성장동력으로서 융합기술의 중요성이 날로 증대하고 있고, 그 기술 개발이 초기단계이므로 국가 주도의 기반 마련이 요구된다. 치열한 선진국 간 주도권 경쟁과 Time-to-Market의 중요성을 감안할 때 전반적으로 경쟁력이 낮은 기술, 인력, 시장/산업 및 인프라 등 관련 분야의 기반 마련이 시급하다고 하겠다. 특히 핵심기술 개발, 초기시장 창출 등 돌파구를 통한 가치사슬 형성과 인프라(기술, 인력 등), 산업, 시장 등 분야 간 선순환 발전체계 구축이 중요하다.

[그림 2.20] IT 퓨전기술의 SWOT

# 3 장 테크놀로지 퓨전 2: 과학기술과 문화의 새로운 융합체, CT

3.1 창조로 통하는 과학기술과 예술/문화의 만남

원래 예술과 기술은 한 몸이었다. 'Art'라는 단어에 예술과 기술의 의미가 함께 담겨 있다는 것 외에도, 고대와 중세의 많은 예술가들은 예술가이기 이전에 과학자 이자 기술자였다. 르네상스의 예술가들도, 19세기 자연주의와 사실주의에서도, 사진예술의 선구자들 중에도 많은 이들이 의학과 자연과학의 법칙을 바탕으로 예술 작품을 탄생시켰다. 영화 역시 기술 없이는 성립될 수 없는 장르였다. 하지만 현대로 넘어오면서 예술과 기술은 분리되기 시작했다.

예술가 입장에선 빠른 속도로 발달하는 기술이 너무나 계산적으로 보였고, 기술가 입장에서 예술은 실용적이지 못한 답답한 분야였다. 이 같은 생각은 1947년 아도르노의 「계몽의 변증법」에서 절정을 이루는데, 당시 아도르노는 기술이 예술을 타락시킨다고 단언했을 정도였다. 하지만 학자들의 이 같은 비판에도 불구하고 현실 속에서 예술은 꾸준히 산업 혹은 기술과 결합해 왔다. 그리고 2000년대에 접어들면서 문화예술은 주도적인 패러다임으로 자리잡았다. 사회적인 필요와 욕구에 의해 추진되는 기술의 발달은 이제 지배적인 패러다임이 된 문화와 더욱 강하게 결합할 수밖에 없게 된 것이다. 이 같은 거대한 패러다임 속에서 문화 영역에 해당하는 인문학과 예술계열, 과학기술의 보다 짜임새 있는 결합을 추구하는 것이 바로 CT이다.

예술은 항상 기술과 연관되어 왔고, 예술가는 새로운 기술이 나타나면 그것을 최초로 수용하는 사람이다. 예술작업에 있어서 인터넷은 협동작업, 민주적 배포, 그리고 참여적 경험 등의 새 유형을 가능하게 해 주는 잠재력을 갖는다. 이러한 새로움 때문에 뉴미디어는 문화적 창조자들이 예술 작업을 시도하는 흥미로운 장소가 된다. 예술 분야에 있어서 뉴미디어는 끊임없이 변화하면서 실험과 탐험을 향해 나아가는 최첨단의 영역이다. 이렇듯 문화의 컴퓨터화는 3D 컴퓨터 게임과 가상세계와 같은 새로운 문화적 형식의 출현을 선도할 뿐만 아니라, 사진이나 영화 같은 기존의 문화적 형식들도 재규정한다.

현대의 예술은 예술을 하나의 순수미로 파악하고 절대적인 미의 가치 구현을 추구하던 전통적인 관점에서, 순수미의 탐구를 위한 대상보다는 사회적으로 어떠한 기능을 하는 목적지향적인 것으로 전환되고 있다. 즉, 예술을 단순히 보고 즐기기 위한 하나의 대상으로서 바라보는 것이 아니라 실제로 다양한 형태의 기능을 제공한다는 관점이다.

1986년 베니스 비엔날레의 테마는 '과학과 예술'이었다. 한국에서도 1970년대를 기점으로 과학과 예술의 접목에 대한 관심이 고조되었고, 본격적으로는 1980년대에 들어와 홀로그램 및 비디오를 차용한 비디오조각이나 설치를 작업의 테마로 삼는 비디오아트가 일반화되었다.

이제 예술작품에서 가장 큰 기능으로 제기되는 것은 바로 인간 간 교류와 소통수단으로서의 기능이다. 단순히 예술작품을 통한 종래까지 있었던 여가, 혹은 유희수준의 기능이 아니라 정보를 제공할 수 있는 내용담지적인 형태의 예술론이 제기되고 있는 것이다.

과거의 예술은 특정 계급의 수요 속에서, 또 그들의 재정 지원을 받으면서 명맥을 유지해 왔으며, 예술적 가치와 경향도 이들에 의해 주도되었다. 그러나 지금은 일부 향유계층에게만 감추어져 있던 예술이 미술관, 박물관, 음악관, 도서관 등 대중이 향유할 수 있는 공간으로 분산 및 개방되었고, 오디오·비디오·전송기술의 발달로 인해 누구나 어디서든 보고, 듣고 느낄 수 있게 된 예술의 대중공유시대가 도래하게 된 것이다. 이제 예술은 대중이 손쉽게 만들 수 있으며 쉽게 접할 수 있는 대중예술로서의 가능성을 보이고 있다.

현대미술에서 테크놀로지는 예술적 창조를 위한 재료나 도구로서의 요소인 동시에 이 시대의 미적 가치관이 담긴 커뮤니케이션 방식으로서 예술가의 정신과 재능을 미래로 향하게 하고 있으며, 현대미술의 중요한 현안으로 부각되고 있다. TV, 컴퓨터 등 테크놀로지 매체들은 현대의 삶 깊숙이 자리잡고 영향력을 행사하면서 21세기 새로운 테크놀로지 아트의 개념을 제시하고 있다.

한편 새로운 매체를 통한 예술의 열린 소통방식은 다음의 세 가지 양상으로 구체화되고 있다.

첫째, 예술의 생생한 체험을 유지하게 한다. 예술에 있어서 소통의 확장을 꿈꾸는 작가들에게 통신기술의 급속한 발달은 대단히 고무적인 일이 아닐 수 없다. 디지털 시대 예술가는 온라인을 통해 지구촌의 작가들과 자신의 작품을 디지털로 주고받으며 공동작업을 해 나가는 네트워크 예술 또는 통신예술 작업에 몰두한다. 한 지역에서 진행되는 퍼포먼스 비디오를 컴퓨터로 압축된 디지털 데이터로 다른 지역과 청중들 그리고 또 다른 네트워크 사용자에게 전송하거나 각 지역에 있는 예술가들이 서로의 작품을 주고받으면서 공동작품을 만드는 일이 가능하다. 또한 가상공간에서는 가상현실을 제공하여 관객이 자율적으로 이야기를 엮어 감으로써 고정된 틀을 탈피한다. 그러므로 작가는 자신이 전혀 기대하지 못했던 미적 결과가 인공적 세계와 참여자의 상호작용으로 인해 발생하는 것을 경험하게 된다.

둘째, 새로운 형태의 예술창조가 가능해진다. 매체를 수용자가 작품을 만나는 통로라고 할 때, 매체의 변화는 수용자의 감상을 통해 의도되는 효과의 변화를 유발하게 된다. 나아가 매체의 실험은 작품의 형식상의 다양한 추구뿐만 아니라 미술의 영역 확대를 포함하여 개념까지도 변화시키려는 의도와 결부된다. 새로운 매체의 활용은 기성의 주제를 새로운 매체에 담아내는 것이 아니라 주제의 변용을 가져온다. 그 매체 고유의 속성이 주제에 변용을 요구하기 때문이다.

새로운 매체의 등장은 예술의 형식과 형태를 바꾸어 놓는데, 움직임이나 빛, 소리와 같은 비물질적 매체가 작품의 재료로 사용됨으로써 예술의 형태를 규정하는 시공간의 구분은 점차 모호해진다. 매체의 새로운 사용에 의해 조형예술과 공연예술은 더 이상 서로 다른 것이 아니며 시간과 공간을 각기 다르게 사용하는 포장의 차이일 뿐이다. 목적의식적으로 빛과 회화 공간에의 느낌을 가시화하려는 인상파를 모더니즘의 시초로 본다면, 현대의 예술이 실제의 빛과 공간을 이용하려는 영상주의(cinetism) 미학으로 귀결되는 것은 당연하다.

셋째, 작은 매체의 사용을 통해 예술의 향유자는 수동적 참여에서 능동적 참여로 바뀌어 간다. 뉴미디어의 특징은 상호작용성, 탈대중화 그리고 비동시성으로 표현된다. 특히 상호작용성은 예술의 참여자를 수동적인 존재가 아니라 능동적인 존재로 자기 나름의 세계를 형성해 가고 또 변화시켜 나갈 수 있게 해 준다. 이 과정에서 사회구성원은 전문화되고 다양한 선택을 추구하며 이를 위한 제도나 조직에 의존하던 종래의 태도에서 벗어나 주체적이고 능동적인 존재로 변모해 간다. 예컨대, 비디오아트의 경우 무명시민이 메시지의 전달자 입장으로 과감히 나서고 그는 관객인 동시에 작품의 창조자로 참여함으로써 예술은 더 이상 일부 계층의 전유물이 아니며 예술가만이 작품을 만든다는 고정된 관념을 깨뜨리고 있다.

디지털 테크놀로지가 소통체계의 확장과 재편성을 주도하고 있다. 원본과 사본, 유일성과 복수성, 의도와 인과성 사이의 경계에 대한 질문들은 이미 해묵은 문제가 되었다. 이러한 현상들은 이미 디지털 테크놀로지의 속성이 오늘날 우리의 인식틀을 반영하는 징후이자, 동시대성을 상징하는 보편인자가 되었다는 사실을 반증한다.

판화나 회화와 같이 전통적인 미술영역에서도 디지털 매체가 창작의 도구나 표현의 수단으로 폭넓게 이용되고 있다. 이는 디지털 이미지 프로세싱이 회화처럼 그리거나 사진처럼 포착하는 것이 아니라 변형, 조합, 합성 등을 통해 수행되기 때문에 이미지의 임의적인 조작과 유연한 변형에 강점을 지니기 때문이다. 그리고 무한복사가 가능하고 차용과 혼성의 양상을 띤다.

컴퓨터 그래픽을 전공하거나 판화의 연장선상에서 디지털 미디어를 습득한 작가들은 점차 애니메이션, 3D 디지털 영상, 인터랙티브 영상프로그램, 넷아트, 디지털 사진 등으로 미래예술의 무한한 가능성을 개진해 나가고 있고, 미술의 영역에서는 비디오아트 작가들이 후반작업을 컴퓨터상에서 처리히게 됨으로써 디지털 영상은 더욱 보편화되어 가는 추세이다.

디지털 미디어테크놀로지는 음악, 영화나 미술, 게임 등의 장르에서 새로운 가능성을 제공하는데, 그 가능성을 어느 정도 현실화시키는가 하는 것이 중요하다고 하겠다. 영화가 회화를 위협하며 새로운 미학의 영역을 만들어낸 것처럼 디지털문화는 기존의 문화들과 분명하게 대비되는 새로운 미학을 형성해 가고 있는 것이다. 인간이 가진 미디어테크놀로지 수준 자체가 인간 표현의 한계를 결정짓는 것처럼 디지털 미디어테크놀로지는 새로운 표현의 가능성을 제공하고 있기 때문이다.

홀츠먼(Steven Holtzman)은 디지털문화가 지니는 미학의 본질이 독립되고 단절적이며 비연속적으로 쪼개진 점들을 기본 구조로 하고 있는 점이라고 주장한다. 해상도가 높은 디지털 영화나 텔레비전 화면도 사실은 무수히 많은 독립적인 점들로 구성되어 있다. 홀츠먼은 이 점들이 아날로그 신호와 같이 완벽하게 연결되지 못한 채 수용자에게 전달되기 때문에 그 의미의 완성은 수용자들이 이루어가는 것이라고 분석했다. 아날로그 현실의 연결성과 디지털 방식으로 표현되는 문화들이 지닌 이와 같은 단절성 사이의 모순을 수용자들이 해결해 가는 과정이 존재한다는 점이 디지털문화가 지닌 미학의 본질이라는 것이다.

디지털문화의 미학은 기존 문화에서 경험하지 못한 것들을 창의적으로 실험하여 즐거움과 유쾌함 또는 해방감을 맛보게 하는 것이다. 전기기타가 등장해 하드록이나 헤비메탈 등과 같은 장르를 형성하면서 나름대로의 미학을 구성하였던 것처럼, 영화의 경우 기존 카메라로는 촬영이 불가능한 장면을 촬영함으로써 생산자와 소비자 모두에게 새로움으로 인한 즐거움과 충격적 해방감을 느끼게 하는 것도 디지털문화의 미학으로 해석된다. 스타크래프트나 리니지 같이 상호작용성과 하이퍼텍스트를 제공하는 게임을 할 때 느끼는 감정도 디지털문화가 제공하는 미학적 부분으로 설명된다. 미술의 영역에서도 온라인상에 미술작품을 전시하여 대중화와 미술의 공공성 구현을 시도하거나, 디지털 장비를 이용해 미술작품을 창작하여 새로운 표현기법을 구현하는 경우 역시도 디지털미학의 측면에서 가치 있는 것으로 평가된다. 미술관에 직접 가지 않고도 집에서 온라인을 통해 미술작품을 감상하거나 디지털 방식으로 제작된 작품들을 감상하는 것은 수용자에게 새롭고 흥미 있는 경험이 된다.

3.2 문화 패러다임의 변화, CT의 개념 및 의미

감성·체험사회에 필요한 것은 바로 '인간적인 기술'이다. 오늘날의 소비자는 디지털이라는 새로운 생활의 이면에서 인간적인 감성과 여유로움이 급속하게 사라지는 것을 보면서 인간적인 가치를 찾으려는 강한 욕구를 갖고 있다. 이에 새로운 기술 개념은 '즐기는 기술', '인간적인 기술' 개념을 지향하는데, 이러한 결과로 나타난 것이 바로 문화콘텐츠기술(CT: Culture & Contents Technology)인 것이다.

CT[1]란 좁은 의미로는 문화상품의 기획, 개발, 제작, 생산, 유통, 소비 등에 관련된 서비스에 필요한 기술을 일컫는다. 광의의 개념으로는 이공학적인 기술뿐만 아니라 인문사회학, 디자인, 예술 분야의 지식과 감성적 요소를 포함하여 인간의 삶

---

[1] CT라는 용어는 1994년 일본 나고야에서 열렸던 <세계도시산업회의(International Conference on New Urban Industries)>에서 한국과학기술원의 원광연 교수가 처음 공식적으로 제안하고 사용하였다. 이후 CT 개념은 많은 논의를 거쳐 진화하고 있는데, 어떤 특정 기술을 지칭하는 것이 아니라 문화산업을 발전시키는 데 필요한 기술로서, 그 세부 내역은 유동적일 수밖에 없다.

의 질을 향상시키는 총체적인 기술을 의미한다.

CT는 C(culture)와 T(technology)가 독립적인 분과로 합쳐진 것이 아니라 C와 T가 융합하여 만들어진 새로운 기술 개념이다. 따라서 CT는 인문사회, 예술, 공학 그리고 교육, 경영학 등 많은 분야의 융합이라는 과제를 담고 있으며, 이러한 분야 간의 소통과 융합을 원활하게 하는 도구로서 테크놀로지가 중요한 역할을 수행한다. 테크놀로지를 기반으로 감성공학, 인지공학, 색 공학, 디자인 등 다양한 기술이 융합되고 이를 기반으로 창의력을 발휘하여 콘텐츠를 생성한다.

CT라는 용어는 우리나라에서만 통용되는 독특한 개념으로서 외국에서는 culture and technology의 분리된 개념으로 주로 기술이 인간의 문화, 삶의 방식에 어떠한 영향을 끼쳤는가, 혹은 기술과 문화의 관계, 문화에서의 기술의 역할 등 다분히 철학적이며 인문사회학적인 시각에서 접근하고 있다.

CT는 문화를 지원하는 기술, 즉 문화 활동에 도움이 되는 기술을 총칭한다. 콘텐츠를 제작하는 데 작용하는 '하드웨어', 그것을 운용하기 위해 탑재된 '소프트웨어', 그리고 콘텐츠의 품질과 차별성을 장려하기 위하여 하드웨어와 소프트웨어에 개입되는 '아트웨어(artware)'를 총칭하는 개념이 바로 CT이다. 결국 CT는 '문화와 과학의 만남'인 셈이다. 이를 공식화하면 다음과 같다.

CT(Culture Technology) = Culture + Technology + Affect(감성)

이로써 CT는 새로운 기술 개념을 주도하는데, '기술에 색을 입히다', '감성 옷을 입히다', '기술을 디자인하다'라는 명제로 요약될 수 있다.

무엇보다 CT는 하이컬처 시대, 퓨전(fusion)으로 나아가는 추동력을 제공한다.

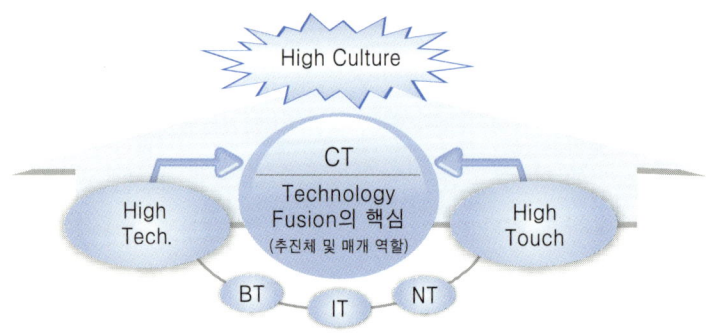

[그림 3.1] 테크놀로지 퓨전의 추진체, CT

결국 CT는 BT, IT, NT로 대변되는 3T의 Input, Output의 시너지 역할을 수행한다. 우선 Input이라 함은, CT가 3T에 기술 발전의 컨셉을 제공, 콘텐츠 원천을 제공하여 그 출발점이 된다는 것이다. Output이라 함은, 3T에서 개발된 기술을 콘텐츠 상품화하여 그 종착점이 된다는 의미이다.

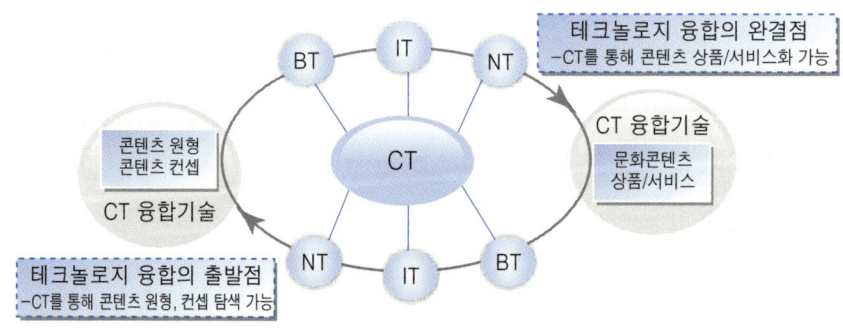

[그림 3.2] 퓨전 테크놀로지로서 CT의 역할

CT의 지향은 물리적 차원이 아닌, 감성적 차원이다. 단순 기술 개발 차원이 아니라, 개발된 기술을 어떻게 콘텐츠화해 인간에게 유익한 콘텐츠 혹은 서비스로 제공해 줄 것인가에 초점을 맞춘다는 것이다.

이러한 CT의 중요성을 깨달은 우리 정부는 CT를 국가핵심기술 및 미래 국가유망기술에 선정해 역점을 두어 지원하고 있다. 2001년 8월 '국가 6대 핵심기술'의 하나로 선정된 CT는 2003년 8월 '차세대 10대 성장동력산업'에 디지털콘텐츠산업이 선정되면서 대중화되기 시작했다. 2005년 8월 과학기술부는 「미래 국가유망기술 21(2015~2030년)」에서 '시장성'과 '삶의 질 향상'을 위한 기술로 감성형 문화콘텐츠기술을 선정했다.

CT에 기반한 문화콘텐츠산업(CT 산업)은 '문화예술(원천) + 테크놀로지(콘텐츠로 전환) + 콘텐츠(비즈니스 컨셉 적용)'라는 융합(퓨전)을 통해 문화상품을 만들어 내는 것이다.

이처럼 CT는 문화산업을 발전시키는 데 있어 필요한 기술로 콘텐츠 기획, 제작, 가공, 유통 및 소비과정 전반에 걸쳐 필요한 지식과 기술이다. CT는 문화산업의 재화인 콘텐츠 상품의 작품화(기획, 창작), 상품화(개발, 제작), 미디어 탑재(서비스, 네트워크, 솔루션, 소프트웨어, 하드웨어 지원), 전달(유통, 마케팅) 등 전체 가치사슬의 각 단계마다 개입하여 부가가치를 더해 주는 역할을 수행한다.

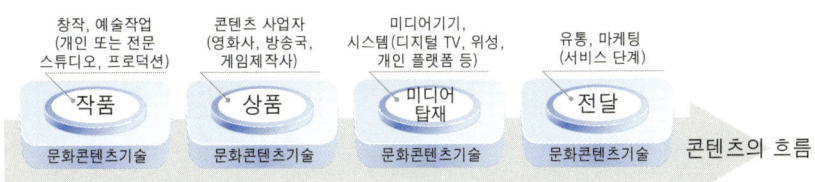

[그림 3.3] CT와 콘텐츠의 흐름

즉, CT 기술은 표현 및 창작(기획), 제작 및 응용(가공), 유통 및 서비스(소비)라는 가치사슬에 따라 다양한 역할을 수행한다.

퓨전 속성을 갖는 CT는 그 파급효과 또한 광범위한 분야에 걸쳐 발생한다.

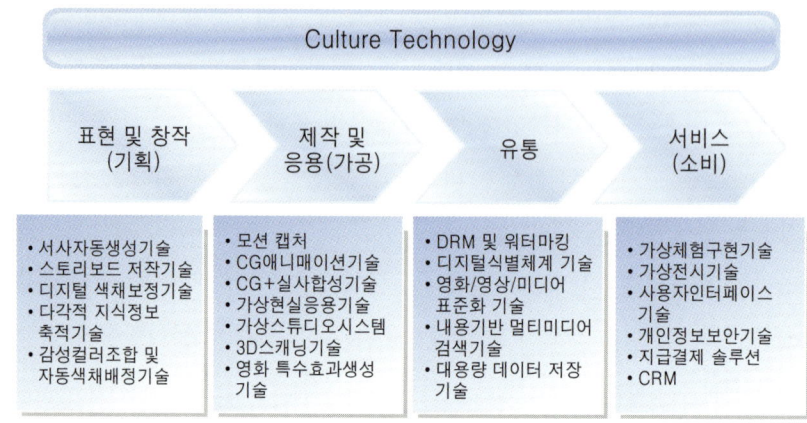

[그림 3.4] CT 기술의 역할과 범위

　우선 CT 산업은 고용, 경제성장, 지역균형 등 경제효과 면에서 제조업 및 기타 서비스산업보다 우월한 것으로 전망된다. 차세대 하드웨어 기기들의 성공가능성은 CT가 쥐고 있다고 해도 과언이 아니다. 예컨대 DMB 등 융합미디어산업의 성공 여부는 CT가 좌우할 것이다. 향후 PMP를 비롯한 차세대 휴대용 멀티미디어 기기 들도 콘텐츠의 질과 내용에 따라 성패가 갈릴 것이다. CT의 영향력이 강력함을 보여주는 대목이다.

　한편 수출전략상품으로서도 CT가 부상하고 있다. 게임, 방송, 영화, 애니메이션, 음악, 캐릭터, 출판, 만화 등 문화콘텐츠부문의 2004년 수출실적이 약 9억 달러로 집계된다. 게임은 e-스포츠라는 이름으로 중국에 진출하였으며, 프로게이머는 이미 한류스타로 자리매김하고 있다(팬클럽조직, 현지 팬들의 열렬한 응원). 한류에 이어 ‘디지털한류’를 만들어내고 있는 것이다.

　CT는 높은 수익, 무한한 성장이 존재하는 경쟁 없는 시장을 창출하고, 원천기술이 없어도 상상력과 창의력만으로도 성공할 수 있는 새로운 가치혁신을 위한 돌파구이므로 지속적인 미래성장 가능성이 높다. 특히 체험경제 시대의 도래로 스토리와 감동이 있는 문화콘텐츠에 대한 욕구가 확산되고 있으며, 문화콘텐츠의 산업적 가치가 부각되면서 CT를 기반으로 한 문화콘텐츠산업은 새로운 블루오션 시장으로서의 가치를 인정받으며 성공적인 비즈니스 시장을 개척할 것으로 전망된다.

이는 산업유형의 패러다임 전환에서도 엿볼 수 있는 부분이다. 제조산업에서 정보산업으로, 정보산업에서 문화산업으로 산업 패러다임이 이동함에 따라 그 핵심가치는 '산업자본 → 지식정보 → 문화콘텐츠'의 변화를 겪고 있으며, 핵심기술 역시 '제작기술(PT) → 정보기술(IT) → 문화기술(CT)'로 이동하고 있다고 할 수 있다.

현재 국내 CT 산업은 다양한 강점과 기회요인을 갖고 있지만, 약점과 위협요인도 갖고 있다. 초고속 인터넷 등 기반 인프라의 우수성과 강력한 정부의 정책 의지는 강점이 되고 있지만, 우리만의 독특한 핵심기술이 부족하고 해외 선진국들에 비해 투자 및 마케팅 환경이 열악한 것은 약점으로 꼽힌다. 또한 인력 부족과 인도, 중국 등 IT 선진국들의 도전, 해외 시장 개척 노력의 미흡은 위협요인이 될 것으로 전망된다. 하지만 유구한 역사로 인한 디지털화 가능한 콘텐츠자원의 풍부성, 방송통신 융합 및 유비쿼터스 환경 도래, 한류 열풍으로 인한 한국문화에 대한 세계적인 관심 등은 우리의 CT 산업이 발전할 수 있는 기회요인으로 꼽힌다.

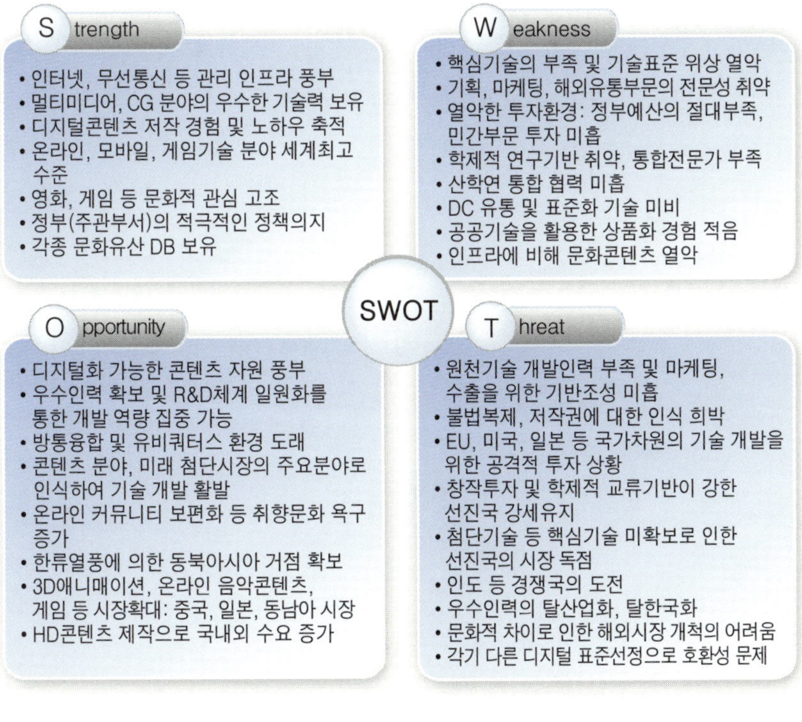

S trength
- 인터넷, 무선통신 등 관리 인프라 풍부
- 멀티미디어, CG 분야의 우수한 기술력 보유
- 디지털콘텐츠 저작 경험 및 노하우 축적
- 온라인, 모바일, 게임기술 분야 세계최고 수준
- 영화, 게임 등 문화적 관심 고조
- 정부(주관부서)의 적극적인 정책의지
- 각종 문화유산 DB 보유

W eakness
- 핵심기술의 부족 및 기술표준 위상 열악
- 기획, 마케팅, 해외유통부문의 전문성 취약
- 열악한 투자환경: 정부예산의 절대부족, 민간부문 투자 미흡
- 학제적 연구기반 취약, 통합전문가 부족
- 산학연 통합 협력 미흡
- DC 유통 및 표준화 기술 미비
- 공공기술을 활용한 상품화 경험 적음
- 인프라에 비해 문화콘텐츠 열악

SWOT

O pportunity
- 디지털화 가능한 콘텐츠 자원 풍부
- 우수인력 확보 및 R&D체계 일원화를 통한 개발 역량 집중 가능
- 방통융합 및 유비쿼터스 환경 도래
- 콘텐츠 분야, 미래 첨단시장의 주요분야로 인식하여 기술 개발 활발
- 온라인 커뮤니티 보편화 등 취향문화 욕구 증가
- 한류열풍에 의한 동북아시아 거점 확보
- 3D애니매이션, 온라인 음악콘텐츠, 게임 등 시장확대: 중국, 일본, 동남아 시장
- HD콘텐츠 제작으로 국내외 수요 증가

T hreat
- 원천기술 개발인력 부족 및 마케팅, 수출을 위한 기반조성 미흡
- 불법복제, 저작권에 대한 인식 희박
- EU, 미국, 일본 등 국가차원의 기술 개발을 위한 공격적 투자 상황
- 창작투자 및 학제적 교류기반이 강한 선진국 강세유지
- 첨단기술 등 핵심기술 미확보로 인한 선진국의 시장 독점
- 인도 등 경쟁국의 도전
- 우수인력의 탈산업화, 탈한국화
- 문화적 차이로 인한 해외시장 개척의 어려움
- 각기 다른 디지털 표준선정으로 호환성 문제

[그림 3.5] 국내 CT 산업의 SWOT 분석

3.3 CT 기술의 범주 및 구현

소비자 각각의 기호에 따라 편리하게 선택하여 오감을 만족시킬 수 있는 문화콘텐츠 환경 기반 조성, 공급자가 아닌 수요자의 입장을 철저하게 반영할 수 있는 스토리와 감동이 있는 감성지향 콘텐츠 환경을 만드는 것이 바로 CT 산업이 지향하는 비전이다.

상품화되는 문화는 게임이나 애니메이션에서 박물관, 미술품, 음악, 출판, 방송, 영상, 모바일에 이르기까지 광범위하고 다양하며, 또한 대중적이고 일상적인 삶의 모든 영역을 포괄하고 있기에 개발의 가능성과 전망도 무궁무진하다.

CT의 영역은 크게 세 부문으로 나뉘는데, 그것은 바로 CT 기반기술과 CT 응용기술, CT 공공기술이다. CT 기반기술은 콘텐츠 및 서비스 기반을 강화하기 위해 콘텐츠산업 전 분야에 공통으로 적용될 수 있는 기술(창작기술, 표현기술, 유통/서비스기술)이고, CT 응용기술은 콘텐츠 장르별 기술 역량을 강화하기 위해 콘텐츠 수요에 기반한 특화된 기술(애니메이션기술, 방송기술, 음악기술, 게임기술, 영화기술, 출판기술)이며, CT 공공기술은 문화산업의 공공성을 강화하기 위해 고유 문화유산의 보존 및 문화 소외계층의 문화향유를 위한 기술(문화유산기술, 문화복지기술)을 의미한다(KOCCA, 2005. 7).

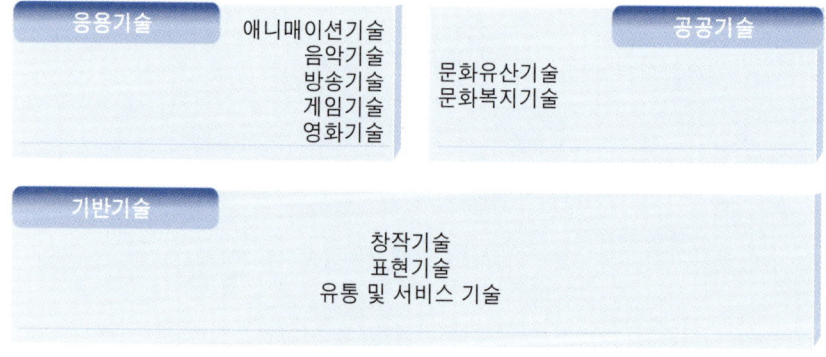

[그림 3.6] CT 핵심기술 분류

기반기술을 구성하는 창작기술, 표현기술, 유통 및 서비스기술은 공공기술 및 응용기술의 토대가 된다. 응용기술을 구성하는 애니메이션, 음악, 방송, 게임, 영화 영역은 상호연계하여 고기능·고품질의 문화콘텐츠를 구현한다. 공공기술을 구성하는 문화유산과 문화복지는 전통과 현대를 연결하고 미래를 지향하는 상호교차적 의미를 내포한다.

[표 3.1] CT 분야별 기술 및 개념

핵심기술	세부기술	개념
기반기술	창작기술	콘텐츠 제작의 초기단계에서 전반적인 콘텐츠 제작의 편리성과 효율성을 높이고 콘텐츠의 품질을 향상시키는 기술
	표현기술	인간의 오감(시각, 청각, 후각, 미각, 촉각), 감성 및 뇌파 등과 연계하여 콘텐츠의 직감적이고 효과적인 전달을 위하여 사용되는 복합기술
	유통 및 서비스 기술	콘텐츠의 패키징, 전달, 저작권 보호 등 유통과 서비스 전반에 관한 기술, 사용자 환경에 맞춘 양방향 인터페이스 기술
응용기술	애니메이션기술	애니메이션 제작 및 관리에 필요한 기술
	방송기술	DMB, HD 방송 등 첨단 방송의 제작과 서비스에 필요한 기술
	음악기술	디지털 음악의 제작과 저작권 보호 등 유통 및 서비스에 필요한 기술
	게임기술	다양한 게임 제작에 필요한 기술
	영화기술	영화 제작에서 영화의 품질을 향상시키는 데 필요한 기술
공공기술	문화유산기술	우리 고유의 문화유산을 측정, 복원, 아카이빙하고 이를 효율적으로 활용하는 기술
	문화복지기술	문화적으로 소외된 계층에게 문화콘텐츠를 효율적으로 전달하고 체험하게 하는 기술

향후 가치사슬별로 연계되는 CT의 개별 요소들은 각기 특성에 따라 기술 진보를 실현시켜 나갈 것으로 전망된다. 가치사슬의 제1단계인 작품창조의 요소에서는 '저작기술 자동화, 공동 저작(co-work) 활성화'가 실현될 것으로 전망되며, 제2단계인 상품화 과정에서는 '가상현실, 입체감이 강조되어 콘텐츠의 풍부함

(richness)이 증가' 되는 추세이다. 제3단계인 미디어 탑재(콘텐츠 전달) 단계에서는 전송 네트워크의 고도화, 다양한 패키지 개발이 가속화될 것이며, 제4단계인 사용 단계에서는 인터페이스 감성디자인(기술) 적용, DB 기반 마케팅 및 고객관리 강화, 지급 결재 솔루션 지원 안정성 증대가 강화될 것이다. 그 결과 콘텐츠의 변화와 발전은 디지털화, 융·복합화, 개인화 등 주요한 메가트렌드를 따라 구현될 것으로 보인다.

작품창조 단계에서는 이야기, 이미지, 팩트(또는 메시지)의 세부영역에서 CT의 진화발전이 실현될 전망이며, 상품화 단계에서는 Pre-Production, Production, Post-Production의 분야에서 CT의 진보가 나타날 것으로 전망된다. 미디어 탑재(콘텐츠 전달)에서는 네트워크 전달, 패키지 전달, 방송형 전달 등의 분야에서 CT의 진화발전이 예상되며, 사용(고객 Interact)의 요소에서는 인터페이스, 소비, (고객과의) 관계의 각 영역에서 CT의 진보가 구현될 것으로 전망된다.

3.3.1 기반기술

1) 창작기술

창작기술은 크게 공통기반기술, 기획기술, 시나리오기술로 분류되어 전개되고 있다. 공통기반기술은 기획기술과 시나리오기술의 양 영역에서 공통으로 필요로 하는 하위 기술로 정의될 수 있다. 기획기술은 문화콘텐츠 제작환경에서 아이디어들을 현실화시키고, 구체적인 해결책을 모색하거나 재구성하는 작업으로 콘텐츠를 완성하기 위해 다양한 공정을 포함하는 총괄 기술이다. 기획기술은 자원의 효율적인 관리, 세부 구상의 제안, 제안 내용의 구체적 정리에 이르는 일련의 작업과정을 보다 효율적이고 생산적으로 실행하기 위해 직·간접적으로 소요되는 필요기술이라 하겠다.

특히 시나리오기술은 시나리오 작성을 효율적이고 경제적으로 실행하기 위해 필요한 기술로서, 지식 데이터베이스를 기반으로 다양한 인간의 사고 및 감성 정보를 제공하거나 반복적이고 기계적인 단순 공정을 자동화해 줌으로써 인간이 순수한 창작 활동에 더 전념할 수 있도록 직·간접적인 지원을 하는 기술이다.

창작 공통기반기술은 전문지식 축적 기술, 지식 감지 및 인식 기술, 자연어 처리 기술로 분류된다. 전문지식 축적 기술은 컴퓨터가 정보자원의 뜻을 이해하고, 논리적 추론까지 할 수 있는 차세대 지능형 웹인 시맨틱 웹(semantic web), 데이터마이닝[2] 등으로 전문지식을 저장하고 필요시 원활하게 검색하여 가공하는 기술을 포함한다.

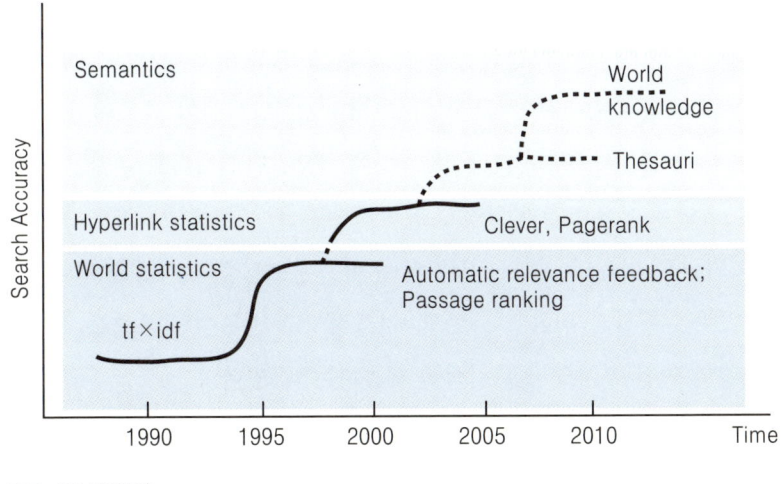

자료: IBM(2003)

[그림 3.7] 시맨틱 웹 발전 전망

콘텐츠의 개발 기술과 저작 프로그램은 계속 발전하고 있으며, 이는 일반 제품의 기능과 특성이 평준화되는 것처럼 당연시될 것이다. 중요한 것은 콘텐츠가 갖고 있는 생명력이며, 이는 소비자들을 자극하는 감성적 요소와 소비자들이 체험하는 스

---

[2] 데이터마이닝(data mining)이란 대규모의 데이터베이스로부터 과거에는 알지 못했던, 그리고 데이터 속에서 유도된 새로운 데이터 모델로 미래에 실행 가능한 정보를 추출해내어 중요한 의사결정에 이용하는 과정이다. 데이터마이닝의 기법에는 일반적으로 통계학에서 얘기되는 여러 분석 기법들을 포함하여 연관성 측정(associations), 군집화(clustering), 의사결정수(decision tree), 신경망모형(neural networks)과 같은 기법들이 있다.

토리가 만들어진다는 의미이다.[3]

많은 사람이 스토리텔링을 아날로그 차원의 시나리오 또는 스토리를 디지털화하면 되는 것으로 알고 있으나 이는 한 부분이다. 온라인과 오프라인을 연계한 다양한 스토리텔링 기법이 탄생하고 있으며, 네트워크 문학에서부터 네버엔딩 스토리, 커뮤니티 스토리텔링, 문화원형 스토리텔링, 게임 스토리텔링 등 다양한 형태가 스토리텔링 마케팅으로 연결되고 있다.

CT의 창작기획은 인간의 창의성을 바탕으로 인문, 사회, 이공학, 예술 등 전 분야에 걸친 종합적 사고의 결과물인 동시에 고품질의 문화콘텐츠 상품을 개발하기 위해 중요한 첫 단계이다. 경쟁력 있는 기획을 창안하기 위해서는 다양한 상식과 전문지식, 제작경험 등을 바탕으로 신뢰성, 효율성, 경제성이 확보되어야 한다. 특히 시나리오는 전통적 영화나 연극 장르 외에 게임, 인터랙티브 콘텐츠 등의 기획 단계에서도 폭넓게 응용범위가 확장되고 있다.

창작기획기술은 미래의 다양한 창의적 문화콘텐츠상품의 기획을 보다 효율적이고 경제적으로 수행하기 위한 기술로서, 기초적이고 반복적인 요소를 줄이고 창작을 위한 다양한 연관 분야의 전문지식을 제공하는 데 있다.

창작기술로 많이 연구되고 있는 분야가 디지털 스토리텔링 분야이다. 개인 스토리 전달 프로세스는 비디오 등 아날로그 기술의 발전으로 창작과정에서 많은 발전이 있었으나, 청중의 피드백을 창작과정에 전달하는 데는 한계가 있었다. 즉, 작업과정은 일방향으로만 진행되었다.

디지털 스토리 전달 프로세스의 장점 중의 하나는 청중의 반응이 창작과정에 쉽게 반영될 수 있다는 점을 들 수 있다. 일방향으로만 진행되던 창작과정이 쌍방향으로 진행될 수 있게 되었다는 점이 큰 발전으로 평가되고 있다. 그동안 수동적이었던 청중은 이제 다양한 방법으로 창작과정에 참여할 수 있게 되었다.

---

[3] 국산 애니메이션 <오세암>과 <원더풀 데이즈>는 최고의 영상미와 세련된 기술력을 보였으나, 소비자들은 "스토리가 탄탄하지 않다", "재미가 없다", "내용이 단순하다" 등의 평가를 하였다. 이는 소비자의 감성을 자극하는 소비자 욕구에 대한 분석의 실패이며 시나리오의 기획이 부족했기 때문이다.

[그림 3.8] 창작기획 및 시나리오 기술의 적용

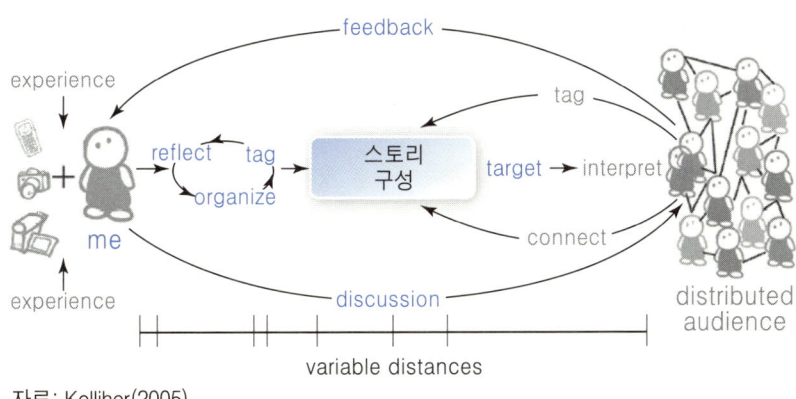

자료: Kelliher(2005)

[그림 3.9] 디지털 스토리 전달 프로세스

 창작기획기술은 템플릿 생성기술, 스토리보드 제작기술, 인터랙션 디자인 기술, 미디어 데이터 자동분류기술, 마켓분석 및 예측 기술로 구성된다.

 템플릿 생성기술은 문화콘텐츠산업 분야의 기획공정에서 필수적으로 사용되는 템플릿에 대한 지원기술이며, 스토리보드 제작기술은 사용자가 원하는 내용의 흐름이나 화면의 내용을 자연어나 기타 다양한 입력 방식으로 입력하면 지식엔진을 통해 그에 상응하는 스토리보드를 만들어 주는 기술이다. 인터랙션 디자인 기술은 화면 디자인이 아닌 일종의 논리설계를 통해 사용자의 의도나 콘텐츠 내용에 맞는 다양한 인터랙션을 디자인할 수 있도록 해 주는 기술이다. 미디어 데이터 자동분류기술은 콘텐츠 제작 시 다양한 미디어 데이터를 자동으로 분류할 수 있도록 도와주는 기술이며, 마지막으로 마켓분석 및 예측 기술은 기획 내용이 시장상황에 타당한지 또는 향후 제품의 라이프 사이클과 관련하여 어느 정도의 경쟁력을 유지할 수 있는지에 대한 분석 및 예측 기술이다.

 특히 콘텐츠 기획의 성공 여부는 정확한 마켓 분석이나 예측과 밀접한 관련이 있다. 이러한 마켓분석 및 예측 기술을 세부적으로 분류하면 크게 세 가지로 구분할 수 있다. 마켓분석도구 제작기술, 마켓분석 및 예측도구 제작기술, 소비자 감성 변화 예측기술이 그것이다. 특히 감성인지기술이나 취향인지기술은 향후 마켓 트렌드나 소비자의 취향 변화를 예측하는 데 유용하게 활용된다.

 향후 창작기획기술은 일정 유형의 창작기획에 대하여 자동화된 생성 기법이나 IT 관련 기술과 인문사회 계열의 전문지식이 융합하여 콘텐츠의 기획, 시나리오, 창작의 생산성과 효용성이 향상되는 연계성을 통해 다양한 콘텐츠산업 분야의 전문지식을 기반으로 취향 및 감성을 인지하여 기획 및 시나리오 창작물을 자동으로 생성할 것으로 전망된다.

 마지막으로 시나리오 작성을 효율적이고 경제적으로 실행하기 위해 필요한 기술인 시나리오기술은 취향인지기술, 감성변환기술, 서사자동생성기술 및 상황예측기술로 분류된다.

 취향인지기술은 사용자가 입력한 기초 자료를 분석하여 대상 집단에 맞는 시나리오의 내용 및 방향을 설정의 효율성을 높이는 지원기술로서 대상 집단의 지적수준, 나이, 취향 등을 고려하여 적합한 문장이나 캐릭터, 상황설정 등에 대한 방향결정을 지원할 수 있다. 서사자동생성기술은 인지된 대상 집단의 취향과 사용자가 입력한 기초문장을 이용하여 시나리오 전문지식엔진을 통한 스토리를 생성하는 기술이다. 감성변환기술은 사용자의 감성을 인지하여 이에 해당하는 그래픽, 사운드, 애니메이션, 동영상, 텍스트 등의 다양한 미디어를 지식엔진을 통해 검색하거나 새롭게 생성하는 기술이다. 상황예측기술은 기초 자료로 입력된 시놉시스나 최소한의 정보내용을 바탕으로 향후 벌어질 상황에 대한 예측을 할 수 있도록 지원하는 기술이다.

2) 표현기술

표현기술은 인간의 오감(시각, 청각, 후각, 미각, 촉각), 감성 및 뇌파 등과 연계하여 문화콘텐츠의 직감적이고 효과적인 전달을 위해 사용되는 복합기술로, 시각기술과 청각기술, 후각/미각기술, 감성 및 촉각기술, 뇌파기술, 통합기술 등으로 분류하여 전개되고 있다.

시각 분야는 그 연구가 두드러진 분야이다. 이는 태생부터 기술에 대한 의존도가 높을 수밖에 없는 영상 분야의 특성 때문이다. 시각기술은 서라운드 입체영상, 3D 기술, 3D 홀로그램, 시각정보인식 기술 등으로 분류된다. 입체영상은 특수 안경을 쓰고 보는 방식과 특수한 디스플레이 장치를 이용하여 보는 방식이 있다.

청각기술은 3차원 오디오 획득/표현/재생 등 3차원 입체음향 기술과 음성 합성 및 인식 등 음성 생산 및 처리 기술 등으로 분류된다. 흔히 3차원 오디오 기술은 크게 3차원 오디오 획득 기술, 3차원 오디오 장면 표현 기술, 3차원 오디오 재생 기술로 구분한다. 3차원 오디오 획득 기술은 실제 환경에서의 3차원 음을 녹음하기 위한 기술이며, 여기에는 크게 더미헤드 마이크로폰 기술과 음장 녹음 기술이 있다. 3차원 오디오 장면 표현 기술은 실제 환경에서의 3차원 음들을 분석하고 파라미터(parameter)화하여 나타내는 기술로서 3차원 오디오 장면을 재생환경에서 다시 합성하는 기술과 함께 사용되어 인터랙션 기능을 실현할 수 있다. 또한 3차원 오디오 재생 기술은 3차원 오디오 획득 기술에 따라 적절한 방법이 사용될 수 있다.

인공 후각 시스템 연구는 생체 코의 기능과 구조의 이해를 기초로 하여 다양한 가스분자 감응소자로 구성된 어레이와 패턴인식 기법 및 제어시스템을 결합하여 인체, 식품, 과일, 어류, 주류, 향수 등의 냄새에 관한 연구가 시행되고 있다. 전자코는 사람 코의 후각세포에 해당하는 초정밀 센서와 사람 뇌의 후각피질에 해당하는 컴퓨터로 구성되며 사람의 후각세포가 감지한 냄새 정보를 뇌가 처리해 냄새를 지각하는 것처럼 전자코의 초정밀 센서가 공중에 떠다니는 냄새분자에 반응하면 뇌의 후각 정보처리 방식을 모방한 패턴인식 소프트웨어가 냄새를 감별한다.

감성 및 촉각 기술은 바이오피드백(bio-feedback) 기술, 감성 표현 기술, 근육 이완 처리 및 생산, 감각 생산, 인터페이스 기술 등으로 분류된다. 가상 물체의 촉감과 물체를 느끼면서 실제 물체처럼 조작할 수 있는 촉각 인터페이스 개발은 이미 상당부분 진행 중이다.

뇌파 기술은 인간의 동작, 사고과정에서 발생하는 뇌파를 명령어로 해석하여 컴퓨터를 통제하는 기술이다. 이미 선진국에서는 뜨거운 뇌파 기술 개발 경쟁 중이다. 미국 카네기멜론대학 엔터테인먼트기술연구소(ETC)는 '인식증폭(augmented cognition)' 프로젝트를 추진 중이다. 뇌파를 통해 외부 기기를 조정하는 프로젝트로 사용자 기분을 분석해 부가서비스를 제공하는 '브레인 TV'나 뇌파로 미니 자동차를 조정하는 연구도 진행 중이다. MIT의 미디어 랩(Media lab) 유럽은 뇌파 데이터를 게임 제어 수단으로 활용하기도 했다. 뇌파가 안정되면 안정될수록 캐릭터 제어가 원활해져 게임을 즐기면 즐길수록 마음이 평온해지는 게임을 개발하기도 했다.

미래에는 인간의 감각에 인터페이스하는 기술이 각광을 받을 것이다. 이런 의미에서 각 오감에 대한 합성가치와 기술적인 가능성을 살펴보는 것은 중요하다. 현재는 시각에 호소하는 기술에 대한 성공가능성이 가장 높은 상황이며, 다음으로 청각, 촉각, 후각, 미각의 순서이다. 앞으로 각 감각기관에 인터페이스하는 기술을 개발하면 블루오션의 창출로 이어질 것으로 전망된다.

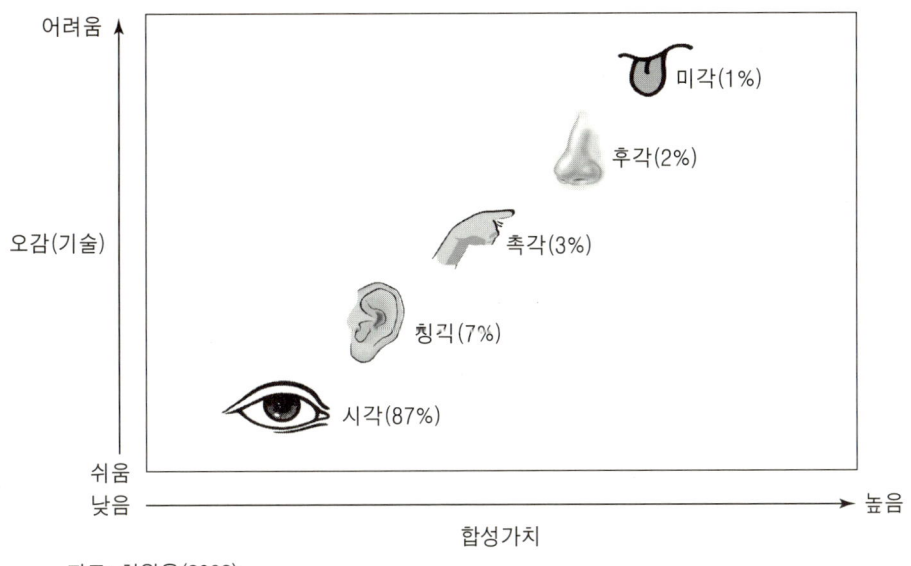

자료: 차원용(2002)

[그림 3.10] 오감의 기술결정 영향력

표현기술은 인간의 오감, 감성 및 뇌파와 연계하여 문화콘텐츠의 효과적인 표현을 위한 기술로서, 현재 시각·청각·후각·미각·감성 및 촉각·뇌파·통합으로 분류되고 있으며, 3D에서 실감기반으로, 접촉에서 무접촉 방향으로 전개되고 있다. 향후 1인칭 시청각 기술 중심에서 가상을 현실과 연계한 인간의 오감을 종합적으로 표현하는 방향으로 발전할 전망이다.

3) 유통 및 서비스 기술

콘텐츠가 생산자로부터 소비자에게 전달되고 소비(감상)되는 모든 형태의 유통, 서비스 및 변환과정에 걸쳐 직·간접적으로 소요되는 기술이 바로 유통 및 서비스 기술이다.

유통 및 서비스 기술은 크게 서비스기술, 저장/전송 기술, 표준화 등으로 분류된다.

서비스기술은 과금기술, 보호기술, 정보인식기술 및 융합기술로 분류된다. 과금기술로는 문화콘텐츠의 구매를 위하여 초기에 신용카드가 사용되었으나, 카드번호나 유효기간 등 주된 기본 정보가 노출되기 쉽고, 이로 인한 도용 가능성 및 매 결제 시 VAN 업체에 50원~200원의 정액 수수료를 지불해야 하는 등의 단점이 있었다. 이러한 신용카드의 단점을 해결하기 위해 유무선 전화결제에 앞서 등장한 것은 각종 전자화폐이다. 전자화폐는 크게 IC 카드형 전자화폐와 네트워크형 전자화폐로 나뉜다. 네트워크형 전자화폐는 화폐가치를 전자화한 선불카드를 구입하거나 PC에 전자지갑 형태로 저장하였다가 지급수단으로 사용하는 형태이다. 네트워크형 전자화폐는 사용자가 편의점이나 서점 등 오프라인의 특정 상점에서 카드 등의 형태로 된 전자화폐를 선불로 구입해야 하는 점과 오프라인에서 판매하므로 판매 수수료가 높다는 점 그리고 제공업체별로 서로 호환되지 않는다는 점이 문제로 대두되었다. 이를 해결하기 위하여 유무선 전화결제가 콘텐츠의 온라인 유통에 가장 적합한 결제 수단으로 자리매김하고 있다. 우선 유무선 전화결제는 전화번호와 주민등록번호, 그리고 일회용 승인번호를 이용하여 결제가 이루어지기 때문에 신용카드에 비해 번거로움이 적어 빈번한 소액 결제에 적합하다. 거래 수수료 역시 거래금액에 대한 정률법으로 책정되기 때문에 일정 금액 이상만 결제가 가능한 신용카드와 비교할 때, 아무리 작은 금액이라도 자유롭게 결제가 가능하다는 장점이 있다. 그 외 다양한 새로운 결제기술이 개발되고 있다.

보호기술은 DRM을 중심으로 발전하고 있는데, 콘텐츠산업이 발전함에 따라 콘텐츠 보호에 대한 중요성이 고조되면서 기존 솔루션업체들의 시장 우위확보를 위한 경쟁이 치열해지고 있다. 세계 DRM 시장에서 선두경쟁을 벌이고 있는 DRM 업체들로는 Intertrust, 마이크로소프트, IBM, Sealedmedia, Securemedia 등을 들 수 있다. 과거에는 콘텐츠 저작권 보호 유통 솔루션 관련 업체들이 여러 보호기술을 바탕으로 구별되었으나 통합 DRM 솔루션에 대한 수요가 증가함에 따라 어느

한 제품이나 솔루션 제품을 개발, 제공하기보다는 다양한 요소기술을 통합하여 전반적인 DRM 체계를 지원하고 있다. 이러한 시장 흐름은 플랫폼별(PC, 셋톱박스, 모바일 단말기) DRM 기술 개발과 적용을 시도해 온 여러 중소규모의 솔루션 벤더들보다는 대형 소프트웨어 기업에 유리하게 작용하고 있다.

정보인식기술은 핸드폰, PDA와 같은 지능형 단말기가 출현하면서 새로운 인터페이스에 대한 연구가 본격적으로 진행되고 있다. 대표적인 연구가 멀티모달 인터페이스에 대한 연구이다. 멀티모달 인터페이스란 인간과 기계의 통신을 위하여 음성, 키보드, 펜을 이용하여 인터페이스를 하는 방법을 말한다. 일반적으로 기계로의 입력을 위해서는 음성명령, 펜, 글씨 및 키보드 타이핑을 사용하고 기계의 결과를 출력하기 위해서는 음성, 오디오, 비디오를 사용한다. 인간과 인간 사이의 통신은 음성과 제스처를 이용하지만 기계에서는 전통적으로 키보드를 사용해 왔다. 최근에 음성처리기술이 발전하고 단말기의 성능이 개선되어 초소형 단말기가 출현하게 되자 음성과 펜을 이용하는 멀티모달 인터페이스가 필요하게 되었다. 최근에 음성인식, 음성합성 및 필기체 인식 기술이 발전하고 이러한 멀티모달 기술을 활용하는 서비스가 요구됨에 따라 W3C(World Wide Web Consortium)에서는 멀티모달 인터랙션(interaction) 워킹 그룹을 만들어 표준화 활동을 지원하고 있다. 이 그룹에서는 멀티모달 인터페이스를 이용하여 인터넷상의 WWW(World Wide Web) 기반 서비스를 개발할 때 필요한 표준안을 개발하고 있다. 현재 논의되고 있는 표준안은 멀티모달 인터랙션 프레임워크(Multimodal Interaction Framework), EMMA(Extensible Multimodal Annotation) 및 잉크 마크업 언어(Ink Markup Language)로 나뉜다.

문화콘텐츠가 방대해지면서 최근의 기술 동향은 융합화에 초점을 맞추고 있다. 우선 CMS가 포탈 및 서치엔진과 통합되고 있다. CMS는 초기에 웹 콘텐츠를 생산하는 분야에 초점을 맞추었고, 포탈은 이미 존재하는 정보의 수집에 중점을 두었으나, 포탈이 점차 발전하면서 소비자들은 점차 새로운 정보를 요구하게 되어, CMS의 기능이 포탈 제품에서 필요하게 되었다. CMS와 포탈 기능의 통합에 대한 시장의 요구가 대두되면서, 인수합병으로 이에 대처하려는 경향이 강하게 나타나고 있다. 인수합병의 붐과 함께, CMS와 포탈 기능의 통합은 가속화되어, 많은 부분이 통합되고 있다. 이와 같이 CMS와 포탈이 통합되고, 다시 검색엔진과 WCM(Web Content Management)은 ECM(Enterprise Content Management)으로 발전하고, 다시 Content Integration and Enrichment 단계로 발전하게 된다.

저장전송기술은 DB 기술과 서버기술로 분류된다.

DB 기술에서의 정보검색기술은 랭킹시스템, 중복검색 결과 제거, 메타 검색, 분산·통합 검색, 전문 검색 등 다양한 분야의 정보들 중 사용자에게 더욱더 빠르고 정확하게 의미 있는 정보를 전달하려고 하는 기술로 계속 발전하고 있다. 특히 최근에는 자연언어처리기술을 이용한 의미 기반 정보검색기술이나 질의응답시스템 등이 활발하게 연구되고 있다. 이러한 정보검색기술 연구는 시맨틱 웹에서의 온톨로지 역할이 증가함에 따라, 현재의 웹 구조에 시맨틱 웹 기술을 결합한 시맨틱 웹 기반의 검색시스템이 국내외적으로 개발 중에 있다. 즉, 온톨로지 기반 정보검색기술은 중요한 정보가 있는 자원을 빠르게 찾아 사용할 수 있다는 점과 자원을 찾는 정확도를 향상시킬 수 있다는 점에서 중요한 기술로 자리잡아 가고 있다.

서버기술은 분산게임서버기술이 발전하고 있다. 채팅 서버, 동기화 서버, NPC (Non-player Character) 서버 등의 분산의 대상이다. 채팅 서버의 분산 이유로 게임 서버에서는 유저의 엄청난 용량의 채팅 메시지를 처리한다. 채팅 메시지는 유저 간의 동기화 문제와도 연관되어 많은 부하를 발생시킬 수 있기 때문에 채팅 서버만 따로 두어 게임 서버의 부하를 분산시킨다. 클라이언트는 게임 서버와 채팅 서버에 각각의 연결을 만들어 통신한다. 게임 서버에서 클라이언트 PC가 동기화 영역을 움직인다면 채팅 서버에서도 마찬가지로 해당 채팅 동기화 영역으로 움직여 채팅 메시지를 동기화한다. 동기화 서버의 분산 이유로는 제한된 공간에서 유저의 행동을 상호간에 인지시키는 작업을 게임 서버가 담당하는데, 모든 캐릭터의 행동을 근처의 모든 캐릭터에게 알려 줘야 하기 때문에 부하가 발생한다.

언제 어디서든 원하는 콘텐츠를 소비할 수 있는 유비쿼터스 시대가 도래하면서 유통 및 서비스 분야에서 부각되고 있는 것이 DRM 기술의 표준화이다. 문화콘텐츠의 유통 및 소비가 다양하게 이루어지면서 복잡한 비즈니스 모델이 나타나게 되었고, 이를 지원하기 위하여 이기종 기기 및 네트워크에 관계없이 필요한 비즈니스 모델을 지원할 수 있는 DRM의 표준화가 중요하게 된 것이다. 이러한 콘텐츠 보호와 관련된 표준들을 살펴보면 라이선스형 DRM 표준으로 CSS, CPPM, CPRM, DTCP, HDCP, Smartright 등이 이에 속한다. 통신을 기반으로 한 DRM 표준으로는 MPEG의 지적재산 관리와 보호(IPMP) 표준, 호주 문서 DRM 회사인 IPR 시스템에 의해 개발되어 2002년에 W3C에 제출된 ODRL, RealNetworks가 제안한 XML 기반 권리표현표준인 XMCL, ContentGuard에서 개발되어 XML 기반 권리표현 언어표준으로 기술적인 권리표현 언어로 각인되고 있는 rML 등이 있다. 방송을 기반으로 하는 수신권한 제한 기술 표준은 DVB CA, OpenCable CPT, ATSC CAS, ISMA Cryp V1.0 등이 있다.

3.3.2 응용기술

응용기술은 콘텐츠 장르별 기술역량 강화를 위한 기술로서 애니메이션기술, 음악기술, 방송기술, 게임기술, 영화기술 등이 있다.

1) 애니메이션기술

애니메이션기술은 만화 및 애니메이션의 실제 제작을 위한 비디오 및 오디오 관련 제작기술로서 애니메이션의 창의적, 효율적 제작을 위한 기술이다.

만화 및 애니메이션 기술은 3D 애니메이션의 경우 실사와 구별되지 않을 정도의 실감을 가지는 실감형 영상의 생성에 집중해 오던 기술 개발 조류가 전통적인 2D 애니메이션 기법을 도입하여 3D 애니메이션에 접목하는 비사실적 형태로 변화 중이다.

3D 애니메이션기술은 애니메이션 제작기술의 근간을 이루는 컴퓨터 그래픽스 분야의 첨단기술 개발을 가장 빨리 반영하는 분야로서 존재하는 애니메이션 데이

터를 이용하여 새로운 애니메이션을 만들어내는 예제 기반 방법, 물리적 애니메이션 기법뿐만 아니라, 인간의 인식과 감정을 바탕으로 하는 인식 기반 방법들이 발전하고 있다.

애니메이션기술은 애니메이션의 창의적, 효율적 제작 및 유통을 위한 기술로서 현재 3D 모델링, 렌더링, 동작생성 등 제작, 유통기술로 분류되고 있으며, 저작도구의 융·통합, 인터랙티브 기술로 전개되고 있다. 향후 컴퓨터를 기반으로 한 그래픽스 분야의 첨단기술이 2D에서 3D로, 다시 입체형으로 급격하게 발전할 전망이다.

디지털 기술은 단지 애니메이션의 모양새를 좋게 만들어 주는 데 그치지 않는다. 언제 어디서나 네트워크에 연결되어 있는 미래 유비쿼터스 시대에는 애니메이션 재생 매체가 전통적인 영화와 TV만이 아닌 휴대폰, PDA, PMP 등 다양해질 것이며, 이처럼 네트워크로 연결된 애니메이션 재생 매체가 대중화하면 과거처럼 일방적으로 애니메이션 시청만을 하는 것이 아니라 네트워크상에서 애니메이션과 상호작용하는 애니메이션이 출현할 것으로 전망된다.

2) 음악기술

음악기술은 음악의 정상적인 제작, 유통, 판매 및 사용과 관련된 모든 기술을 말한다.

음악기술의 연구 활동의 특징은 음악 및 오디오 기술 연구를 위하여 물리학, 수학, 전자공학, 컴퓨터 공학, 심리학 및 인지 과학 등의 제학문의 학제적 연구가 활발한 점을 들 수 있다. 음악기술의 주요 연구 주제는 인공지능을 이용한 음악 표현 및 성능 연구(데이터 획득, 자동 구조 음악 분석, 템포 및 시간 인식, 구조적 표현 성능 인식, 성능 시각화, 예술가의 자동 분류), 지능적 음악 정보 검색(음악적 유사성의 추정 및 표현, 디지털 음악 저장의 시각화와 조직화, 오디오 및 웹 기반의 자료로부터 장르 분류, 콘텐츠 기반의 메타 데이터의 생성과 반자동 인덱스, 리듬의 검색 및 분류) 등이다.

온라인음악은 인터넷 접속을 통해 디지털 음악 파일을 전송받는 서비스를 의미하며 가장 보편적인 파일 압축기술인 MP3(MPEG Audio Layer-3)에서부터 마이크로소프트의 WMA(Window Media Audio), Apple 의 AAC(Advanced Audio Coding) 등 다양한 기술들이 개발되면서 시장이 점차 확대되고 있다. 또한 인터넷의 비약적인 속도 개선 및 이용자의 확산과 파일교환 프로그램의 보편화로 인해 이를 이용하는 소비자의 수가 급증하고 있는 추세이다. 온라인음악을 유무선통신을 통하여 배포하는 전송방식은 스트리밍(streaming) 방식과 다운로드 방식의 두 가지로 분류된다.

스트리밍은 인터넷상에서 음성이나 영상, 애니메이션 등을 실시간으로 재생하는 기법으로 서버에 단 한 번만 복제해 두면 이를 원하는 사람들에게 무한정으로 공급할 수 있는 방식을 의미한다. 부분적으로만 전송해도 특정 파일의 정보를 실시간으로 전송할 수 있기 때문에 순수하게 기술적 관점에서만 보자면 다운로드보다 발전된 방식이라고 할 수 있다. 전송되는 데이터가 마치 물이 흐르는 것처럼 처리된다고 해서 붙여진 명칭이며, 파일이 모두 전송되기 전이라도 클라이언트 브라우저 또는 플러그인이 데이터의 표현을 시작하게 되어 재생시간이 단축되며 하드디스크 드라이브 용량의 영향을 거의 받지 않는다는 장점을 지닌다. 그러나 이 방식은 끊김 현상이 발생하거나 음질이 떨어질 수 있다는 단점으로 인해 고품질의 음악을 듣는 데는 적합하지 않은 방식으로 알려지고 있으며, 스트리밍되는 음악 정보를 듣기 위해서는 인터넷에 온라인으로 접속해야만 한다는 전제가 있다. 실시간 전송이 가능해 웹 캐스팅에서 주로 사용되고 있다. 또한 스트리밍 서비스를 이용함에 따른 혜택은 직접 보유하지 않는 음악까지도 들을 수 있는 음악 선택의 자유, 검색기능을 통해 얻을 수 있는 다양한 정보습득의 편리함, 맞춤 서비스 등 다양하다. 다운로드는 인터넷상에 존재하는 파일을 자신의 PC 에 전송받는 것, 즉 원격지 컴퓨터에서 자신의 컴퓨터로 파일을 복사해 오는 것을 의미한다. 또한 다운로드 방식은 파일 전체를 전송해 주므로 음악 전송에 적합하지만, 전송속도의 제한으로 인해 음질을 해치지 않는 범위 내에서의 압축 파일을 전송하는 것이 더 효과적이라고 할 수 있다.

온라인음악산업은 콘텐츠 소유자, 음반발매업자, 콘텐츠 유통자, 기술 제공자, 저작권 관리협회, 최종 사용자로 구성되며, 다른 디지털콘텐츠산업과 마찬가지로 인터넷과 디지털 기술이 제작 및 유통구조에 미치는 영향이 크다. 특히 온라인음악산업은 유통되는 음악의 수가 방대하다는 점과 유통비용의 혁신적인 절감이 특징으로 나타남에 따라 디지털화 유통 분야에서의 갈등조정 등 제도적·정치적 조절장치가 시급하다고 할 수 있다. 또한 불법복제의 영향을 가장 많이 받는 디지털콘텐츠산업이 음악산업이기도 하여 현재 및 미래에 저작권 관리협회의 역할이 중요해지며, 향후 온라인음악산업의 발전도 저작권 관리가 가장 중요한 요소라고 평가되고 있다.

음악기술은 음악의 정상적인 제작, 유통, 판매 및 사용과 관련된 모든 기술로서 현재 음악작곡 등 제작기술과, DRM 등 유통기술로 분류되고 있으며, 인터랙티브, 개인 서비스화 방향으로 기술이 전개되고 있다. 향후 서비스 형태 다양화에 따른 디지털 통합·가속화·전용 DRM의 개발 등 불법 디지털음악 방지기술이 발전할 전망이다. 이러한 기술적 발전을 근간으로 유비쿼터스 환경의 음악기술은 언제나, 어느 장소나 어느 기기와 관계없이 3차원상의 현장감 또는 현실감 있는 음악을 제공할 것이다.

애플 컴퓨터는 나이키와 제휴하여 나이키의 슈즈와 애플의 휴대 음악 플레이어 '아이팟'을 연동시킨 조깅 애호가 전용의 신제품을 2006년 7월부터 발매하기 시작했다. '나이키 + 아이팟 스포츠 키트'라 명명된 신제품은 센서를 부착시킨 전용 슈즈로부터 아이팟에 데이터를 송신할 수 있고 칼로리 소비량 등을 액정 표시와 음성으로 확인할 수 있다. 또한 데이터를 PC에 연결시키면 여러 가지 종류의 데이터 분석도 가능하며, 애플은 조깅을 위한 음악 전용 사이트도 개설하였다.

나이키와 애플의 결합사례에서도 증명되었지만, 기술의 발전이 음악산업의 인접산업을 확장시키고 있으며, 이에 따라 음악산업도 발전하는 선순환과정을 보이고 있다고 하겠다.

[그림 3.11] 나이키와 아이팟의 결합: 나이키 + 아이팟 스포츠 키트

3) 방송기술

방송기술은 영상, 음향, 데이터 등 각종 방송 콘텐츠의 제작, 전송, 수신 서비스의 각 단계에서 작용되는 기술을 말한다.

방송을 구성하는 각 단계에서 디지털화가 진행되면서 매체 및 서비스의 융합 현상이 가속화되고 있다. 영상이 디지털화되고 방송의 제작환경이 네트워크 기반 통합 스튜디오 환경으로 발전하면서 독립적이던 스튜디오들이 네트워크로 연결된 유기적인 스튜디오로 발전하고 있다. 스튜디오들의 네트워크화에서 MXF(Material eXchange Format), AAF(Advanced Authoring Format) 등 표준화가 중요한 이슈로 부각된다.

HDTV 및 3DTV와 같이 방송 콘텐츠의 고품질화가 진행되고 있으며, 방송 콘텐츠의 지능화, 고기능화가 진행되면서 개인 맞춤형 방송이 등장하고 있다. 이러한 기술 사례 중의 하나가 홈 서버나 네트워크상의 서버에 축적된 프로그램을, 시청자가 좋아하는 시간에 볼 수 있는 '서버형 방송'이다. 서버형 방송에서는 스포츠 중계에서 특정 선수의 플레이 중에 그 선수의 메타 타이타가 기록되고 있으면 그 선수가 비쳐 있는 장면만을 재생하거나 출연 프로그램을 아카이브(archive)로부터 검색해 시청하는 것이 가능하게 된다. 또한 방송이 일방향에서 양방향으로, 편집자의 내용 선택에서 시청자의 내용 선택으로 전환됨에 따라 많은 방송 자원 중 소비자가 원하는 형식과 내용(시청 등급, 폭력성 및 선정성 포함 여부, 스토리 전개 등)에 맞춘 방송을 보내는 기술의 개발에 많은 연구가 집중되고 있다.

영상 수요를 측정할 수 있는 기술도 새롭게 진화하고 있다. 시장조사업체인 닐슨(Nielsen)은 TV 시청률 조사에 브로드밴드, 개인용 기기를 이용한 시청까지를 포함시키는 계획을 2006년 6월에 발표했다. 닐슨은 이 계획을 A2/M2(Anytime Anywhere Media Measurement) 전략으로 명기하고, 시청자가 TV 프로그램을 다양한 유통 경로를 통하여 시청하는 현실을 반영한다고 설명하고 있다. 이 계획에 의하면 운동 중의 TV 시청이나 거리를 활보하며 포터블 TV를 보는 경우, 인터넷을 통해 TV를 시청하는 경우도 모두 시청률 조사에 포함될 수 있다는 것이다.

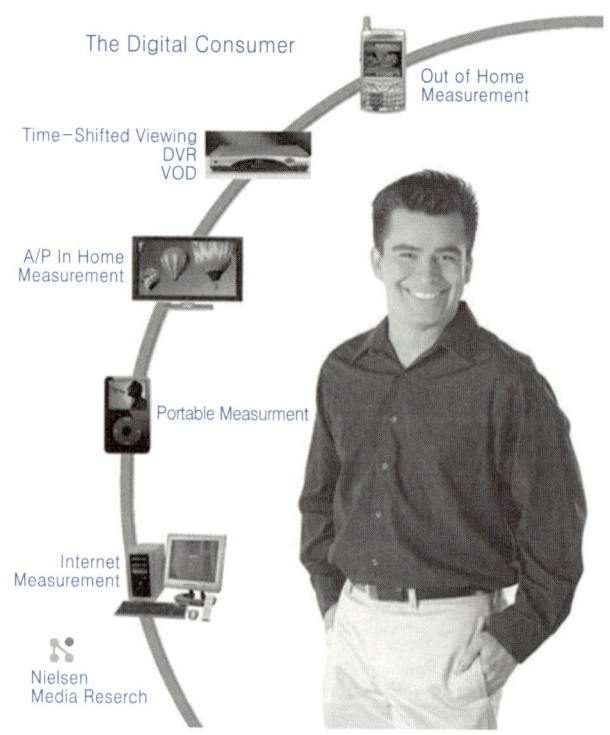

[그림 3.12] 닐슨의 A2/M2 전략

방송기술은 방송환경의 디지털화에 따른 방송 콘텐츠 제작에 필요한 기술로서 현재 방송 콘텐츠 제작 및 패키징 기술로 분류되고 있으며, 양방향 데이터 방송, 지능형, 실감형 방송으로 기술이 전개되고 있다. 향후 매체 및 서비스의 융·통합과 통합스튜디오 환경이 가속화될 전망이다.

4) 게임기술

게임기술은 다양한 게임(온라인, PC, 아케이드, 비디오, 모바일) 제작에 필요한 기술을 말한다.

디지털 컨버전스의 영향으로 다양한 기기가 출시되고 있으며, 이들 제품 중 많은 기기들에서 게임을 할 수 있게 됨에 따라 멀티 플랫폼 기술이 중요해지고 있다. 멀티플랫폼 게임기술은 PC, 콘솔, 모바일 단말기와 아케이드 게임기 등 다양한 게임 플랫폼에서 게임을 구동하고 유무선 네트워크에 접속하여 여러 명의 사용자가 함께 진행할 수 있도록 하는 게임을 제작하는 데 필요한 기술로 정의된다. 다양한 단말기/플랫폼에서도 MOG(Multi-player Online Game) 형태의 게임이 주류로 등장하고 있다. U-Game은 세계 최고 수준의 국내 유무선 통신 인프라에 부합되는 분야로, 향후 '유무선 플랫폼 연동' 게임으로 진화할 경우 유무선 통합 환경에서의 새로운 킬러 애플리케이션으로 부상할 것으로 예상된다.

이와 같은 표준 플랫폼으로 게임 엔진이 중요해진다. 게임 제작에 필요한 기술은 그래픽 엔진, 인공지능 엔진, 물리 엔진 및 사운드 엔진 등을 들 수 있는데 대부분의 상용 게임 엔진들은 이러한 기능들을 복합적으로 갖고 있다. 게임을 위한 그래픽 엔진은 일반적으로 렌더링 엔진과 애니메이션 엔진으로 구성된다. 그래픽 엔진은 비실사 3차원 그래픽을 실시간으로 얼마나 사실적으로 표현할 수 있느냐가 가장 중요한 기술적인 문제이며, 3차원 렌더링 엔진은 그래픽 디자이너에 의해 작성된 각종 게임 그래픽 데이터를 게임 진행 상황에 따라 게임 환경 내에서 적절히 변형, 이동시킨 후 빠르게 화면에 출력해 주는 엔진을 말한다. 영화나 방송 등에서는 실시간 렌더링이 아닌 이미 랜더링한 화면만을 송출하나, 게임에서는 실시간 렌더링을 해야 하는 차이가 있다. 따라서 게임의 그래픽 엔진에서는 현재의 컴퓨팅 파워로 가능한 범위 내에서 가능한 한 사실적인 렌더링을 해야 하는 제약이 있다. 방송 및 영화에서도 장차 인터랙티브 영상을 제작할 계획을 갖고 있으며, 그때에는 게임 분야에서의 기술이 많이 활용될 것으로 전망되고 있다. 애니메이션 엔진은 캐릭터의 동작을 통제한다. 인공지능 엔진은 플레이어가 마치 사람과 상대하는 듯한 착각을 불러일으킬 수 있도록 게임에서 인간과 상대하는 컴퓨터의 행동을 지정하는 엔진이다. 게임에서 인공지능의 중요한 역할은 게임의 상대 역할을 수행하면서 게임의 보조자 역할을 수행하는 것이나, 인공의 보조역할을 하는 캐릭터를 인공지능이 담당하며, NPC(Non-Player Characters)의 역할을 담당한다. 물리 엔진은 실제 게임 콘텐츠 내부의 캐릭터 혹은 오브젝트의 움직임과 표현을 현실세계와 같은 수준으로 가시화하기 위한 기술로 3차원 입체 게임 엔진을 지원하는 물리 엔진의 개발을 통하여 고성능의 연산 데이터 처리의 오차율이 낮은 역학 모듈을 내장하여 게임 이용자들이 다양한 콘텐츠로 구성된 실감형 게임 콘텐츠를 즐길 수 있도록 한다.

게임기술은 다양한 게임(온라인, PC, 아케이드, 비디오, 모바일 등) 제작과 유통에 필요한 기술로서 현재 게임 엔진, 서버, 차세대 게임기술로 분류되고 있으며, 체감형 다중 NPC용 진화게임, 게임단말기에 따른 기술로 전개되고 있다. 향후 온라인 게임을 중심으로 한 국내 e-스포츠는 세계 최고 수준, 유무선 통합 환경에서의 새로운 킬러 애플리케이션으로 부상할 전망이다.

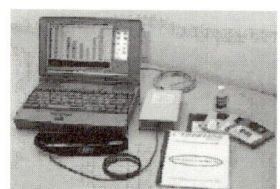 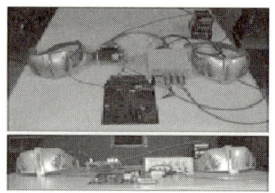 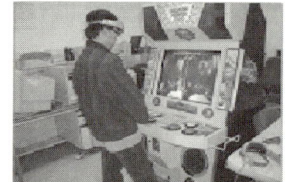

[생체신호 인터페이스 시스템]　　　　　　　　　　　[뇌파를 이용한 아케이드 게임]

[그림 3.13] 생체신호를 기반으로 한 상호작용 기술(게임 응용)

5) 영화기술

영화기술은 영화 콘텐츠의 제작, 배급, 흥행의 각 단계에서 적용되는 기술로서 OSMU(One Source Multi-Use)의 형태를 띠고 다창구를 통한 최종소비자 확보를 타깃으로 전개되며 이를 위해 영화 제작의 각 단계에서 사용되는 총체적인 기술을 말한다.

영화기술은 아날로그 필름 기반 시스템에서 많은 기술적 진보를 거듭하여, 현재 디지털 기술 및 네트워크 기술과 접목하여 디지털 시네마의 방향으로 이행 중에 있다. 디지털 시네마의 표준 분야에서는 ITU-R Study Group 6에서 표준을 위하여 Task Force 6/9 을 구성하여 추진하고 있으며, 미국에서는 7 대 메이지로 구성된 Joint Venture 인 DCI(Digital Cinema Initiative)가 유럽에서는 EDCF (European Digital Cinema Forum)가, 일본에서는 DCCJ(Digital Cinema Consortium of Japan)가 디지털 시네마의 표준을 위한 테스트를 수행하고 있다.

영화에서의 기술은 Post-Production 부분이 많이 논의되었는데, Post-Production 작업이 강화되면서 이 작업에 필요한 많은 기술 및 관련 기업들이 네트워크로 통합될 필요성이 대두되고 있다. 이를 위하여 NAS(Network Attached Storage)와 SAN(Storage Area Network)을 활용한 네트워크가 Post-Production 에서 사용되기 시작하였다. 디지털 기술의 도입 이전에 영화산업은 스튜디오를 중심으로 독립적으로 발전하였으나, 디지털 기술의 도입으로 공동 작업 및 협업이 가능해졌으며, 이로 인하여 생산성이 크게 향상되기 시작하였다.

모델링된 물체를 실제로 화면에 그려서 영상을 만드는 과정인 렌더링 분야는 최근 고품질 영상 콘텐츠 제작을 위해 실사영상과 CG 영상을 서로 구분할 수 없을 정도의 극사실적 렌더링 기술이 개발 중이다. CG 객체와 실사 CG 객체와 실사 정합을 매우 정교하게 하기 위하여 실사 촬영 당시의 카메라 시점을 추출하는 기술의 고도화도 이루어지고 있다. 비디오 이미지를 이용하여 카메라 정보를 자동으로 트래킹하도록 하여 영화와 같은 실사 기반 CG 콘텐츠 제작의 생산성을 높이게 된다. 카메라 위치정보 추출에 의한 실사와 CG 의 합성 기술은 <해리포터> 등에서 광범위하게 사용되었다. 또한 대규모 군중 장면에서도 CG 기술이 활용되고 있다. 이와 같이 작품의 완성도를 높이고, 제작단가를 낮추는 측면에서 CG는 점점 영화제작에서 많은 역할을 하고 있다.

영화 <반지의 제왕>의 성공은 디지털 영상기술(WETA 디지털 스튜디오)의 중요성을 입증했다. 특히 반지의 제왕에서는 모션캡처 기술을 활용하여 가상의 캐릭터인 '골룸'을 창조하여 극찬을 받은 바 있다. 골룸의 창조에는 배우의 온몸, 특히 움직임이 두드러지는 관절부에 센서를 부착한 후 배우가 동작을 연기하면, 센서를 통해 이 움직임들을 기록해서 CG 캐릭터에 입혀 주는 방식이 활용되었는데, 이런 특수효과를 모션캡처라고 한다. 모션캡처는 영화는 물론이고 게임에서도 쓰이는 기술이다. 예컨대 격투게임 철권은 제작 당시 무술가의 사실적인 움직임을 뽑아내기 위해서 이 기술을 사용한 바 있다.

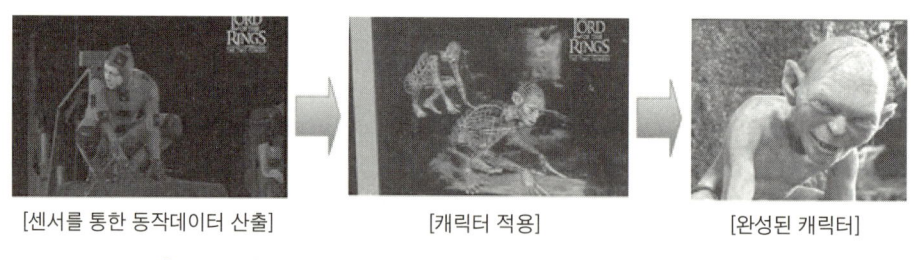

[센서를 통한 동작데이터 산출]　　　[캐릭터 적용]　　　[완성된 캐릭터]

[그림 3.14] 골룸을 만들어낸 핵심기술 – '모션캡처' (반지의 제왕)

<반지의 제왕>에서 유명한 장면 중 하나는 바로 총 20만 개의 디지털 캐릭터가 등장하는 시리즈의 마지막 편인 <반지의 제왕 3: 왕의 귀환>에서 펼쳐지는 '펠렌노르 전투'의 재연이다. 이는 <반지의 제왕 2: 두 개의 탑>에서 헬름 협곡의 디지털 캐릭터가 1만 명이었던 것과 비교하면 무려 20배 규모인 셈이다. 데이터 센터를 추가로 건설하는 고생 끝에 20만 개의 캐릭터가 격돌하는 방대한 작업이 완료될 수 있었다.

(펠렌노르평원 전투장면)

[그림 3.15] 슈퍼컴퓨터를 이용한 디지털 특수효과(반지의 제왕)

최근 실감나는 영상을 만드는 CT 기술로, '애니메트로닉스'가 각광을 받고 있다. 보통 애니메이션(animation)과 일렉트로닉스(electronics)의 합성어로 알려져 있지만 애니메트로닉스(animatronics)는 애니메이션과 일렉트로닉스에 메이크업(make-up)이 합성된 단어이다. 기계적인 뼈대와 전자회로를 이용해 만든 움직이는 이 기계장치(모형)에 특수 재질을 활용한 분장으로 실물과 똑같은 재질과 느낌을 덧붙인다. 그리고 모형을 무선으로 원격 조정해 출연시킨다.

[그림 3.16] 영화에 활용되는 애니메트로닉스

국내에서 많은 인기를 끌었던 영화 <각설탕>은 말이 주인공이다. 실제로 영화에는 주인공 말 '천둥이'가 두 마리 등장한다. 진짜 천둥이와 가짜 천둥이인 것이다. 진짜와 가짜가 영화 속에서 번갈아 등장하지만 관객은 어느 것이 진짜인지 구분해내기가 어렵다. 실제 말과 똑같은 이 기계마(馬)는 '애니메트로닉스'란 기술이 탄생시킨 일종의 CT 기술이다.

경주마를 클로즈업해야 했던 영화 <각설탕>은 주인공과 정신적 교감을 나눈 말의 미묘한 움직임을 표현해내기 위해 애니메트로닉스를 도입했다. 실물 크기의 정교한 말 모형이 달릴 때의 움직임, 목이 늘어나는 정도, 달리면서 쫑긋거리는 귀의 움직임을 표현할 수 있는 기계장치를 장착했다. 배우와 기계마가 마치 실제 말과 연기하듯 같은 카메라 앵글에서 연기를 펼친다. 주인공의 부상위험도 크게 덜었다.

[그림 3.17] 영화 <각설탕>의 애니메트로닉스 도입 사례

애니메트로닉스는 보다 사실감 있는 영상으로 수준을 높이는 것 외에도 영상과 관련된 다양한 부가가치 사업을 창출한다. 실물과 같은 크기와 질감의 애니메트로닉스들은 영화 관련 테마파크 등에서 체험콘텐츠로 활용될 수 있는데 할리우드의 유니버셜 스튜디오와 같은 테마파크가 바로 그 예이다. 때문에 애니메트로닉스는 국내 영상산업의 영역을 확장시킬 수 있는 하나의 대안적 CT 기술로도 평가받고 있다.

영화기술은 아날로그 시스템에서 디지털과 네트워크 기술에 연계한 신개념 영화기술로서 현재 디지털 액터, 영상합성 등 제작과 유통기술로 분류되고 있으며, 오감지원과 광대역 환경의 디지털 시네마로 기술이 전개되고 있다. 향후 가정용은 주문형에서 인터랙티브로, 극장용은 3D 입체영화로 발전할 뿐만 아니라 인간의 오감을 표현하는 영화로 발전할 전망이다.

극장용 3D 사례로는 2003년 상영된 <Spy kids 3D>가 있는데, 전 세계적으로 1억8,900만 달러의 박스 오피스 매출을 기록했다. <Polar express 3D>는 6,000만 달러(2004년 4,500만 달러, 2005년 1,500만 달러)의 매출액을 기록했으며, 2006년에 <Monster house>가 개봉되어 호평을 받았다.

[그림 3.18] 극장용 3D 영화들

디지털 시네마는 2006년부터 본격적인 성장을 보이면서, 디지털 영상산업을 이끌 것으로 전망된다. 디지털 영상산업에서는 영화, 방송, 통신 등의 산업 간 융합이 가속화될 것으로 전망된다. D-Cinema와 E-Cinema는 제작 및 영사 과정에서 차이를 보이지 않고 다음의 프로세스로 발전하고 있다.

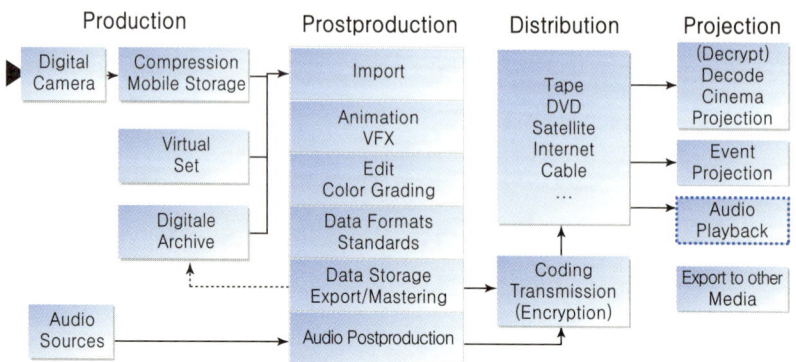

[그림 3.19] D-Cinema와 E-Cinema의 제작 프로세스

    2004년 8개에 불과했던 국내 디지털 시네마 스크린 수는 2005~2006년 멀티플렉스를 중심으로 대폭 증가했다. 영화진흥위원회 산하 디지털 시네마 추진위원회는 2010년까지 전국 스크린의 50% 이상을 디지털로 전환시킨다는 목표를 제시했다. 2005년을 기점으로 기존 필름 영화를 디지털로 변환해 영사하는 디지털 마스터링뿐만 아니라 디지털 카메라로 제작된 작품들도 등장하고 있다. 2004년 초 신촌의 아트레온에서 <브라더 베어>를 디지털 상영한 것이 디지털 시네마의 시초로 기록된다. 2004년까지 제작된 디지털 영화는 저예산 영화를 포함해 총 80편이다. 2005년 5월 <스타워즈 에피소드 3>가 국내 8개 극장에서 디지털 상영되었다. 이후 <태극기 휘날리며>, <어깨동무>, <남자는 여자의 미래다>, <우리형>, <왕의 남자>, <음란서생> 등이 디지털 상영되었으며, 2005년 12월 CGV 용산 11은 영화 <태풍>을 전관에 걸쳐 디지털 상영했다. <시실리 2km>, <짝패> 등은 HD 디지털 카메라로 제작되었다.

    2006년 3월 영화 <마법사들>은 국내 최초로 네트워크 전송 방식의 디지털 시네마로 상영되었다는 의의를 갖는다. CJ 계열 방송 송출 전문업체 CJ 파워캐스트 네트워크를 이용해 CJ CGV에서 디지털로 상영하는 데 성공했다. 경기도 분당 CGV 중앙네트워크 센터에서 네 곳의 CGV 인디 영화관(강변/상암/인천/서면)으로 전송, 평당 200만 원에 달하는 프린트 작업 및 배급 비용을 절감한 바 있다.

3.3.3 공공기술

공공기술은 문화산업의 공공성 강화를 위한 기술로서 문화유산기술, 문화복지기술이 있다.

1) 문화유산기술

문화유산기술은 문화 공간 내에서 존재하는 유형의 문화재와 문화 주체의 경험과 기억 속에 존재하는 무형의 문화재를 디지털 기술을 통해 가시화된 원형으로 복원, 재현 및 체험을 위한 기술이다.

문화유산의 디지털화 분야에서는 고정밀 자동화 기술들이 개발되어 측정의 생산성과 정밀도가 높아지는 방향으로 기술이 발전하고 있다. 대용량 고품질의 데이터 처리기술이 개발되고 있으며, 디지털화된 문화유산에 흥미와 게임적인 요소를 접목한 테마파크형 문화유산 체험관 기술이 매우 유망한 분야로 전망된다.

이 기술의 대표적인 사례 중 하나는 50억 유로의 예산으로 EU와 EU 10개국 국가 및 불가리아와 러시아가 참여하여 2001년부터 2년간 진행되었던 REGNET 프로젝트에서 문화유산기술이 잘 나타나고 있다. REGNET 프로젝트는 유럽 문화유산의 디지털 라이브러리의 개념으로, 이 개념은 디지털 재화에 대한 접근을 가능하게 해 주는 기술적 프레임워크일 뿐만 아니라, 전통적 비즈니스 프로세스를 글로벌화 및 세계 시각의 기준에서 리엔지니어링하는 것을 의미한다. 따라서 주된 활동은 콘텐츠 엔지니어링, 플랫폼 엔지니어링 및 엔터프라이즈 엔지니어링으로 구성되었으며, 구체적인 기술로는 XML 및 데이터베이스 기술이 주를 이루었고, 향후에는 interoperable semantic web으로 발전시킬 전망이다.

문화유산기술은 유무형의 다양한 문화유산을 복원, 재현, 체험하는 데 필요한 디지털 기술로서 현재 문화유산 복원, 체험, 활용기술로 분류되고 있으며, 지능형, 감성형, U-체험관의 방향으로 기술이 전개되고 있다. 향후 고품질, 대용량 데이터 처리기술을 기반으로 한 체험, 응용기술의 개발이 일반화될 것으로 전망된다.

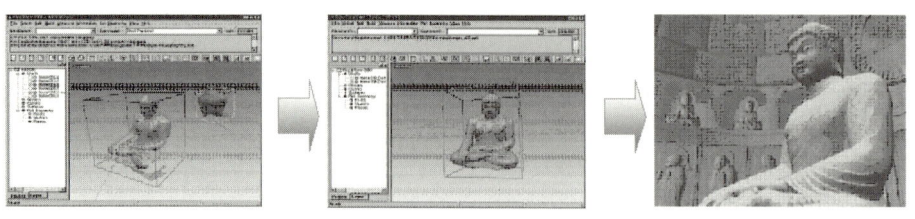

[3차원 스캔 데이터로부터 모델링 과정]   [3차원 석굴암 모델]

[그림 3.20] 카메라를 활용한 디지털문화콘텐츠 생성(석굴암 모델링)

2) 문화복지기술

문화복지기술은 문화복지 증진과 건전한 문화환경 조성을 목적으로, 문화에 다소 소외된 장애인이나 아동/청소년/노인 계층을 주 대상으로 하되, 향후 일반 국민에게도 파급할 수 있는 제품이나 서비스를 개발하는 데 요구되는 시각처리, 청각처리 및 인터페이스 기술 등과 같은 제반 정보통신 요소기술 및 디지털 문화콘텐츠 제작기술을 말한다.

시각 장애인을 위한 기술로는 스크린 리더기와 스크린 확대기 등이 있고, 청각 장애인을 위한 기술로는 음성을 텍스트나 수화화면으로 바꾸어 주는 기술 등이 있다. 지체 장애인을 위한 기술로는 음성인식을 이용한 가정의 모든 전자기기 통제 등이 많이 연구되고 있다.

문화복지기술은 지식정보화 사회의 소외계층의 문화향유 및 건전문화 조성을 위한 기술로서 현재 장애인 복지기술 및 건전 문화환경 조성기술로 분류되고 있으며, 장애인의 청각, 시각을 보조하는 커뮤니케이션 및 미래형 기능성 강화로 기술이 전개되고 있다. 향후 국내 기술수준 초보단계, 정보감각향상과 정보화 사회의 역기능 해소를 위한 방향으로 기술이 발전할 전망이다.

실제 고려대학교 정보통신대학에서 개발한 청각장애아동을 위한 애니메이션 제작기술은 한국인의 표준 입모양을 데이터베이스(DB)화하고 이를 토대로 독화(毒話: 입의 움직임으로 대화를 이해) 애니메이션을 제작하여 청각장애인들의 구화교육에 활용하고 있다. 이는 장애인뿐만 아니라 일반 아동들에게도 활용 가능하다. 또한 캐릭터 립싱크 기술은 아이들에게 단순히·의사를 전달하는 것뿐만 아니라 이를 활용해 청각장애아들이 발음 연습을 할 수 있는 프로그램으로 모두 문화복지기술의 실제 사례로 볼 수 있다.

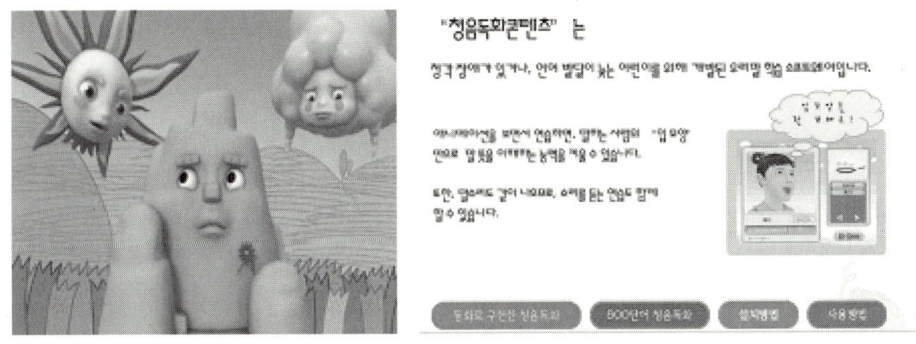

[그림 3.21] 청각장애인을 위한 문화복지기술

4장 산업 퓨전

4.1 IT 산업 내 컨버전스(디지털 컨버전스)

4.1.1 전자기기 컨버전스에서 네트워크 컨버전스로

그동안 IT 산업 내에서의 컨버전스는 컴퓨터, 통신, AV 등 전자기기 간의 융합을 중심으로 전개되어 왔다. DVD 콤보(DVD + VCR), 복합기(팩스 + 프린터 + 복사기), 복합형 캠코더(캠코더 + 디지털 카메라 + MP3) 카메라폰, MP3 폰, 캠코더폰, TV 폰, PMP(개인용 멀티미디어 플레이어: MP3 + AV 기기) 등이 그 사례들이다.

향후에도 IT 제품 간의 컨버전스는 데이터통신, 정보, 오락, 가공/처리, 커머스 등의 기능 간 융합이 가속되면서 보다 다양화/고도화될 것으로 보이며, 특히 모바일 기기를 중심으로 전개될 전망이다. 단순함과 편리함을 추구하는 경향의 심화, 위치에 관계없는 연속적 커뮤니케이션과 정보 접근 선호, 서비스 속도의 증대 및 리얼타임 서비스에 대한 요구 증대 등으로 전자기기의 모바일화가 지속적 트렌드로 자리잡을 것이기 때문이다.

이러한 모바일 컨버전스의 진화 방향에 대해서는 크게 완전 컨버전스와 부분적 컨버전스의 두 가지 견해가 대립하고 있다. 먼저 완전 컨버전스는 데이터통신, 정보, 오락, 가공/처리, 커머스 등의 기능을 포괄하여 시장 내 대부분의 애플리케이션을 원활히 이용할 수 있는 완전 통합 단말기가 시장의 주력으로 자리잡을 것이라는 견해이다. 반면 부분적 컨버전스는 완전 통합 단말기가 시장을 주도하기는 힘들며, 데이터통신, 정보, 오락, 가공/처리, 커머스 등의 기능 중 고객의 본원적 니즈와 시장의 유행을 반영한 주요 기능을 중심으로 부분 복합된 제품들이 시장을 주도할 것이라는 견해이다(LG 경제연구원, 2005).

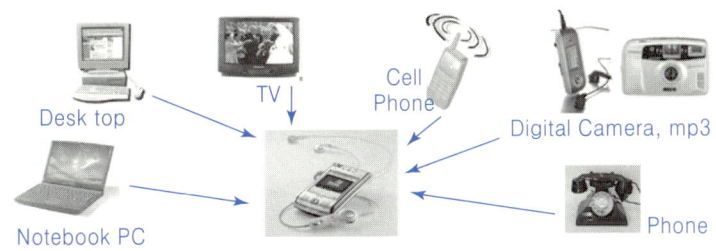

[그림 4.1] 휴대폰을 중심으로 한 전자기기 기능 융합

IT 산업의 컨버전스는 인간의 편의성 향상과 재미(fun) 추구를 지원하기 위해 데이터통신·정보·오락·가공/처리 등의 가치를 지속적으로 추구할 것으로 전망된다. 즉, 연속적 커뮤니케이션 및 커뮤니케이션 방식의 다양화, 그리고 편의성 향상을 위한 기기 간 네트워킹 강화 등 데이터통신 기능의 개선·강화를 지속적으로 추구하게 될 것이며, 개인화된 실시간 정보 획득을 선호하는 소비자 니즈를 충족시키기 위해 정보 기능을 강화하는 방향으로 진화할 것이다. 또한 오락성과 멀티미디어를 추구하면서 엔터테인먼트 요소를 지속적으로 가미하고, 다양한 대용량 정보를 저장·관리·가공·생성하기 위해 프로세싱 기능을 강화하는 방향으로 진화할 것으로 전망된다.

궁극적으로 IT 산업 내 컨버전스는 네트워크 간 컨버전스로 발전하면서 미래 사회는 유비쿼터스 기술 확산으로 사람과 사람의 통신에서 사물과 사물이 통신하는 단계로 발전할 것이다.

네트워크 간 컨버전스 초기는 사람과 사람이 통신하는 단계로서, 언제 어디서나 유무선 광대역 네트워크로 누구와도 연결하여 통신이 가능해진다. 그 대표적인 예가 유무선 통합 전화, 유무선 통합 인터넷 등이다.

네트워크 간 컨버전스의 중기는 사람과 사물이 통신하는 단계로서 언제 어디서나 무엇이라도 연결해 통신 가능하며, 이 단계에서는 사물이 센서를 통해 인지능력을 갖추지만 통신을 위해서는 사람의 개입이 반드시 필요하다.

네트워크 컨버전스의 종착역인 후기는 사물과 사물이 통신하는 단계로서 언제 어디서나 모든 사물이 네트워크로 연결되어 자율적으로 상호 통신 가능하며, 이 단계에서는 사물에 부착된 센서 간 상황 인식에 의한 지능화된 서비스가 제공된다(한국전산원, 2006).

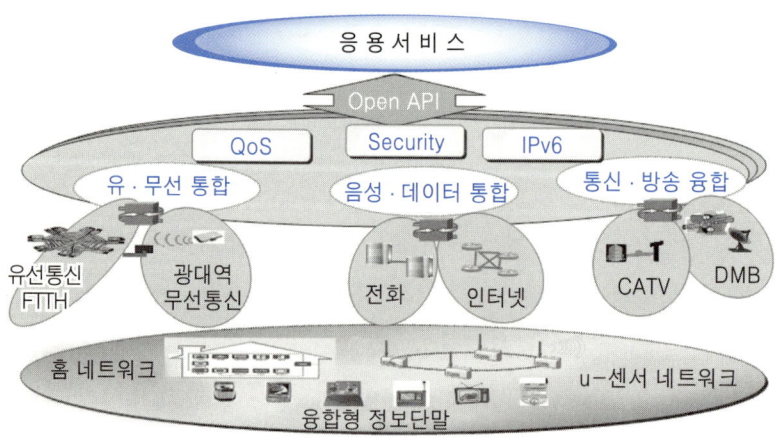

자료: 이상홍(2006)

[그림 4.2] 네트워크 간 컨버전스의 구현 모습

4.1.2 디지털 컨버전스 환경에서 IT 산업구조 변화

IT 산업 내에서 개별적으로 발전하던 산업구조가 디지털 컨버전스로 인해 콘텐츠, 단말기, 네트워크의 디지털화와 상호연계로부터 시작되어 수직, 수평적 산업으로의 확장 및 영역 재구성을 거쳐 궁극적으로 유비쿼터스 서비스 환경으로 발전할 것으로 예측된다.

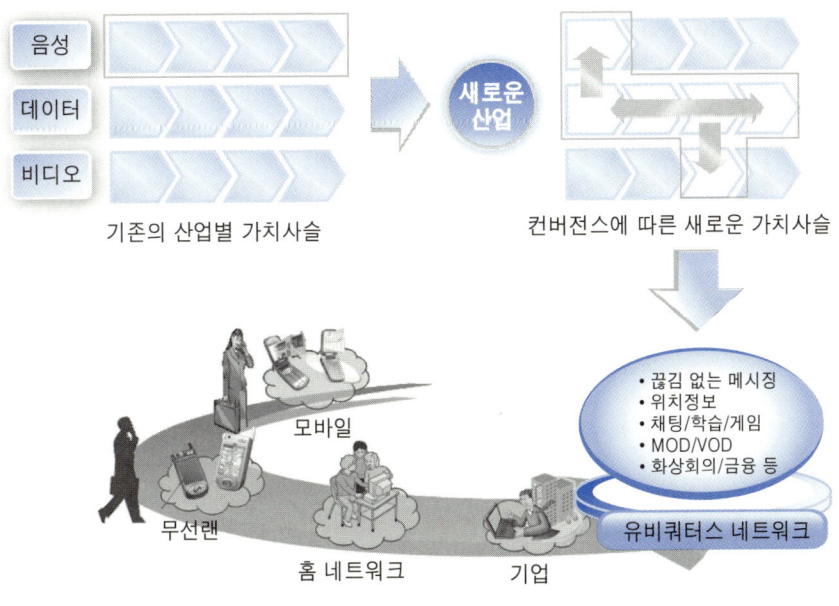

[그림 4.3] 컨버전스로 인한 기존 가치사슬의 변화

경쟁 측면에서도 컨버전스 심화로 IT 산업 내의 기존 가치사슬뿐만 아니라, 가치 원천과 경쟁 주체 등이 변화되면서 경쟁 주체도 산업 내 제품·서비스 간 경쟁에서 산업을 초월한 비즈니스 모델 간 경쟁으로 변모하고 있는 추세이다. 산업 내 기존 가치사슬이 해체되어 통합과 분화가 가속화되면서 산업 간 연계를 포괄하는 새 가치사슬 형성 및 가치원천이 H/W 중심에서 부품·소재·콘텐츠·솔루션/서비스 등으로 이전되는 현상이 두드러질 전망이다.

또한 산업 간 상호 진입이 활발해지면서 연결성·호환성 확보를 위해 표준화가 진행되는데, 다양한 컨버전스 기술에 대응하고 시장 개척비용 부담을 축소하기 위해 기업 간 긴밀한 제휴를 통해 진행될 것이다.

이제 미래 IT 산업의 패러다임은 '아이디어' 시대에서 '아이디어 + 기술'의 시대로 전환될 것이다. 원천기술력을 기반으로 고도의 상품화 기술을 결합하는 것이 시장을 선도할 수 있는 핵심요건으로 대두된다는 의미이다(한국전산원, 2006).

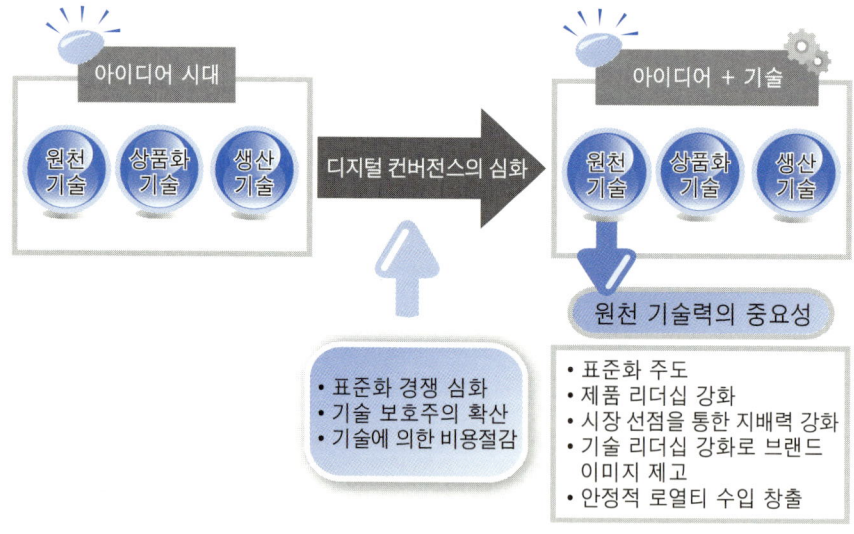

[그림 4.4] IT 산업 경쟁 패러다임의 변화과정

4.2 산업 간 컨버전스(IT와 타 산업과의 컨버전스)

컨버전스가 모든 산업 분야의 대세로 자리잡으면서 통신·콘텐츠·IT·인터넷 업체들 간의 영역파괴는 물론 제휴·협력·인수합병(M&A)이 급속히 확산되고 있다. 고유 사업영역을 고집하던 기업들도 인터넷시대의 '컨버전스 환경'이란 변화에 대처하기 위해 사업영역 파괴와 신규 진입을 서두르고 있다.

휴대폰 제조업의 대명사 노키아가 온라인 콘텐츠 사업에 뛰어들고 위성방송업체인 뉴스코프가 인터넷 커뮤니티 분야에 진출하는 사례에서 볼 수 있듯이 예전에는 상상도 못하던 새로운 형태의 업종 다양화가 도처에서 목격되고 있다. 마이크로소프트(MS)가 더 이상 윈도 운용체계(OS)에 의존하지 않고, 애플의 주력이 더 이상 매킨토시가 아닌 데서 알 수 있듯이 컨버전스는 기업의 주력 업종까지 급속하게 바꾸어 가는 혁명적 진화를 예고하고 있다(전자신문, 2006. 9. 25).

그러나 컨버전스의 중심에는 IT가 존재하고 있음을 간과할 수 없다. IT가 다른 산업을 모두 포괄하는 양상이 펼쳐지고 있는 것이다. 앞으로 21세기에는 IT 산업을 축으로 한 산업 간 컨버전스가 전면적인 양상으로 전개되면서 산업 진화의 새로운 패러다임으로 부상할 것이다.

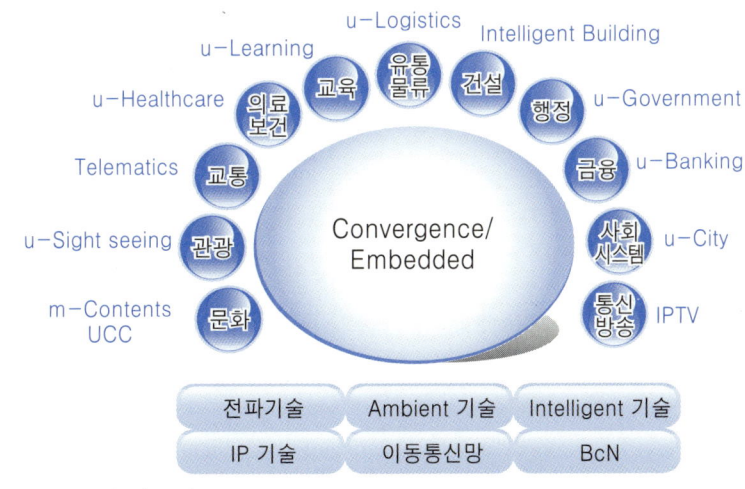

자료: 정보통신부(2006)

[그림 4.5] IT와 전통산업들과의 컨버전스

20세기의 산업 진화 패러다임은 산업 내 기술 발전에 의한 단선적 진화와 기존 기술 진화 중심의 산업 내 혁신을 중심으로 진행되어 왔다. 산업 간에 경계를 유지하며 간헐적이고 부분적으로 상호작용함으로써 산업 간 융합 사례는 소수이며 제한적이었다. 그러나 이러한 산업 내 혁신을 통한 고객가치 창출이 어느 정도 한계에 이르면서, 컨버전스로 인해 산업 간 경계가 붕괴되는 등 산업 간 융합에 따라 카오스(chaos)적 변환이 급속히 전개되고 있다. 21세기에는 이러한 산업 컨버전스가 산업의 새로운 진화 패러다임으로 자리잡을 전망이다(LG 경제연구원, 2006).

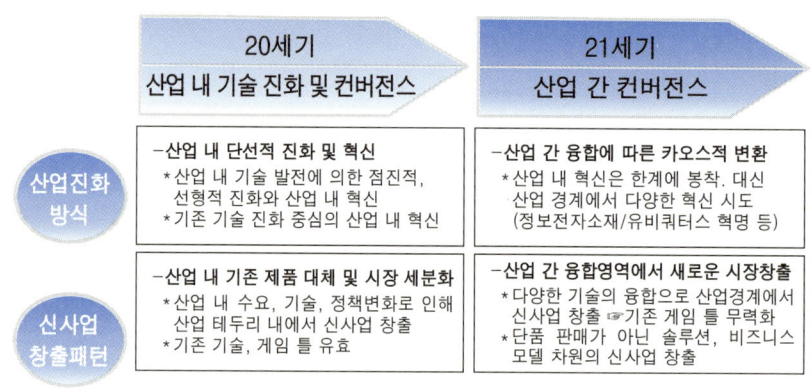

[그림 4.6] 20세기 vs. 21세기 산업 진화 패러다임

이렇듯 산업 간 컨버전스가 활발하게 일어나는 이유는 크게 세 가지로 정리해 볼수 있다.

첫째, 산업 간 컨버전스를 통해 기존 산업 내 제품/서비스로는 창출하기 힘든 고객 효용을 만들어낼 수 있다는 점이다.

둘째, 통신망의 광대역화, 반도체를 통한 초소형화/미세화 기술의 발전, 소자/재료 기술의 유기물 기반으로의 전환, 인공지능 기술 개발의 진전 등으로 산업 간 컨버전스를 원활히 지원할 수 있는 여건이 마련되고 있다는 점이다.

셋째, 대부분의 기존 산업이 범용화되고 산업 내 생존 경쟁이 치열해지면서 기존산업이 레드오션(핏빛 경쟁의 장)으로 변해가고 있기 때문이다. 기존 산업 내에서 성장 한계에 봉착한 기업들이 경쟁에서 자유로운 새로운 시장공간인 블루오션을 창출하기 위해 타 산업 영역과의 융합을 적극 추진하고 있는 것이다.

한편 IT 산업과의 융합 가능성과 융합에 따른 파급효과에 따라 산업 유형을 분류해 볼 수 있다. IT와의 산업퓨전 유형은 첫째, IT와 유사화되는 산업, IT 접목으로 H/W 구조 변화가 나타나는 산업, 기존 제품 및 서비스 온라인화가 촉진되는 산업 등 세 가지 유형으로 분류할 수 있다(LG 경제연구원, 2005; 한국전산원, 2006).

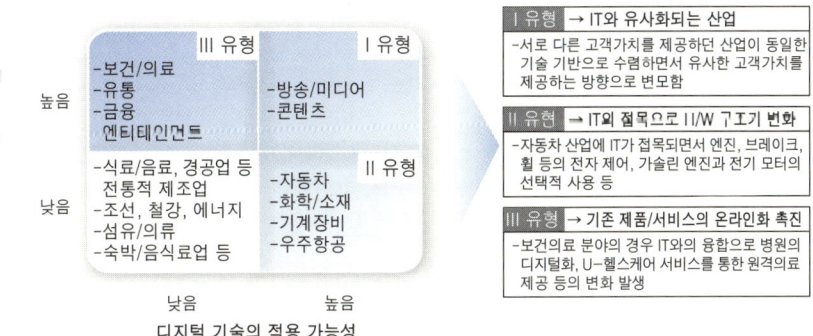

[그림 4.7] IT 산업과의 융합 가능성이 높은 산업들의 유형 분류

4.2.1 IT와 유사 가치 영역에서의 사업기회

IT와 유사화, 즉 비슷해지는 산업은 IT의 적용 가능성과 온라인화 가능성이 모두 높은 분야로서, 방송·미디어와 콘텐츠산업이 그 대표적인 분야이다. 여기서 유사화란 서로 다른 고객가치를 제공하던 산업이 동일한 기술 기반으로 수렴되면서 유사한 고객가치를 제공하는 방향으로 바뀌는 것을 의미한다.

방송과 미디어산업은 일찍이 IT 산업과 컨버전스가 진행되어 왔다. 디지털 컨버전스의 진행과 함께 통신과 방송, 방송과 통신의 융합에 대한 논의도 활발하게 이루어지고 있는 것이다. 즉, TV나 라디오로만 볼 수 있던 방송 콘텐츠를 휴대전화나 개인휴대단말기, 차량용 TV로도 받아볼 수 있게 되고, 또한 일방적으로 받기만 하는 방송과 달리 방송을 보는 도중에도 정보검색이나 e-메일 사용을 하는 등 양방향 통신이 가능해지게 된 것이다.

특히 기술의 발전과 규제 완화는 방송과 통신 간의 경계의 붕괴를 일으켜, 독립적으로 전용되던 콘텐츠-네트워크-단말의 산업 간 구분이 모호해지고 있으며, 사업자 간 경쟁이 활성화되고 신규 서비스 개발의 움직임이 활발해지고 있다.

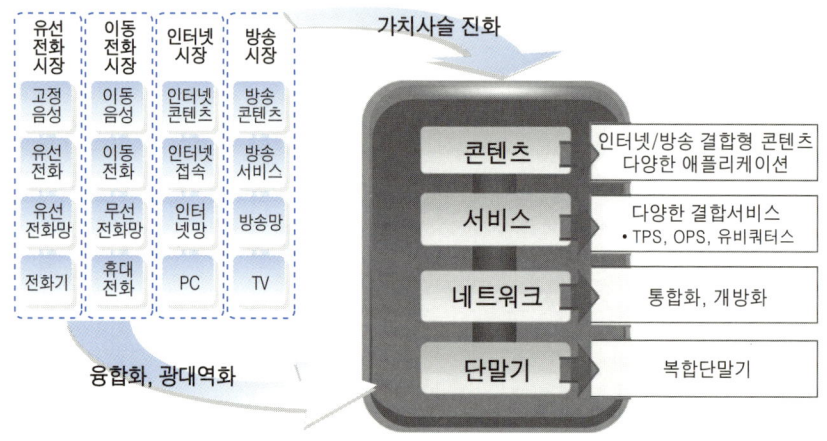

[그림 4.8] 방송통신 융합에 따른 가치사슬 변화

현재는 통신과 방송/미디어산업 간 융합이 네트워크 컨버전스 단계에 이르고 있다. 통신 네트워크를 통한 방송서비스 제공과 더불어 방송 네트워크를 통한 통신서비스 제공이 활발해지면서 통신망과 방송망의 구분이 점차적으로 모호해지고 있는 상황이다.

결국 통신망과 방송망은 하나로 통합되면서 단말기와 전송기술의 컨버전스 등도 실현될 것이며 더 나아가 광대역화, 양방향화 등으로 통신과 방송의 속성을 모두 가진 서비스가 출현하는 방향으로 컨버전스가 진전될 것이다.

통신과 방송/미디어산업은 현재의 독자적인 시장영역에서 향후 통합시장으로 변화할 것으로 예상되며, 각 사업자가 특정 가치사슬을 주도하기 전까지는 네트워크, 서비스, 콘텐츠 부문에서의 치열한 마케팅 경쟁이 예상되고 있다.

통신과 방송/미디어산업 간 융합의 대표적 사례로 케이블 TV의 TPS(Triple Play Service) 서비스, IPTV, DMB 등을 들 수 있다. 케이블 TV의 BcN 기반 통방융합서비스는 TPS와 데이터 방송으로 구분되며, TPS는 인터넷 전화(VoIP: Voice over Internet Protocol), 디지털 방송, 초고속 인터넷 서비스가 결합된 융합서비스이다.

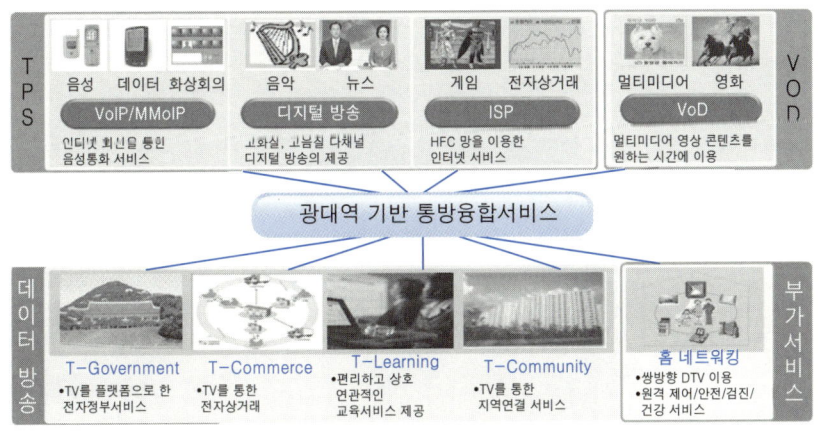

자료: 삼성 SDS(2005)

[그림 4.9] 케이블의 TPS 서비스

IPTV는 통신과 방송의 진화 단계에서 TV 단말의 장점과 초고속 인터넷의 장점을 부각시킬 수 있는 새로운 통·방융합형 서비스 모델이다. 즉, 초고속 광대역 IP 통신망을 이용하여 TV상에 디지털 채널, 양방향 데이터 서비스 및 TV에 최적화된 인터넷 서비스를 제공할 수 있다.

IPTV의 특징은 TV를 이용해서 인터넷 서비스를 사용할 수 있다는 것이다. IPTV의 사업자에 따라 제공하는 서비스 방식은 다르겠지만 기본적으로 커뮤니케이션(전자우편과 메신저, 채팅, SMS 등)과 검색, 뉴스, 교통정보 등의 인터넷 서비스를 사용하게 될 것이다.

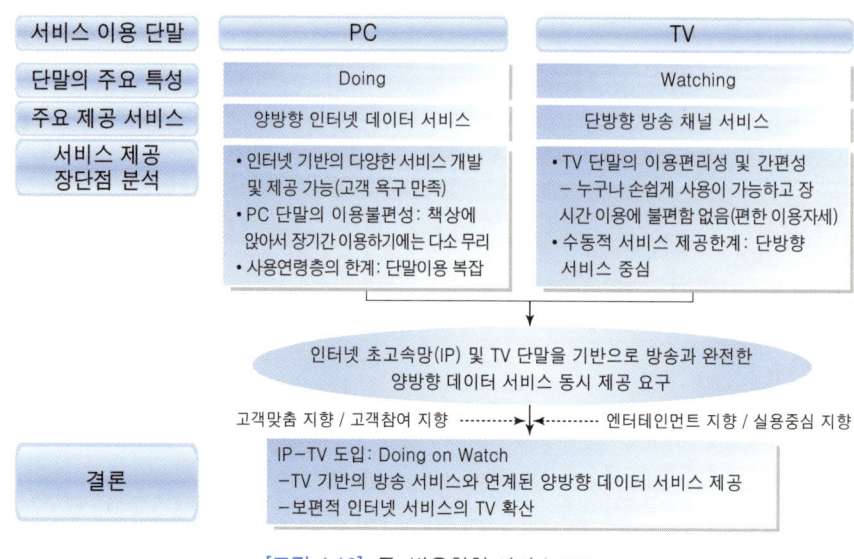

[그림 4.10] 통·방융합형 서비스 IPTV

DMB 서비스도 대표적인 통신과 방송/미디어산업 간 융합의 산물이다. 이동 환경에서 선명한 화질의 비디오, 고음질의 오디오, 그리고 각종 고급 데이터 서비스를 즐길 수 있는 이동 멀티미디어 방송(mobile multimedia broadcasting)에는 전 세계적으로 지상파 DMB(한국), 위성 DMB(한국, 일본), DVB-H(유럽), MediaFLO(미국), ISDB-TSB(일본) 등의 방식들이 있다. 이 중 위성 DMB만이 위성 중계기로부터 수신되는 신호를 수신기가 직접 수신할 수 있는 위성방송이고, 나머지는 모두 지상파 방송이다.

DMB는 방송으로부터 멀티미디어 경쟁력을 물려받고, 이동성도 끌어들였다는 평가를 받고 있다. 또한 디지털 기술에 기반해 통신부문과의 물리적 결합이 가능해졌다. DMB는 정보통신시장이 요구하는 핵심 경쟁력을 고루 갖추고 있는 통신/방송 융합시대의 주축으로 기대되고 있으며, 정체된 이동통신산업 이후 새로운 성장 동력으로 평가받고 있다.

콘텐츠산업은 IT 산업과의 접목을 통해 모바일 분야를 중심으로 한 디지털콘텐츠 시장이 확대되고 있을 뿐만 아니라 불법 유통 차단에 대한 노력도 확대되고 있는 추세이다.

콘텐츠 제작 측면에 있어서는 온라인음악 콘텐츠, 에듀테인먼트(edutainment) 콘텐츠, 인터넷 만화(웹툰), 플래시 애니메이션, 모바일 게임, 온라인 출판(e-book) 등과 같이 온라인 및 모바일 기반의 콘텐츠 제작이 확대되고 있다. 콘텐츠 유통 측면에서는 PMP, DMB, WiBro 등 뉴미디어의 등장으로 콘텐츠 소비 플랫폼이 다양화되면서 언제, 어디서나 다양한 방식으로 제공받을 수 있는 콘텐츠의 개발이 증가하고 있다. 컨버전스 시대에 이러한 융합형 콘텐츠, 실시간 맞춤형 서비스에 대한 요구에 맞춰 새로운 서비스 모델을 창출하는 것은 중요한 과제라 할 수 있다.

새로운 시장 창출의 사례로 모바일 광고시장의 경우를 살펴보면, SK텔레콤은 광고용 모바일 웹사이트인 '복주머니', 대기화면 광고 '네이트모아', 광고 통화 연결음 비즈링 등을 통해 250억 원 규모의 신규시장을 만들어낼 계획이며, LGT도 역시 매체형 광고 서비스, 대기화면 광고 서비스 등을 통해 60억 원의 매출계획을 세웠다(한국문화관광정책연구원, 2005).

IT산업과 콘텐츠산업 간의 컨버전스는 새로운 서비스 창출을 가능하게 하고, 또한 하나의 서비스를 제공하는 기술적 기반에 있어서도 다양한 기술이 그 경계를 넘어 경쟁할 수 있는 가능성을 무궁무진하게 제공할 수 있다. 최근에 가장 주목해야 할 산업 간 융합 사례는 바로 통신사업자들의 문화산업(콘텐츠산업)으로의 진입이다. 국내 통신사업자들은 콘텐츠산업 진출을 통해 새로운 가치를 창출함으로써 '네트워크 효과'를 극대화한다는 전략을 수행하고 있다. KT는 국내 대표적 영화제작사인 싸이더스픽처스를 인수하고 향후 1,000억 원 규모의 재원으로 유망한 콘텐츠 관련 업체와 제휴나 인수를 추진하고 있다. KT는 휴대폰(KTF), TV(IP-TV), PC(초고속 인터넷 메가패스), 게임 및 교육 콘텐츠(KTH) 등 계열사 인프라를 최대 활용한 컨버전스 및 원소스멀티유즈 전략을 통해 시너지 효과를 달성할 계획을 밝혔다. KTF는 2005년 NHN과 차세대 모바일 게임 콘텐츠 제공에 대한 전략적 제휴를 체결하고 '아크로드', '권호', '한게임 플래시' 등 인기 게임을 KTF 모바일 게임 '지팡'을 통해 제공하려 하고 있다. SK텔레콤은 거대 음반 제작사 YBM서울

음반과 IHQ를 전격 인수했으며, 추가로 게임, 교육 콘텐츠 업체를 인수해 '글로벌 종합 미디어 사업'들을 전개하고 있다(디지털타임즈, 2006. 3. 21). 현 통신시장의 성장세 둔화는 모바일 엔터테인먼트(게임·음악·영화 등) 데이터서비스 분야의 매출 증가로 극복이 가능할 전망이며, 향후 망사업자는 양질의 콘텐츠 확보를 통해 콘텐츠 사업자로서 미래 경쟁력을 강화할 것으로 예상된다(서병문, 2005).

정보통신기기 제조업체의 콘텐츠 확보를 위한 문화콘텐츠산업 진출도 활발하다. 정보기기, 단말기 기술도 중요하지만 무엇보다 그 가치를 한층 더 높일 수 있는 것은 그 속에 들어가 전송되는 콘텐츠이다. 정보통신기기의 경쟁력은 콘텐츠가 좌우한다고 해도 과언이 아니라는 것이다. 애플은 온라인음악파일 다운로드 서비스 '아이튠스'를 통해 음악뿐만 아니라 인기 드라마, 영화 등의 동영상 서비스까지 제공

[표 4.1] 2006~2007년 주요 통신사업자들의 콘텐츠 확보를 위한 사업다각화와 수직계열화 사례

KT	• Wibro, IPTV 등 융합서비스 오픈 이전에 적극적인 콘텐츠 확보 투자 추진 • 싸이더스FNH 인수, 쇼박스 영화펀드 80억 투자 • 월트디즈니와 콘텐츠 사용계약 협상 진행 • KTF의 도시락 서비스, KTH의 P2P 게임포털 사업 추진 → 유무선 기간통신망을 활용한 종합 멀티미디어 그룹 변신 추진
SKT	• YBN서울음반 인수, 유무선 음악포털 '멜론' 오픈, 대규모 음악펀드 구성 • 워너뮤직과 음악기획제작사 설립 • IHQ 지분 확보, 교육, 게임 업체 인수 및 제휴 • TU미디어를 통해 향후 5년간 콘텐츠 분야 1천억 원 투자 발표 → 글로벌 종합 미디어 그룹으로의 전략 구체화
하나로 텔레콤	• 하나로미디어(2006. 2. 인수)와 핵심역량을 보유한 사업자와 공동 콘텐츠 확보 위한 드림팀 구성(영화 2,500여 편 확보) • IPTV 현재 사내 시범서비스 진행 중 • 7월 양방향 IP VOD 서비스 상용화(TV 포털) → 종합 미디어 그룹으로의 전략 구체화
데이콤	• 데이콤MI(천리안)를 유무선 통합형 콘텐츠 특화기업으로 집중육성계획 • TV 뱅킹과 TV 주식거래 중심의 TV 커머스 서비스 올 하반기 중 시작 계획 • iCOD, IPTV 사내 시범서비스 진행 중 • 파워콤 합병을 통해 미디어사업 가속화 추진 → 디지털콘텐츠 기반사업을 차세대 신 성장동력원으로 추진

하여 MP3 플레이어인 '아이팟'의 가치를 상승시키며 이 업계에서 독보적인 위치를 확보하고 있다.

국내 MP3 플레이어 제조업체인 아이리버 역시 KTF 음악포털서비스인 '도시락'과 제휴를 맺고 음원을 제공받고 있다. 레인콤은 해외에서도 음악 네트워크 구축을 시도하고 있다. 코원시스템도 SK 텔레콤과 제휴를 맺고 '멜론' 전용 iAUDIO MP3 플레이어를 출시했고 엠피오, 현원도 KTF와 유사한 계약을 체결했다. MP3 플레이어 제조사들은 콘텐츠 제공업체와 협력하여 직접 다운로드 서비스를 제공하거나 콘텐츠를 제공하는 이통사의 포털서비스와 직간접적으로 관계를 맺는 것으로 컨버전스 전략을 마련하고 있는 것이다.

솔루션업체의 사업영역 확장도 가속화되고 있다. 시스템 통합 기업인 SK C&C는 위성 DMB 방송, 유무선 음악포털인 멜론, 내비게이션 기능을 탑재한 PMP를 출시하는 등 디지털 컨버전스 사업을 본격적으로 시작할 예정이다. 특히 애니메이션 사업을 위해 '원더풀데이즈'의 인디펜던스 기업을 인수하여 애니메이션 콘텐츠를 자체 수급할 계획이며, 동영상을 통해 교육 콘텐츠(수능, 편입, 고시, 어학, 자격증 등)를 서비스할 예정이기도 하다(한국문화콘텐츠진흥원, 2006). 무선인터넷 솔루션업체들 역시 신사업 진출을 통해 블루오션을 개척하려는 움직임을 보이고 있는데 인프라웨어, 위트콤, 소프트텔레웨어, 인프라밸리, 지어소프트, EXE 모바일 등의 솔루션 업체들은 최근 디지털멀티미디어방송(DMB), 위치기반서비스(LBS), IPTV 등 신규 사업 진출을 선언했다. 향후 시장 성장이 기대되고 기존 주력 분야인 통신과의 연계성이 높아 사업 시너지 효과도 높일 수 있기 때문에 솔루션업체들은 DMB, 텔레매틱스, LBS, IP-TV 등을 핵심 분야로 주목하고 있다.

4.2.2 IT의 접목으로 H/W 구조가 변화하는 산업

IT와의 접목으로 인해 산업구조의 하드웨어적인 변화가 나타나는 대표적인 산업들은 자동차와 화학/소재, 기계장비, 우주항공 등의 분야를 들 수 있다.

자동차산업은 그동안 우리나라의 주력 산업으로서 큰 역할을 수행하였으며, 1976년 현대자동차에서 고유모델인 포니가 출시된 이후로 지나간 30여 년의 세월만큼이나 기술적으로 큰 변화를 겪었다. 그 중 하나가 기계공학에서 전자공학으로의 중심이동이라고 할 수 있다. 그동안의 자동차 역사는 기계 메커니즘의 발전사라고 해도 과언이 아니다. 물론 현재도 동력을 전달해 바퀴를 움직이는 기본 골격은 무너지지 않았지만, IT 기술과 조우하면서 자동차는 가히 IT 기술의 결정체라고 해도 틀린 말이 아닐 정도로 획기적인 발전을 거듭하고 있다.

최근의 자동차는 각종 센서를 비롯한 IC 등 반도체가 전체 2만여 개의 부품 중 1,000여 개를 차지하고 있을 정도로 첨단화되어 있다. 엔진과 기어 조절을 비롯해 브레이크와 파워핸들, 실내온도, 에어백, 타이어 압력 측정 등이 모두 반도체 칩을 통해 최적의 상태를 유지하고 관리된다. 오디오 등 내장 전자제품은 통신기술을 이용한 텔레매틱스와 DMB 단말기로 발전하고 있다. 위성위치추적(GPS)을 이용한 내비게이션은 상용화 단계를 넘어 대중화의 시험을 치르고 있다. 바퀴에도 전파식별(RFID) 기술이 적용되고 있다.

한편 차세대 자동차산업이 첨단 기술전쟁으로 예견되면서 IBM·MS·구글 등 글로벌 IT 기업들의 행보도 빨라지고 있다. 전기모터를 사용하는 하이브리드카 기술은 물론 와이브로, DMB 기술 등 자동차 이동 중의 인터넷 사용을 위한 IT 업체들의 기술경쟁도 나날이 치열해지고 있다. IT 전문가들은 향후 10년 내 자동차도 컴퓨터를 내장한 형태로 진화할 것이라고 전망하고 있다. 자동차의 가치평가도 배기량, 엔진 등과 같은 기계적 사양보다 OS, 칩, 메모리 등의 IT 사양에 따라 더 좌우될 것으로 보고 있다.

IBM은 스마트 차량용 부품개발에 적극 나서고 있다. 이를 위해 캐나다의 자동차 부품업체인 매그나 일렉트로닉스와 손잡고 공동개발 중이다. IBM은 정지신호

앞에서 저절로 멈추고 운전자의 졸음운전을 인식하는 등 안전운전을 돕는 차세대 차량부품의 S/W 지원을 맡게 된다.

MS도 윈도 운영체제를 활용한 카 내비게이션과 AV 시스템의 보급에 주력하고 있다. MS가 차량용 OS로 개발한 '윈도 오토모티브 5.0'은 피아트의 텔레매틱스 장비 '블루&미'에 탑재되는 등 세계 자동차 시장에서 영향력을 확대하고 있다. 회사 측은 PC, 모바일기기에 이어 자동차 시장에서도 윈도 OS의 우위를 구현하고 통신서비스와 결합시켜 다양한 사업모델을 구현할 것으로 기대하고 있다.

구글은 혼다, 폭스바겐과 손잡고 카 내비게이션에 구글어스의 3D 지리정보를 제공하는 사업을 추진 중이다. 이 밖에 야후와 MSN도 주요 자동차업체의 정보서비스 협상을 진행 중인 것으로 알려져 인터넷 포털전쟁이 자동차 시장으로 옮겨오는 상황이다.

자동차산업과 IT 산업의 융합에서 최근 가장 각광을 받고 있는 것을 바로 텔레매틱스이다. 텔레매틱스라는 용어는 원래 1978년 프랑스의 시몬 노라(Simon Nora)와 알레인 민크(Alain Minc)가 발간한 『The Computerization of Society』라는 책에서 처음 사용된 것으로 알려지고 있다. 컴퓨터 보급이 확산되고 글로벌 통신 매체가 등장해서 셀 수 없이 많은 커뮤니케이션이 일어나는 현상을 일컬어 'Telematique(Telematics)'라고 지칭했는데, 그 후에 정보통신기술을 기존의 오프라인 산업 분야에 적용하여 편익을 도모하는 개념을 텔레매틱스라 지칭하기 시작하였고, 유럽에서는 1970년대 후반, 미국에서는 1980년대 후반부터 이 용어가 사용되기 시작하였다.

텔레매틱스의 초기에는 긴급 구난 요청, 도난 감지 및 추적 서비스 등의 안전 관련 서비스와 주행안내 위주의 서비스를 시작으로, 근래에는 인터넷을 기반으로 한 정보제공, 게임과 영화 등의 엔터테인먼트 서비스를 주요 응용으로 서비스가 전개되고 있으며, 최종적으로 VRM(Vehicle Relationship Management) 및 MMS(Multimedia Messaging Service)와 같은 융합 커머스 서비스가 제공될 것으로 예측된다. 아울러, 차량 안에서 제공 가능한 서비스의 영역이 점차 확대되어

가면서 USN 인프라와의 접목이 적극적으로 시도되고 있다(ETRI, 2006)

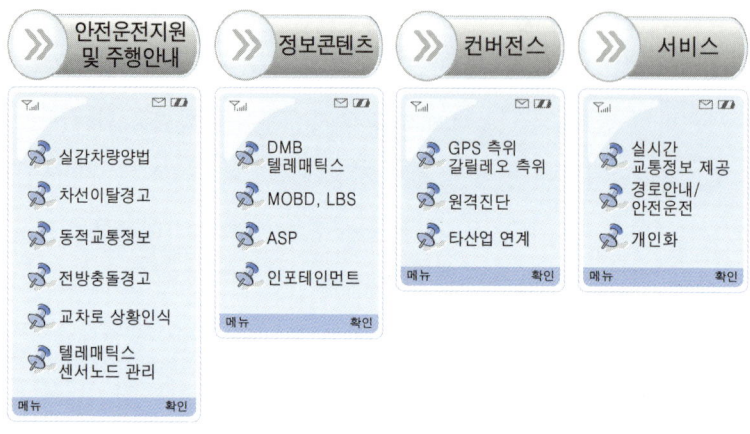

[그림 4.11] 텔레매틱스를 구성하는 요소기술 및 서비스

　가까운 미래에는 스스로 판단하고 제어하는 소위 '지능형 자동차'가 출시될 것으로 전망된다. 지능형 자동차의 핵심은 바로 첨단 IT 산업과의 융합이다. 지능형 자동차는 자동차 자체 내부에 물리적 제어가 아닌 첨단 전기전자제어기술이 접목되어 안전성과 주행 효율성을 높이는 디지털 자동차, 이동통신 무선인터넷 위성위치추적(GPS) 등 외부 통신 인프라와 연결되어 정보검색 내비게이션 엔터테인먼트 등 텔레매틱스 서비스를 이용할 수 있게 해 주는 정보 커뮤니케이션형 자동차를 일컫는다. 지능형 자동차는 여기에 첨단교통관리, 첨단교통정보시스템, 자동요금징수시스템 등을 포함하는 지능형 교통시스템(ITS)과 끊임없이 통신하고 차량 간에도 서로 정보를 수시로 주고받아 최적의 교통 효율과 안전을 확보하는 주요 수단이 될 것이다(디지털 타임스, 2005. 7).

[그림 4.12] 미래의 지능형 자동차

IT와 결합하는 화학/소재 산업은 과거 무기물에서 유기물 기반으로 바뀌면서 IT 와의 컨버전스로 유연성이 확대되고 초소형·고기능 경향이 강화되고 있다. 연료전 지, 차세대 태양전지, 플렉서블 디스플레이, 웨어러블 컴퓨터, 3D 디스플레이, 차 세대 스토리지 등이 연구되거나 앞으로 유망한 사업군이다. 엔지니어링 시스템, 환 경 감시시스템 등 단순 제품의 판매가 아닌 IT와 융합한 솔루션 서비스를 제공하는 사업들도 등장할 전망이다.

특히 IT 부품·소재 시장은 IT 기기의 융복합화, 라이프 사이클 단축, 신규 IT 서 비스의 도입 등으로 지속적 성장이 이루어질 것으로 전망된다. 최근 정부에서는 미 래 IT 기기에 공통 적용이 가능한 IT 선도부품 기술로 시장성, 상용화 시기, 기술확 보 가능성 등을 종합적으로 검토하여 마이크로머신(micromachine)을 의미하는 MEMS, RF 부품, 광부품, 신소재·신소자 등 4개 전략 분야를 도출하고 이를 집중 적으로 육성하고 있다. IT와 결합하는 화학/소재 산업의 성장 가능성을 밝게 해 주 는 대목이다.

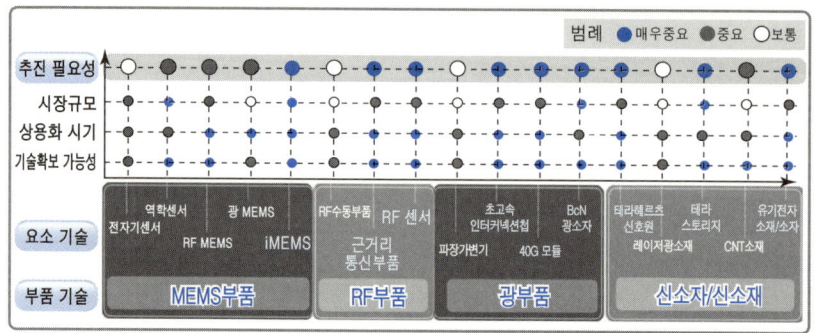

자료: 정보통신부(2006)

[그림 4.13] IT 선도부품 관련 4대 전략산업 분야

한편 기계장비산업은 IT 산업과의 결합으로 인해 스마트화, 초소형화되면서 SMART 시스템(지능화된 생산시스템), 지능형 로봇, 마이크로 로봇 등이 미래 유망 사업으로 대두되고 있다.

지능형 생산시스템은 생산성 향상을 위하여 인공지능, 전문가시스템, 신경망, 유전자 알고리즘 등을 적용하는 것으로 공장자동화와 3차원 설계기술, 공정해석 시뮬레이션기술, 형상제조기술과 모니터링, 제어 등이 기반이 되어 지능화, 무인화, 자율화를 통한 최적의 통합생산시스템을 구축하는 것이며, 제조 IT 환경을 통합, 공장을 비롯한 기업의 전체 범위에 하나의 정보 솔루션을 사용할 수 있게 만들어 주어 시스템 사용 및 유지에 드는 비용을 절감시키고, 생산 관련 데이터를 보다 쉽게 관리할 수 있도록 해 준다.

로봇산업은 차세대 성장엔진으로 기계장비산업에서 가장 두각을 나타내는 분야이다. 최근에는 산업용 로봇에서 IT 산업의 발전과 함께 지능형 서비스 로봇으로 그 범위가 확대되고 있다. 지능형 로봇은 URC(Ubiquitous Robotic Companion)라고 하는 네트워크 로봇을 의미하며 정보통신부에서는 2005년 상반기에 URC 로봇의 시제품 개발에 성공하였고 이러한 URC 성과를 기반으로 실용성과 경제성에 초점을 맞춰 '국민로봇'이라는 브랜드로 사업화를 추진하고 있다.

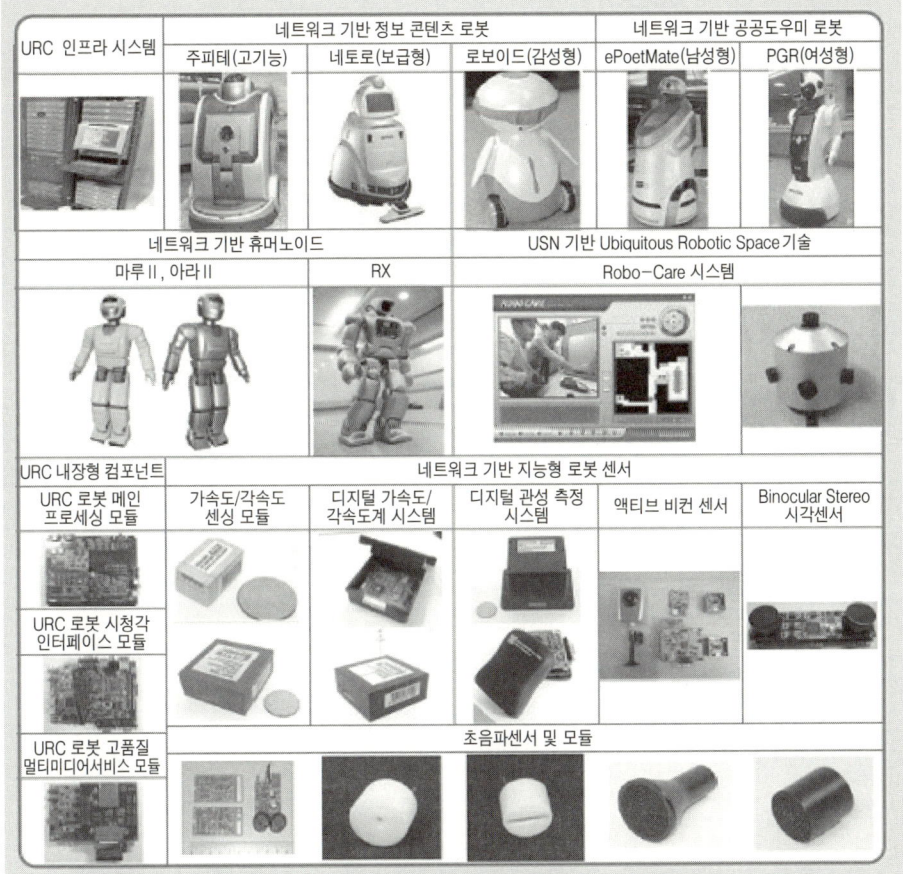

자료: 한국전파진흥원(2006)

[그림 4.14] URC 로봇의 종류와 기술 개발 성과

우주항공산업은 IT와의 컨버전스로 소형화/개인화 경향이 더욱 강화될 것으로 전망된다. IT 기술이 보강된 무인 비행기, 택시·자가용 비행기 등이 유망한 산업군으로 부각될 전망이다. 2006년부터 세계적인 우주항공 강국인 러시아와 우리나라가 항공우주기술 공조를 추진하고 있는데, 이러한 공조가 원활하게 이루어진다면 우수한 우리의 IT 산업 인프라와 러시아의 항공우주산업 인프라의 결합이라는 큰 시너지 효과를 얻을 수 있을 것으로 전망된다.

4.2.3 기존 제품/서비스와 IT의 결합: 온라인화 촉진

IT와의 결합으로 기존에 있던 제품 및 서비스의 온라인화가 촉진되는 산업은 금융, 교육, 보건의료 등의 분야가 있다.

금융은 온라인화가 상당히 진척되어 있는 부분으로 현재 인터넷 뱅킹, 모바일 뱅킹 등이 상당 수준 보편화되어 있으며 향후 스마트카드 서비스의 형태로 통합될 것으로 전망된다. 현재 유선인터넷을 이용한 주식거래 및 은행/보험 업무는 이미 보편화되어 있으며, 모바일 서비스를 통해 금융서비스와 통신서비스의 더욱 긴밀한 연계가 이루어질 전망이다.

통신과 금융 산업 간의 결합은 사업 환경 변화와 기술의 발전으로 산업 간의 장애요인(barrier)이 낮아지는 중이며, 향후 물리적 융합에서 화학적 융합 단계로의 진화가 예견된다.

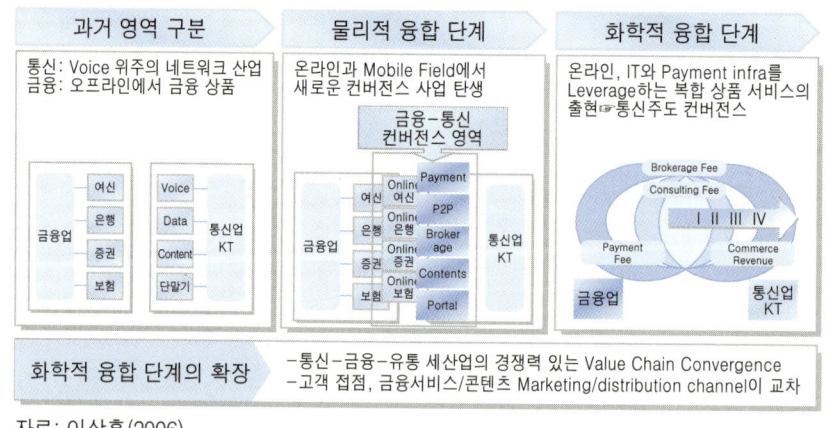

자료: 이상홍(2006)

[그림 4.15] 통신-금융 산업 융합 트렌드

한편 미래의 금융서비스는 IT 기술의 진화와 함께 유비쿼터스 뱅킹, 즉 U-뱅킹으로 진화할 것으로 전망된다. U-뱅킹이 본격적으로 실시되면 금융기관의 인터넷 뱅킹, 모바일 뱅킹, 텔레뱅킹, TV 뱅킹 등의 고객이 스스로 금융 거래를 실행하는 다양한 Self 비대면 채널을 단일 솔루션과 플랫폼으로 통합하여 금융기관과 금융거래의 형태가 상이하더라도 다양한 업무를 볼 수 있는 유비쿼터스형 금융서비스가 가능하게 된다. U-뱅킹에 대한 경쟁이 치열해지면서 TV 뱅킹, 와이브로 뱅킹 등 새로운 채널(금융서비스 전달 수단)을 확보하기 위한 은행 간 경쟁이 지속적으로 벌어지고 있는 상황이다.

한편 IT와 교육산업 간에도 지속적인 결합이 있어 왔다. 교육환경의 변화, 교육정보의 홍수 속에서 통신과 교육의 컨버전스가 발생하며, '평생교육법', '교육정보화 촉진계획', 'EBS 수능 연계' 등 정부정책에 의해 IT를 기반으로 하는 교육산업은 더욱 활성화될 것으로 예상된다.

[그림 4.16] IT와 교육산업과의 결합

대표적인 IT와 교육산업 간 결합의 산물은 바로 'e-러닝'으로, 디지털화된 정보를 매개로 학습 주체의 적극적인 정보수집, 취사선택, 편집, 가공 및 평가 판단의 과정을 통해서 자신에게 필요한 지식으로 전환하는 학습활동을 지칭한다.

e-러닝은 크게 세 부분의 사업영역으로 구분된다. e-러닝 솔루션, e-러닝 콘텐츠, e-러닝 서비스가 그것이다. e-러닝 솔루션은 인터넷상으로 학습이 가능하도록 지원하는 H/W, S/W를 말하며, e-러닝 콘텐츠는 교육목적에 맞게 학습설계가 되어 있는 교육내용을 개발하고 유통하는 것을 의미한다. e-러닝 서비스는 학습자와

강사, 학습자와 학습자, 학습자와 코스웨어 간의 커뮤니케이션을 활성화시키고 학습자가 학습을 수행할 수 있도록 다양한 방법으로 지원 및 보완해 주는 사업을 의미한다.

　e-러닝 산업의 가치사슬을 살펴보면 솔루션을 기반으로 콘텐츠, 서비스가 구현되고 있으며, 오프라인 교육과는 달리 네트워크가 존재하며, 네트워크에는 (초고속) 인터넷, 이동통신망 등이 있다.

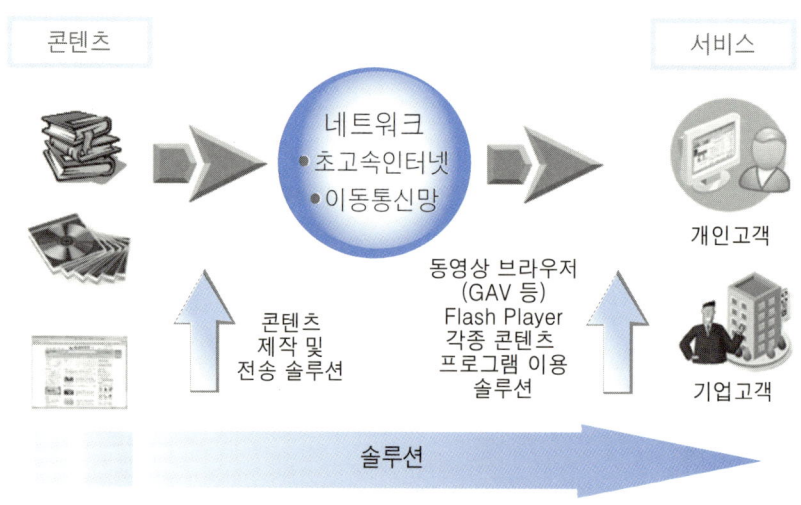

[그림 4.17] e-러닝 산업의 밸류체인

　앞으로 유비쿼터스 환경이 교육에 적용되면서 원격교육, e-러닝에 이어 또 한 번의 IT와 결합한 학습 대혁명이 예상되고 있다. 물리적 공간, 사이버 공간을 뛰어넘어 생활 속에서 언제 어디서나 학습자 수준에 맞는 맞춤형 학습을 할 수 있는 U-러닝이 점차 현실로 다가오고 있는 것이다. 미국을 필두로 세계 선진국들은 이미 유비쿼터스 기술을 교육에 적용시키는 연구들을 시작해 왔고, 또한 주목할 만한 성과를 내고 있다. 미국 MIT 미디어 연구소의 생각하는 사물(things that think), UCLA 대학의 스마트 유치원(smart kindergarten) 프로젝트, EU의 유비캠퍼스

(UbiCampus) 등이 대표적인 예이다. 유비쿼터스 시대의 교육현장은 이제 학교를 떠나 가정, 이동수단, 학원, 도서관, 학교 운동장 어느 곳에서라도 펼쳐지게 되며, 이에 따라 관련 산업들도 다양하게 생성될 것으로 전망된다.

보건의료 분야는 IT와의 컨버전스로 병원의 디지털화, 병원 중심에서 일상으로의 의료 공간 확대, 예방 의료 중시 등의 방향으로 진화하고 있다. 이에 따라 가정용 모바일 헬스케어 기기, 개인 맞춤형 헬스케어 서비스, 원격 건강 서비스, 네트워크 기반의 영리병원 사업 등이 유망한 산업군으로 떠오를 것이다.

최근에는 유비쿼터스 기술의 응용 분야로 u-헬스가 주목받고 있다. 질병의 치료라는 전통적인 관점의 의료 서비스에서 벗어나 건강한 상태의 지속적인 관리와 질병의 예방이라는 보다 적극적이고 확장된 개념으로 발전하고 있으며, 이를 뒷받침하는 기술이 바로 언제 어디서나 컴퓨터에 연결되어 서비스를 활용할 수 있게 해주는 유비쿼터스 기술이라 할 수 있다.

즉, 인터넷 및 정보 기술의 발전과 맞물려 병의원 중심의 치료 개념에서 환자의 생활공간에서의 건강관리 개념으로 의료 서비스 패러다임이 변화하고 있는 것이다. 또한 의료소비자들에게 더욱 질 높은 의료 서비스를 제공하기 위해 개인에게 특화된 개인맞춤형 의료 서비스를 제공하는 방향으로 발전하고 있다. 병원산업도 이제 새로운 IT 패러다임을 만나 온라인화를 거쳐 유비쿼터스화로 진화하고 있는 것이다.

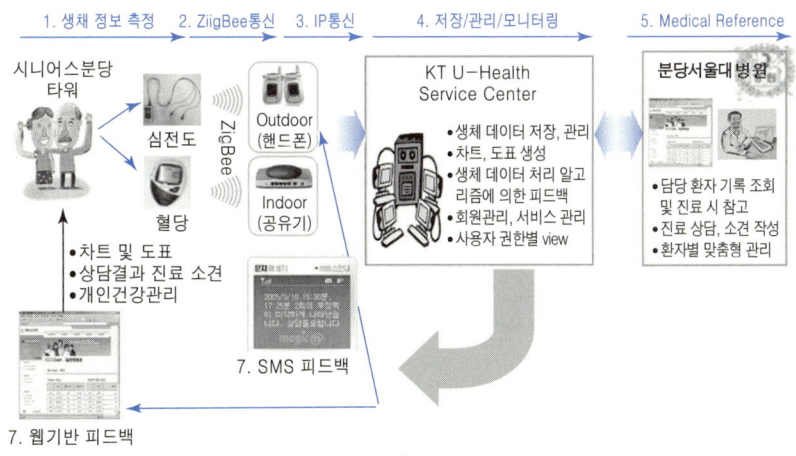

자료: 이상홍(2006)

[그림 4.18] u-헬스 산업(KT의 사례)

  u-헬스케어가 원활하게 이루어지기 위해서는 IT 산업의 기반기술이 필요하다. 센싱 모니터링 분석 피드백이 바로 u-헬스케어의 핵심 구성요소이기 때문이다. 인체에서 발생하는 물리적, 화학적인 현상의 변화를 감지하는 센싱(sensing), 측정된 생체정보를 1차적으로 가공하는 데 활용되는 모니터링(monitoring), 장시간에 걸쳐 측정된 데이터로부터 건강상태, 생활패턴 등을 구체적으로 데이터화하여 건강지표를 발굴해내는 분석(analyzing), 건강 상태의 변화를 사용자에게 경고해 주는 피드백(feedback)기술 모두 IT의 첨단기술이 기반으로 제공될 때 가능한 것이다.

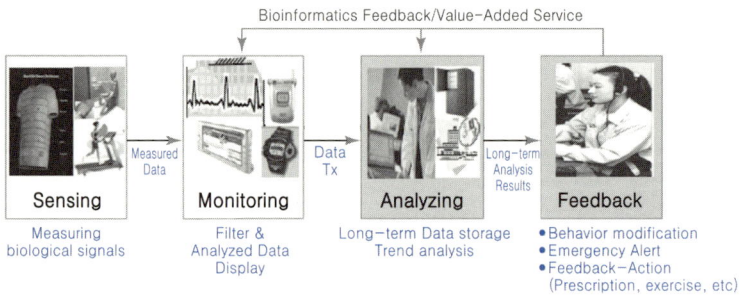

[그림 4.19] IT 산업과 결합한 u-헬스케어의 핵심구성요소

5장 콘텐츠 퓨전

5.1 콘텐츠 패러다임의 변화와 퓨전 콘텐츠

5.1.1 콘텐츠 패러다임의 전환

최근 창의력과 상상력을 모태로 한 콘텐츠에 관심이 증대되고 있다. 다양한 문화적 요소에 창의성과 디지털 기술이 더해져 콘텐츠가 탄생하게 되는 것이다. 콘텐츠는 인간의 감성, 창의력, 상상력을 원천으로 문화적 요소가 체화되어 경제적 가치를 창출하는 문화상품(cultural commodity)이다.

콘텐츠 환경을 둘러싼 최근의 환경 변화는 현재의 문화산업을 내·외적, 직·간접적, 양·질적으로 변화시키고 있으며, 미래의 콘텐츠 환경에 대한 진화 방향과 범위, 그리고 속도를 결정할 것으로 예상된다.

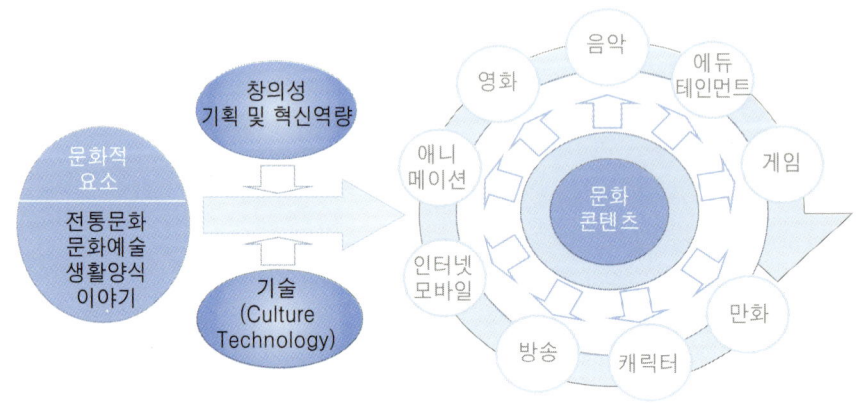

[그림 5.1] 콘텐츠의 개념 및 특성

　현재 콘텐츠는 차세대 성장동력산업으로서 국가 경제성장에 기여하고 있을 뿐만 아니라, 앞으로 국민의 삶의 질을 풍요롭게 향상시키는 문화 복지 서비스로서 기능할 것으로 기대된다. 이미 세계 경제성장의 원동력은 섬유, 철강, 화학, 전자를 거쳐 문화콘텐츠로 패러다임이 이동하고 있다. 우리나라는 그동안 섬유·합판·가발 산업 등의 경공업 분야(60년대), 철강·기계·화학 산업 등의 중화학공업 분야(70년대), 가전·조선·자동차 산업 등의 조립가공 산업 분야(80년대), 반도체·통신기기·TFT-LCD·초고속 인터넷 등의 지식·기술 집약적인 IT 산업 분야(90년대 이후)가 경제성장을 견인해 왔다. 그런데 2000년대 이후에는 문화, 창의력, 상상력이 부가가치의 중심이 되는 문화산업 또는 문화콘텐츠산업이 매우 빠르게 성장하고 있는 추세이다. 문화콘텐츠산업은 현재의 제조업과 IT 산업이 갖는 한계점들을 극복하고, 지속 가능한 성장과 새로운 신시장을 창출하는 미래의 블루오션 산업이라 할 수 있다.

　시간, 공간, 의식, 행위 문화라는 네 가지 문화 차원에서 콘텐츠 패러다임의 변화 양상을 정리하면 그림 5.2와 같다.

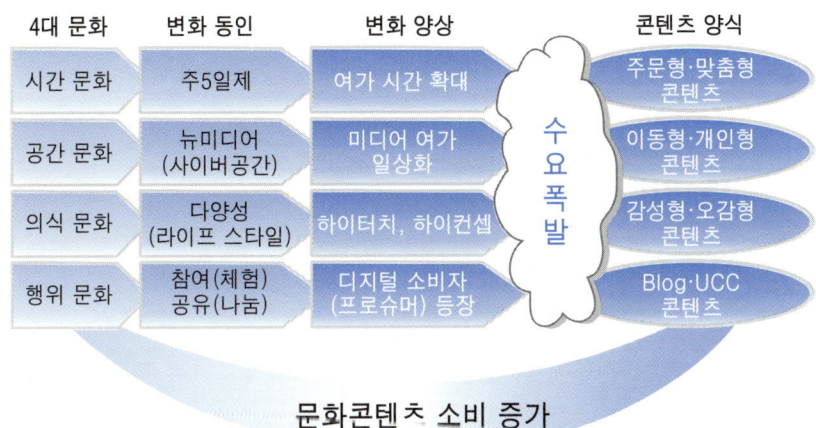

4대 문화	변화 동인	변화 양상		콘텐츠 양식
시간 문화	주5일제	여가 시간 확대		주문형·맞춤형 콘텐츠
공간 문화	뉴미디어 (사이버공간)	미디어 여가 일상화	수요폭발	이동형·개인형 콘텐츠
의식 문화	다양성 (라이프 스타일)	하이터치, 하이컨셉		감성형·오감형 콘텐츠
행위 문화	참여(체험) 공유(나눔)	디지털 소비자 (프로슈머) 등장		Blog·UCC 콘텐츠

문화콘텐츠 소비 증가

[그림 5.2] 패러다임 변화와 콘텐츠 양식의 변화

경영학의 거장 피터 드러커(Peter Drucker)도 "21세기는 문화산업에서 각국의 승패가 결정될 것이며, 최후의 승부처는 바로 문화산업이 될 것"이라고 주장하였다. 드러커의 예견대로 세계는 지식기반사회에서 창의적 문화산업사회로 확산·전환되고 있다.

특히 컨버전스 패러다임은 문화콘텐츠의 기획, 제작, 유통 분야로 이루어지는 문화산업의 가치사슬(VC) 체계를 근본적·혁신적으로 변화시키고 있으며, 문화산업 내 또는 산업 간 보완, 경쟁, 대체 기능을 통해 타 산업에도 긍정적인 영향을 미치는 등 산업 전반에 걸쳐 융합화·복합화·통합화가 보편화되고 있다. 여기에 향후 도래할 유비쿼터스 패러다임은 문화콘텐츠의 생산 및 소비양식을 새롭게 창조하여 문화산업뿐만 아니라 연관 산업을 중심으로 산업 전체에 큰 파급효과를 불러일으킬 전망이다.

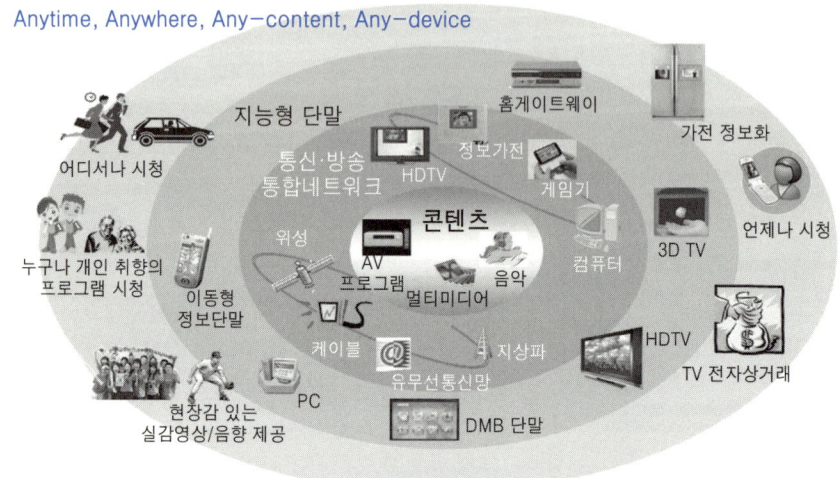

[그림 5.3] u-콘텐츠 환경

한편 경제학적 관점에서 콘텐츠와 관련하여 새로운 개념이 도입되고 있다. 바로 콘텐츠 중심의 5Cs 시대의 도래이다(황준석, 2006. 10). 여기서 5Cs란 Commerce, Communication, Community, Contents, Creation을 결합한 것이다. 컨버전스, UCC, 컨셉 패러다임은 모든 C에서 이루어진다. 하지만 이들의 가치집중의 정도는 뒷부분으로 이동 중이다.

5Cs = Commerce + Communication + Community + Contents + Creation

[표 5.1] 콘텐츠시대로의 여행

구분	1970 ~ 80년대	1980년대	1990년대	2000년대
기술발달방향	하드웨어	소프트웨어	네트워킹	콘텐츠
중심가치	산업	정보	지식	지식 · 문화
대표기업	IBM	MS windows	Netscape, Oracle	타임워너, MS X-BOX
대상	기업	전문가	소비자	개인
주요 기술	트랜지스터	마이크로프로세서	통신속도	소프트웨어
유통	직접	간접	온라인	고객 주도

멀티미디어가 콘텐츠를 전달하는 통합플랫폼으로 등장, 콘텐츠는 오히려 다양한 개별 미디어를 통합하고 관련시장의 성장을 유도하는 핵심동력으로 변모하고 있다.

유비쿼터스 환경의 도래로 인해 콘텐츠는 인간친화적 형태로 발전하여 수용자는 편재된 문화를 유비쿼터스 환경에서 즐기게 된다. 이른바 u-콘텐츠이다. u-콘텐츠는 유비쿼터스 기술 발전을 기반으로 인간 오감의 확장을 통해 커뮤니케이션의 원활함과 즐거운 삶을 지속시킬 수 있는 방향으로 진화하고 있다.

u-콘텐츠란, "인간의 오감(시각, 청각, 촉각, 미각, 후각) 및 뇌파에 문화적인 요소를 더하여 표현되는 자료 또는 정보(영화, 음악, 게임, 만화, 애니메이션, 교육, 생활·문화정보 등)로서 디지털 형태로 제작 또는 처리되어 유비쿼디스 네트워크(ubiquitous network)상에서 언제 어디서나 사용이 가능한 콘텐츠"를 의미한다(이재동, 2004).

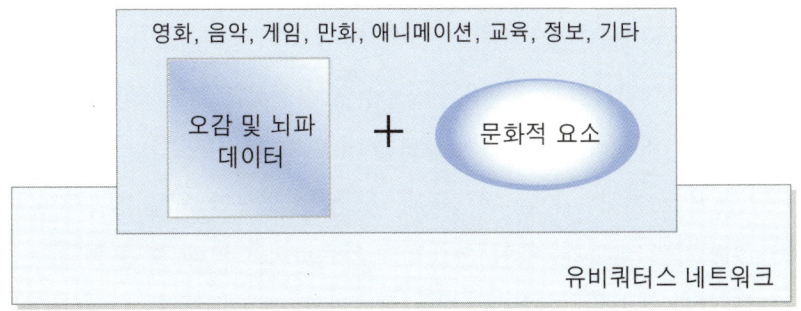

[그림 5.4] u-콘텐츠의 정의

u-콘텐츠의 기본 철학은 사람(누구나/나에게), 장소(어디서나/바로 여기서), 시간(언제나/바로 지금), 서비스(어떤 서비스나/내가 필요한), 장치(어떤 기기나/내 기기로)를 기반으로 콘텐츠를 편리하게(u-편리성), 안전하게(u-안전성), 유용하게(u-효용성), 재미있게(u-유희성) 이용할 수 있는 기회를 제공할 것이다. 따라서 엔터테인먼트 콘텐츠(EC) 중심에서 유비쿼터스 미디어에 의한 생활문화콘텐츠(LC)로 확대되고 있다.

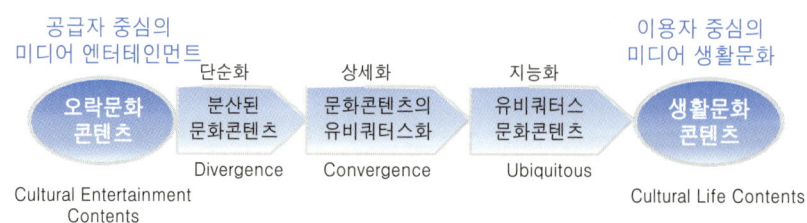

[그림 5.5] u−콘텐츠로의 진화: 이용자 중심의 생활문화콘텐츠

유비쿼터스 서비스 환경에서는 기본적으로 사용자가 원하는 정보를 검색하여 제공하는 포털서비스가 주류를 이루며, 전통적인 정보통신서비스의 범주를 벗어나 필요한 행위까지도 사물이나 컴퓨터가 지속적으로 수행하는 등 개인의 다양한 욕구 수준에 가장 최적화된 신선한 정보(fresh contents)의 획득과 능동성에 초점을 두는 서비스(concierge)[1] 형태가 된다.

네트워크 및 미디어를 활용한 콘텐츠가 일상화되는 유비쿼터스 시대에는 미디어가 콘텐츠를 전달하는 통합플랫폼으로 기능하며 콘텐츠는 오히려 다양한 개별 미디어를 통합하고 관련시장의 성장을 유도하는 핵심동력으로 변모할 것이다.

최근 디지털 컨버전스는 콘텐츠의 개념을 더욱 확대시키고 있다. 실제 유선과 무선의 통합, 방송과 통신의 통합, 온라인과 오프라인의 통합, 단말기의 통합 등 전방위적으로 이뤄지는 장르 간, 영역 간 통합이 가속화되고 있다. 이를 통해 수동적 개념의 콘텐츠 향유와 생산의 개념이 더욱 확대되고 있다. 문화콘텐츠산업의 관점에서 디지털 컨버전스를 통해 소비자와 콘텐츠 간 접점이 거의 무한대로 늘어나고 있다. 과거에는 콘텐츠를 향유하기 위해서는 서점에 가서 책을 구입하든지, TV와 라디오를 통해 방송을 수신하든지, 아니면 영화관이나 공연장 등을 직접 찾아가 영화나 공연을 즐겨야 했다. 콘텐츠는 소비자와 '멀리' 동떨어져 있고, 소비자는 이를

---

[1] 유비쿼터스 서비스는 정보 그 자체만의 서비스가 아니라 전통적인 정보통신서비스의 범주를 뛰어넘어 필요한 행위까지도 사물이나 컴퓨터가 지능적으로 수행하며, 사용자의 개인적 욕구에 가장 근접한 신선한 정보의 획득과 능동적인 제공에 초점을 두는 컨시어지(concierge)형 서비스가 주류를 이루게 될 것이다. 컨시어지형은 개인이 살기 좋은 최적의 상태를 유지하기 위해 주위에 산재한 위험요소를 제거하는 모델이다. 위험요소가 있는지 환경을 모니터하고, 위험요소가 발생할 경우 이를 통보하며 필요한 지원 활동을 제공하는 것이다.

찾아가야 했다. 하지만 유비쿼터스 시대에 콘텐츠는 어디에나 존재하며, 소비자는 그것을 단지 불러내기만 하면 되는 상황이 도래한다. 이처럼 접촉의 기회가 늘어나면서 그 반대급부로서 수요는 촉발될 것이고, 이러한 촉발된 수요가 문화콘텐츠시장의 발전으로 이어질 가능성은 높다. 또한 유비쿼터스 시대의 문화콘텐츠는 양적인 면과 더불어 질적인 변화를 초래할 것으로 전망된다. 특히, 사용자 지향적인 성격이 더욱 부각되면서 OSMU적인 콘텐츠 특성이 더욱 강화될 것이다. 그리고 이를 넘어서 앞으로는 다양한 콘텐츠가 다양한 플랫폼을 통해 제공되어 수익을 창출해내는 멀티소스멀티유즈(Multi Source Multi Use) 현상으로 더욱 진화될 것으로 전망된다.

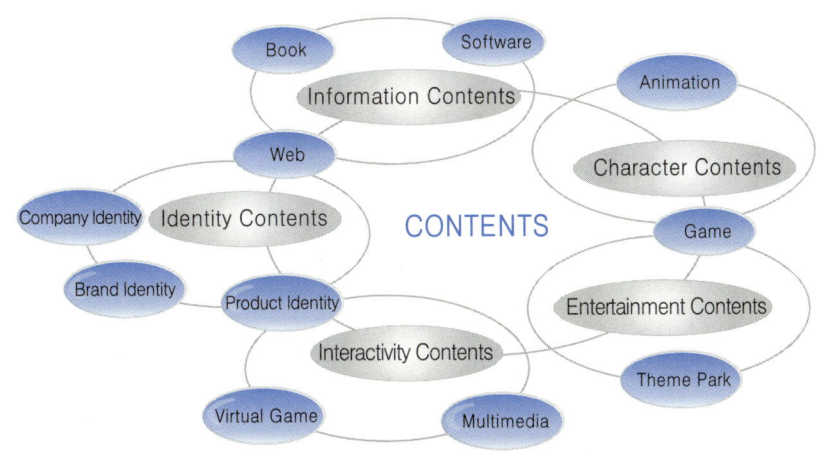

[그림 5.6] 콘텐츠 영역의 확장과 전개

5.1.2 퓨전 콘텐츠

콘텐츠 시장 환경의 변화에 따라 가치사슬 및 시장 구조에 변화가 오기 시작했으며, 콘텐츠 관련 시장이 변화함에 따라 각각의 시장 참여자의 유형과 콘텐츠의 특징, 콘텐츠 유통 및 접촉채널, 소비자 성향 등 시장을 구성하는 각 요소들에 변화를 수반하게 되었다.

콘텐츠 관련 시장 환경의 변화는 유무선 통신 및 미디어의 발전과 동시에 컨버전스 환경의 도래와 밀접한 관련이 있다. 컨버전스 환경의 도래에 따라 기존의 콘텐츠 시장 환경이 컨버전스 환경 구현에 부합되도록 시장 구조 및 각 시장 참여자의 변화를 요구하게 되었으며, 이와 함께 유통 및 각 시장 참여자 간의 관계 등에 중요한 영향을 미치고 있다.

컨버전스는 콘텐츠의 개념을 더욱 확대시키고 있다. '유선과 무선의 통합', '방송과 통신의 통합', '온라인과 오프라인의 통합', '단말기의 통합' 등 전방위적으로 이뤄지는 장르 간, 영역 간 통합이 가속화되고 있다. 이를 통해 수동적 개념의 콘텐츠 향유와 생산의 개념이 더욱 확대되고 있다(김원제 외, 2005).

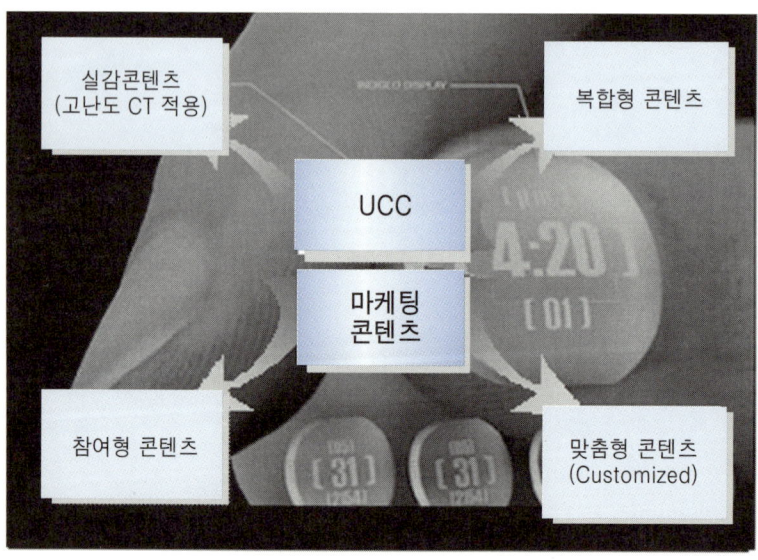

[그림 5.7] 퓨전시대 콘텐츠 변화의 특징

초기에 기술에서 시작된 융합은 사회문화적 융합으로 확대되어 거대한 복합문화사회를 형성해 나가고 있다. 이와 같은 융합화는 탈장르화로 이어지며 이종 산업 간의 활발한 협력체계를 구축하게 한다. 문화콘텐츠 제작에 있어서도 기존의 획일화된 구획은 더 이상 생산적이지 못하며, 복합적이고 장르 구분 없는 새로운 문화 콘텐츠 제작방식이 출현하고 있다.

　실제로 게임과 교육 콘텐츠가 통합되어 에듀테인먼트 형태로 발전하는 것과 같은 장르 간 융합으로 인하여 복합 콘텐츠화는 더욱 가속화되고 있다.

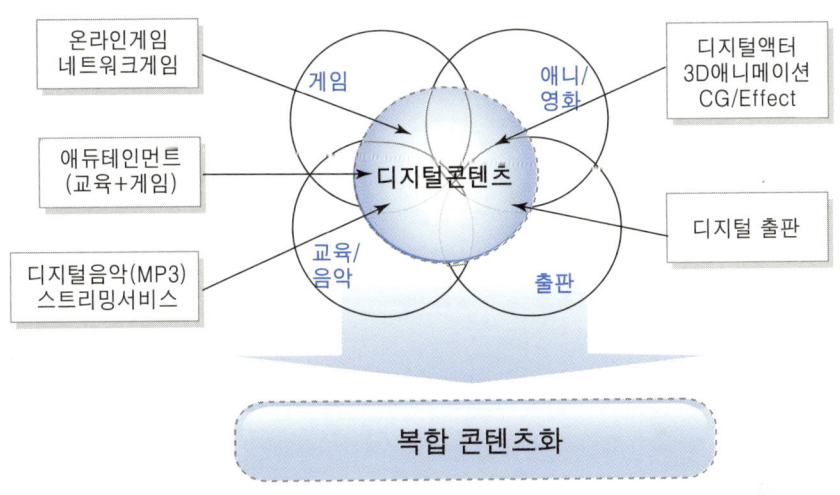

[그림 5.8] 콘텐츠 양식의 변화

　미디어콘텐츠의 생산·유통·소비구조가 다각화·다채널화됨에 따라 새로운 서비스, 유통, 기업환경의 변화가 촉진되고 있다. 미디어콘텐츠는 유선·무선·방송에서 공통으로 활용할 수 있도록 제작되고 있으며, 기존 오프라인 유통환경에서 인터넷, 무선인터넷, 디지털 방송 등과 같이 온라인화되어 감에 따라 다양한 유통채널을 통한 수익모델이 활성화될 전망이다.

　또한 다매체(통신, 방송, 컴퓨터, 정보가전), 다채널(수천 개), 다기능(PDA·PMP·모바일폰·Post-PC 등 복합단말기), 고기능(양방향·이동형·맞춤형·지능형·상황인지형·창조형 서비스)의 매체 환경은 플랫폼에서 콘텐츠 패러다임으로 시장동력을 변화시키고 있다.

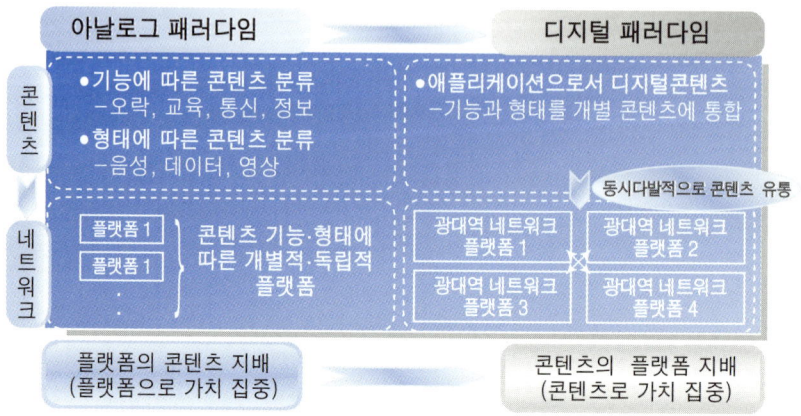

[그림 5.9] 플랫폼에서 콘텐츠 패러다임으로의 진화

콘텐츠 패러다임의 변화과정에서 주목해야 할 부분은 바로 문화주도권의 변화이다.

문화주도권의 중심축이 생산과 노동에서 문화콘텐츠 향유자(소비자)에게로 이행됨에 따라 문화콘텐츠 부문 역시 창작자와 사업자, 정책당국자 중심에서 점차 소비자 및 향유 공간 쪽으로 이동하고 있는 상황이다. 사이버 커뮤니티 활동을 통한 소비자의 고급 정보 생성, 공유로 발언권이 강화되고 있으며, 기술과 지식에서 예술과 감성이 강조되는 흐름으로 변화되고 있는 것이다. 문화콘텐츠의 기본적인 진화발전은 일(노동)과 놀이가 합쳐지는 본질적 통합화 경향으로 나아가고 있는 것이다.

한편 미래에 도래할 콘텐츠 소비 니즈를 전망하면 다음과 같다.

첫째, 능동적 체험콘텐츠 니즈이다. 단순감각에 의한 소비에서 교감 또는 실감 체험형 소비로 발전할 전망이다. 지금까지는 그 특성이 단순감각(주요한 감각적 특성 중시), 일방향(보고, 듣고, 느낌; 수동적)이었지만, 미래에는 공감각적(총체적인 감각적 체험), 양방향(적극적 행동 또는 참여로 피드백)일 것으로 전망된다. 관람 중심의 문화소비활동이 직접 참여하는 방식(실감 체험형)으로 변모할 것이다.

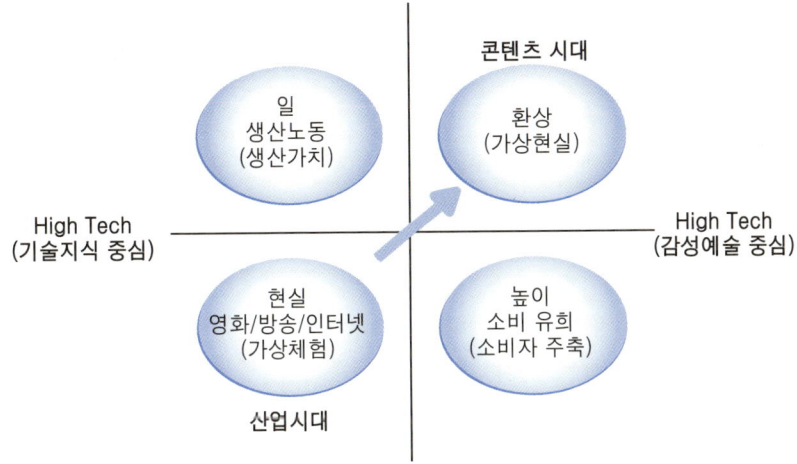

[그림 5.10] 문화콘텐츠산업의 미래 진화방향

둘째, 몰입형 콘텐츠 니즈이다. 현실을 재창조한 가상현실의 환경 속에서 '판타지'를 중시하는 방향으로, 문화콘텐츠의 표현과 구성 자체가 점차 가상현실을 강조하는 방향으로 크게 성장할 전망이다. 수동적인 '엔터테인먼트(entertainment)'가 아니라 참여형 '어뮤즈먼트(amusement)'에서 몰입형 엔터테인먼트(involvetainment)에 대한 니즈로 성장하고 있다.

셋째, 사회성 지원 콘텐츠 니즈이다. 단순히 '느끼는' 것에서 벗어나 감성을 주고받는 양방향적 교감을 중시하게 된다. 상품을 '목적달성의 수단'으로서만이 아닌 '감성적 교류의 대상'으로 인식한다는 것이다. 그저 보고, 듣고, 즐기는 식의 지금까지의 수동적인 자세에서 벗어나 적극적인 피드백을 통해 만족감을 느끼려는 니즈가 확산될 것이다.

넷째, 초(超)기능적 콘텐츠 니즈이다. 공급자가 결정한 상품특성에 만족하지 않고 능동적으로 꾸미고 변형하기를 즐기는 '프로슈머(prosumer)형 소비자층'이 부상하고 있다. 이들은 세부사항에 대한 맞춤 주문으로 자신만의 제품, 서비스를 직접 제작하는 경향이 강하다. 이에 콘텐츠는 사용자의 참여 및 역할을 보장하는 방향으로 구성되어야 한다. 즉, 이용과정 중 사용자 역할 부분을 남겨 둠으로써 참여를 유도하는 방식을 도입해야 하는 것이다. 이는 시간절약적이면서도 고품질 유지가 가능한 형태로서 콘텐츠 제작 및 소비과정에 소비자 참여가 필수적이라는 점이 특징이다.

다섯째, 유니버설 콘텐츠 니즈이다. 성, 연령, 장애의 제약 없이 자신이 원하는 콘텐츠에 접근하고 싶어하는 니즈가 확산되고 있다. 특히 장애인, 실버세대 등 소외계층의 콘텐츠 소비에 대한 니즈가 급속하게 증가하고 있다.

이렇게 다양한 콘텐츠 니즈를 고려할 때, 미래 콘텐츠는 하나의 욕구를 충족하는 것이 아닌 다양한 욕구가 혼합된 더블마케팅(double marketing)의 개념을 수용해야 할 것이다. 다가올 미래 사회에는 다양한 트렌드와 실제로 소비자들이 요구하는 콘텐츠 욕구가 결합되어 새로운 미래 콘텐츠 키워드가 탄생할 것으로 전망된다. 융합과 다변화 등의 기존 트렌드는 더욱 강화될 것이며, 개인의 콘텐츠 소비를 극대화하는 방향으로 진화할 것이다. P세대의 등장과 최근 가장 각광받고 있는 UCC 콘텐츠의 인기 등 미디어 소비의 신조류 역시 미래 콘텐츠 키워드에서 중심적인 논의로 등장할 것이다. 재미, 체험, 건강 키워드의 부상도 예측해 볼 수 있다.

[표 5.2] 미래 콘텐츠 키워드
- Fusion Contents: 장르 간 통합으로 인한 복합 콘텐츠
- Affective Contents: 고기능을 추구하면서도 동시에 감성을 충족
- Life Contents: 일상생활 관련 욕구를 충족
- Fun Contents: 유익하면서도 건전하고 재미있는 콘텐츠
- Mobile Contents: 이동성을 담보하는 콘텐츠
- Interactive Contents: 소비자의 실시간 참여를 보장하는 양방향성 콘텐츠
- Well-being Contents: 소비자의 삶을 한층 풍요롭게 하는 하이컬처 콘텐츠
- Concierge Contents: 소비자의 필요한 욕구에 부응하는 맞춤형 지능 콘텐츠
- Experience Contents: 소비자의 직접적인 참여를 보장하는 능동형 콘텐츠

결국 퓨전시대 콘텐츠는 장르 및 포맷 간 영역파괴를 통한 퓨전(F) 콘텐츠가 대세를 이루게 된다. 형식 차원에서 보면, Freestyle(자유형) + Feedback(상호작용) + Fresh(신선함)를 추구한다. F-콘텐츠는 이종 간 자유로운 결합(Freestyle)과 상

호피드백(Feedback)을 통해 새로운 양식을 창조하는 신선함(Fresh)을 추구하는 것이다. e-스포츠(게임 + 스포츠), 무비라마(영화 + 드라마), 머시니마(영화 + 게임), 뮤비라마(뮤직비디오 + 드라마) 등이 대표적인 예이다. 자유로운 형식으로 결합된 예술장르의 하이브리드화를 통해 하이브리드 아트(H-art)도 등장하고 있다. 언더그라운드 장르의 예술(비보이, 비트박스)과 이종 예술 간 결합된 형태(팝페라 = 팝 + 오페라) 등 하이브리드 예술 장르가 문화예술의 한 장르로 자리매김할 전망이다.

내용 차원에서 보면, Fun(재미) + Function(기능) + Feel(감동)을 추구한다. 감성적 소비 성향을 가진 세대의 등장으로 콘텐츠의 Fun 코드가 일상화되며, 능동적 참여를 통해 재미와 감동을 극대화한 체험형 콘텐츠가 등장하는 것이다. 그에 따라 개개인의 욕구와 감정을 고려한 콘텐츠 소비환경을 제공하는 감성지향형 콘텐츠가 중요하게 부각될 것이다.

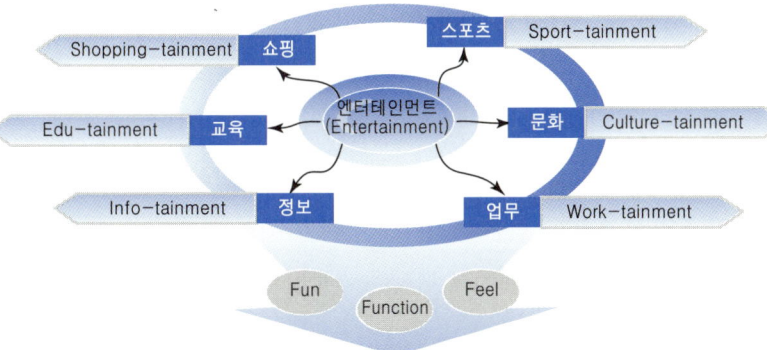

[그림 5.11] 엔터테인먼트의 진화방향(Fun, Function, Feel 극대화)

5.2 주요 장르별 콘텐츠 퓨전

5.2.1 애니메이션

기존에 TV와 극장을 위해 제작되던 전통적인 애니메이션은 이제 무선 애니메이션, 3D 애니메이션, 인터랙티브 애니메이션으로 진화되고 있다. 무선 애니메이션이 주목받는 이유는 영화보다도 짧게 만들고 상대적으로 높은 대역폭을 요구하지 않기 때문에 현재의 무선 네트워크와 디바이스 현실 및 수용자 욕구에 적합하기 때문이다. 3D 애니메이션은 최근 활발하게 제작되고 있으며, 미래 성장 가능성도 높다. 특히 3D 애니메이션 중에서 초실감 애니메이션이 더욱 큰 인기를 끌 것으로 전망된다. 그러나 시나리오가 진부하고, 수용자의 감성을 움직일 수 없는 콘텐츠라면 성공가능성을 보장할 수 없다. 사용자가 수동적인 입장에서 보는 것과는 달리 매개체를 이용하여 보다 능동적으로 볼 수 있는 방식의 애니메이션을 의미하는 인터랙티브 애니메이션(interactive animation)은 디지털 디바이스의 진화로 인해 양방향성이 강화되면서 더욱 각광을 받을 것으로 보인다.

일본에서는 5분짜리 모바니메이션(mobanimation)인 <레전드 오브 듀오>라는 휴대폰과 PDA 전용 애니메이션이 제작된 바 있으며, 모바일용 애니메이션이지만 뛰어난 비주얼로 호평을 받은 바 있다. 모바일 기기를 휴대한 인구수가 상당한 국내에서도 이러한 틈새 애니메이션 시장은 가능성이 높을 것으로 전망된다.

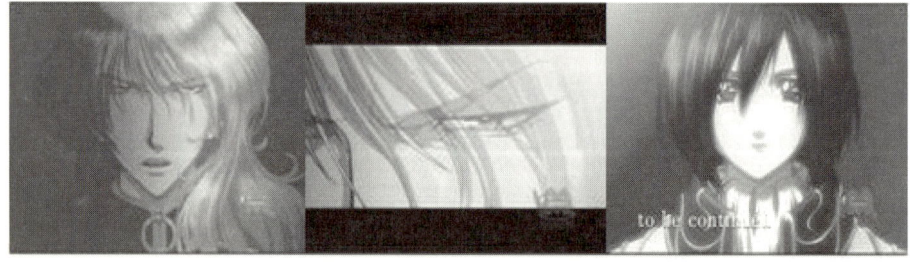

[그림 5.12] 일본의 모바니메이션 <레전드 오브 듀오>

 국내의 앞선 디지털 기술을 활용한 3D 애니메이션 시장은 우리에게 기회로 작용할 것으로 예견된다. 예로서 최근 애니메이션의 최대 시장인 유럽에서 최근 가장 주목받고 있는 작품이 바로 우리나라 TV용 3D 애니메이션인 <기상천외 오드패밀리>이다. 2005년 10월 프랑스 칸에서 열린 세계영상마켓(MIPCOM)에서 전 세계 807개 애니메이션들 중 시사회 횟수 상위 1%에 들면서 유럽은 물론, 미주·아시아 등에서 문의가 쇄도하고 있다. '애니메이션 수입국'으로 인식되어 온 우리나라가 3D 애니메이션 등 양질의 작품으로 세계시장을 거세게 공략하고 있는 사례이다. 특히 TV용 3D 애니메이션의 제작 수준은 프랑스·미국 등 다른 나라들이 부러워할 만한 수준에 이르렀다는 게 전반적인 평가이다.

 국내 최초의 인터랙티브 애니메이션인 <클로버 4/3>은 인터넷 애니메이션임에도 불구하고 수준 높은 비주얼을 보여주고 있으며, 인터넷을 통해 제작된 애니메이션인 만큼 시청자들과 양방향 커뮤니케이션을 통해 스토리의 방향을 잡았다. 캐릭터들의 설정만 잡아놓고 구체적인 스토리는 아무것도 정해놓지 않고, 시청자들의 의견에 따라 만들어진 최초의 애니메이션이다.

[그림 5.13] 국내 최초의 인터랙티브 애니메이션 <클로버 4/3>

5.2.2 음악

디지털 기술이 접목되면서 음악시장의 패러다임과 수용자의 이용패턴이 완전히 변화하고 있다. 과거 레코드 가게에 가서 음반을 구입해야만 감상할 수 있었던 음악 청취가 이젠 컴퓨터에서 마우스 클릭 한 번으로 가능하며, 휴대용 디지털 기기를 가지고 다니며, 저장한 음원을 손상 없이 무제한으로 들을 수 있게 되었다. 이러한 편리성에 더해서 이제는 인간의 감성에 따라 음악콘텐츠가 변화하는 맞춤형 음악콘텐츠 서비스가 인기를 끌 것으로 전망된다. 실제로 디지털 음악시장이 높은 성장률을 보이고 있는 국내에서는 개인감성을 충족시키기 위한 콘텐츠 서비스가 시작단계에 있다.

디지털 음악계에서 업체 간의 경쟁은 온라인 스토어보다는 온라인 스토리지에서 치열해질 것으로 전망된다. 몇몇 업체들이 디지털 미디어 파일을 저장하고 여러 가지 애플리케이션을 통해 액세스가 가능한 소위 '온라인 콘텐츠 라커(locker)'를 제공하고 있기 때문이다. 온라인 스토리지 서비스는 기존 곡 즐겨찾기의 개념이 아니며 웹상에 자신의 스토리지 공간을 제공해 다운로드 받은 음악파일을 다른 PC에서도 더 편리하게 이용할 수 있도록 한 서비스이다. 국내에서도 KTF의 유무선 음악 포털사이트인 '도시락(www.dosirak.com)'에서 실제 서비스되고 있다.

해외에서도 온라인 스토리지 시장은 핫 이슈가 되고 있다. 온라인 스토리지 업체인 나비오(Navio)는 소니 BMG와 TVT 레코드 등과 제휴를 맺고 온라인 판매 포털사이트를 구축했다. 이를 통해 소비자는 자신이 원하는 포맷으로 음악콘텐츠를 구매할 수 있다. 즉, 파일을 구입하는 것이 아니라 파일에 대한 저작권을 구입하는 것이다.

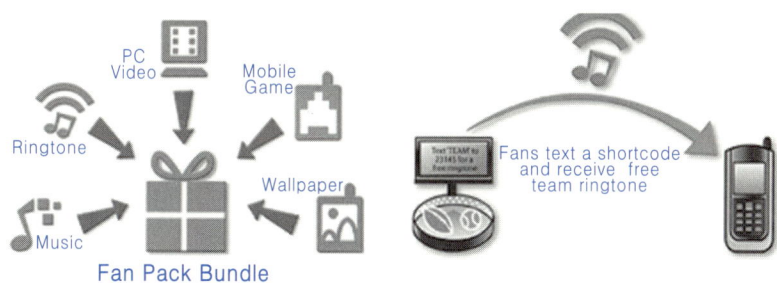

[그림 5.14] 나비오의 온라인 스토리지 서비스 모식도

예전에는 불특정 다수를 위해 생산되던 음악콘텐츠가 개인화되고 있다. 개인감성을 충족시키는 음악 콘텐츠가 등장하고 있는 것이다.

온라인 음악사이트를 운영하는 '뮤직시티'의 모회사인 '블루코드'가 삼성 미디어 스튜디오(Samsung Media Studio)의 온라인 숍을 통해 감성 기반의 디지털 음악 서비스를 제공하고 있다. 이미 온라인음악 서비스업체 '뮤직시티'는 지역, 계절, 날씨, 시간대 등에 따라 이용자에 맞춘 서비스를 제공하는 '감성서비스'를 개발해 비즈니스 모델 특허를 출원했다. '감성서비스'는 온라인사이트 뮤즈(www.muz.co.kr)를 통해 사용자가 원하는 시간에 지역, 계절, 날씨에 따른 특정 음악을 제공하는 맞춤형 음악 배달 서비스이다. 접속한 날의 상황에 맞춘 인기곡 톱 100 및 맞춤 배경화면 서비스 등으로 제공되고 있다.

[그림 5.15] 감성음원을 제공하는 뮤즈(좌)와 삼성 미디어 스튜디오(우)

5.2.3 게임

청소년층과 남성에게만 인기 있었던 기존 게임 장르가 점차 변화하고 있다. 2004년 미국 모바일 게임시장에 대한 수요조사에서도 비디오 게임이나 모바일 게임을 막론하고 여성 게이머의 비중이 남성보다 크게 높아졌다는 것이 밝혀졌다. 이러한 여성 게이머들의 게임선호 추세를 반영하듯 국내외에서 많은 여성용 게임이 등장하고 있는 추세이다. 또한 아동용 게임시장도 높은 성장 가능성이 예견된다. 게임유저의 다변화가 이루어지고 있는 것이다.

미국에서 출시된 퍼사드(Facade)라는 여성용 게임은 800메가바이트나 되는 대용량이고 성능 좋은 컴퓨터에서만 실행되지만 2005년 7월 이후 다운로드 받은 횟수가 15만에 이를 정도로 많은 인기를 얻었다.

[그림 5.16] 관계를 중시하는 여성용 게임 '퍼사드'

여성과 아동용 게임 콘텐츠도 현재 크게 활성화되어 있지 못하지만, 노인용 게임 콘텐츠 시장도 불모지나 다름없는 것으로 평가되고 있다. 중·장년층을 위한 게임도 전무한 상황에서 수익성이 거의 보장되지 않는 게임콘텐츠를 제작하지 않는 것은 게임 소프트웨어사들에게도 그동안 거의 불문율처럼 여겨져 왔다. 하지만 최근 닌텐도사의 노인용 비디오 게임이 출시되어 인기를 끌면서 노인용 게임 시장에도 새로운 성공가능성이 모색되고 있다.

어린이들에게 폭발적인 인기를 끌던 '슈퍼 마리오'와 '포켓몬스터'를 만들어낸 일본의 유명 게임업체 닌텐도사가 노인층을 겨냥해 개발한 두뇌훈련용 게임이 출시 1년도 안 되어 334만 개가 팔리는 놀라운 인기를 누리고 있다. 닌텐도사의 휴대용 게임기 듀얼 스크린(DS) 콘솔로 할 수 있는 '브레인 트레이닝 포 어덜츠(일명 성인용 두뇌훈련, Brain Training for Adults)'란 게임은 숫자놀이와 낱말 퍼즐, 읽기 훈련 등을 하루 일정량씩 하도록 구성되어 있으며 매회 성적이 기록되어 향상 정도를 평가할 수 있다.

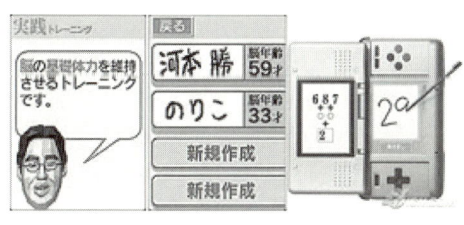

[그림 5.17] DS용 노인 게임 '브레인 트레이닝 포 어덜츠'(좌)와 영어버전 '브레인 에이지'(우)

또한 보더스(VODUS)라는 업체는 뇌파를 이용해 집중력을 높이는 모바일 게임을 개발하여 서비스를 제공 중이다. 이러한 뇌파를 이용한 마인드 게임이 활성화되면 손이 부자유스러운 장애인들도 손을 사용하지 않고 생각만으로 PC를 다루거나 게임을 즐길 수 있다.

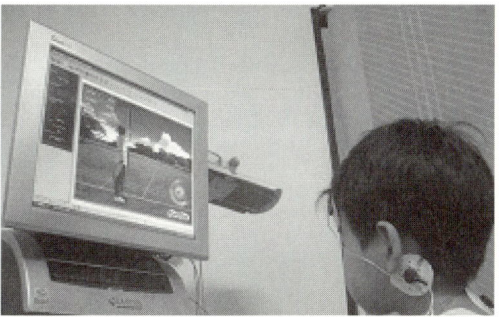

[그림 5.18] 보더스사의 마인드 게임 콘텐츠와 시연장면

5.2.4 방송

디지털 방송의 킬러앱(killer application)으로 주목받는 주문형 비디오(VOD) 서비스가 진화하고 있다. 시청자의 요청에 따라 단순히 방송프로그램을 송출·과금 하던 기존 수준을 넘어 고선명(HD) 및 푸시형 VOD 등 업그레이드된 기술이 속속 등장하고 있는 상황이다. 향후 VOD는 디지털 방송에서 가장 주목받는 서비스 중 하나가 될 것으로 기대되며 기존 VOD의 문제점을 해결할 수 있는 기술들이 속속 나오고 있어 VOD와 디지털 방송 활성화의 계기가 될 것으로 전망된다.

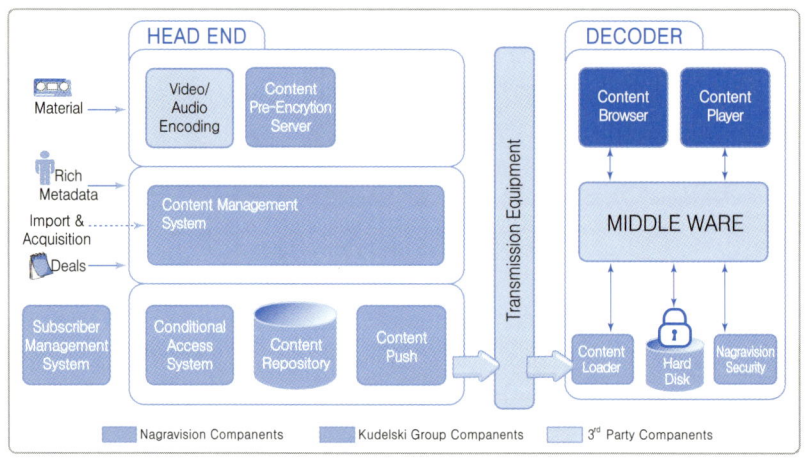

[그림 5.19] 푸시 VOD의 구성도

‘세자매 댄스’, ‘피아노 치는 남자’, ‘내복남’ 등 인터넷에서 상당한 인기를 끌 었던 콘텐츠들은 모두 사용자가 제작한 콘텐츠로서 이들은 인터넷의 스타로 떠올 랐다. 이러한 UCC(User Created Contents)는 이제 본인만 보고 만족하는 수준 이 아니라 오프라인 방송과 같은 영향력을 행사하는 중요한 수단으로 등장하고 있 다. 글과 사진을 중심으로 소통하던 블로그와 미니홈피 등 1인 미디어에 동영상 UCC가 급속히 파고들고 있는 상황이다. UCC는 최근 영상물 트렌드에 나타나는 개인화·전문화를 반영하는 대표적인 사례로 볼 수 있다. ‘이성’보다는 ‘감성’을

'단면'보다는 '연속'을 추구하는 것이 동영상 콘텐츠의 특성으로 이는 영상세대의 취향과 잘 맞아 떨어진다는 평가다. DMB와 IPTV 그리고 와이브로 등의 뉴미디어 애플리케이션이 하루가 다르게 등장하고 있는 상황에서 서비스 확대에 영향을 미칠 수 있는 콘텐츠 확보는 가장 중요한 핵심이라고 할 수 있다. 이러한 맥락에서 UCC 콘텐츠는 좋은 콘텐츠 공급원의 역할을 수행할 수 있을 것으로 전망된다.

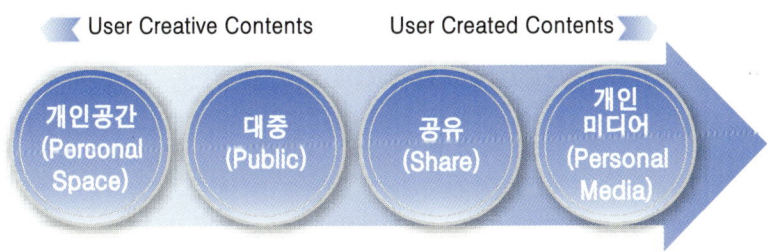

[그림 5.20] 퍼스널 미디어로서의 UCC의 발전과정

유비쿼터스 시대를 맞아 TV도 새롭게 진화 중이다. 기존 TV가 보여주는 기능에 충실한 반면, 유비쿼터스 TV는 시청자에게 편리함을 제공하는 것에 초점을 둔다. 디지털 TV는 아날로그 TV의 화질을 획기적으로 개선하였고, U-TV는 다른 멀티미디어 기기와 공동사용(co-use)함으로써 사용자의 편의를 획기적으로 증진할 전망이다.

[표 5.3] TV의 진화

아날로그 TV(1세대)	디지털 TV(2세대)	유비쿼터스 TV(3세대)
• 유무선으로 전송받은 방송전파를 재생 • 채널 변경 시 화면이 안정적 • 난시청 지역 존재, 저화질 • 시청자는 일방적인 방송사의 방송일정에 맞추어야 함	• MPEG-2 형태로 압축, 전송된 데이터를 풀어서 재생 • 채널 변경 시, 순간적인 화면 정지 상태 발생 • 고화질	• 기존 TV의 시간적, 공간적 제약을 극복케 해 주는 보조 장치 • 다른 멀티미디어 기기와 함께 사용 • 능동적 시청 가능

유비쿼터스 TV는 TiVo와 Slingbox로 대표된다. TiVo의 자동광고 편집 및 저장기능을 통해 시청자는 효율적인 시간 활용이 가능하며, Slingbox는 인터넷망을 통해 디지털 영상 신호를 전송해 줌으로써 외부에서도 자신의 집 거실에 있는 것처럼 공중파 및 사설 방송의 시청이 가능케 해 준다.

TiVo는 카세트 등의 소모품 없이 하드에 영상물을 기록해서 시청자가 원하는 시간에 시청할 수 있게 해 주는 장치이다. 디지털 TV의 등장으로 디지털 신호를 별도의 변환과정 없이 손쉽게 저장할 수 있는 DVR(Digital Video Recorder)이 등장했는데, 가장 성공적인 DVR로 평가받는 TiVo는 단순 저장 외에도 광고편집, 예약녹화, 자동녹화 등 다양한 부가기능을 보유하고 있다.

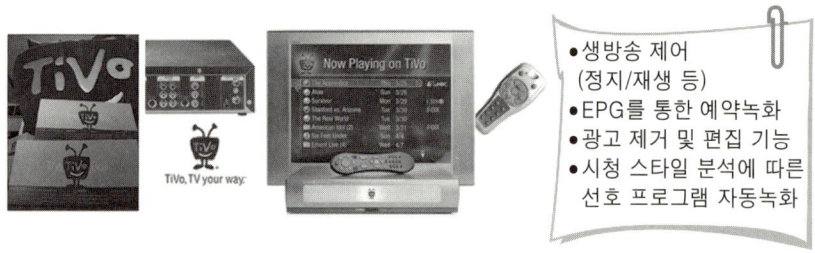

[그림 5.21] TiVo의 다양한 기능

TiVo가 시간을 극복한 U-TV라면 Slingbox는 공간을 극복한 U-TV이다. Slingbox는 TV 등 연결된 디지털 기기의 영상을 인터넷을 통해서 사용자의 멀티미디어 기기(동영상 재생 기능을 갖춘 PDA, 노트북, PC 등의 기기)에 전송해 주는 장치이다. 디지털 신호를 IP 기반의 패킷 신호로 바꾸어 전송해 주는 것이 작동원리이다. 영상기기가 아닌 카메라 등에 연결할 경우, 외부에서 집안을 확인할 수 있는 CCTV로도 사용이 가능하다.

[그림 5.22] Slingbox의 모습과 작동원리

TiVo가 125,000명의 가입자를 모집하는 데 21개월이 소요된 반면, Slingbox 는 6개월 만에 같은 수의 가입자 모집에 성공했다. 물론 TiVo와 달리 Slingbox는 매월 서비스 수수료를 받지 않는 것이 쉽게 확산된 요인 중 하나로 작용했다.

5.2.5 영화

극장에서 혹은 비디오나 DVD 등을 통해서만 볼 수 있던 영화관람의 개념이 변 화하고 있다. 월트디즈니의 새로운 영화배급서비스인 '무비빔'은 비디오 대여점을 거치지 않고 영화 콘텐츠를 가정의 소비자에게 직접 제공하는 획기적인 시도로 화 제를 모았다. 이는 VOD의 진화된 서비스이며, 영화를 소비자에게 직접 배급하는 이른바 전자영화배급사업에 대한 확장에도 많은 영향을 주었다.

'무비빔'은 개인화된 가정용 영화 콘텐츠를 지향한다. 무비빔은 집에서 간단한 조작으로 영화를 직접 제공받을 수 있게 하여 영화관에 가기 위한 수고와 번거로움 을 없앴다. 실제로 많은 이들이 비디오 가게에 가서 비디오나 DVD를 빌리는 것을 귀찮아하며, 케이블 TV의 유료 영화채널은 지불하는 돈에 비해 최신 영화를 볼 수 없다는 불만을 갖고 있다.

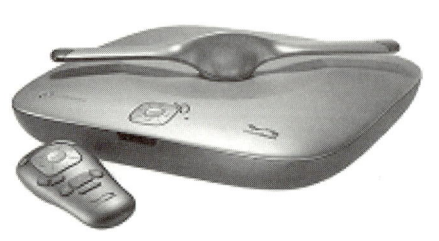 

[그림 5.23] 무비빔의 셋톱박스(좌)와 시연화면(우)

또한 애플사가 출시한 비디오 아이팟이나 동영상 휴대폰이 인기를 끌면서 모바일 영화에 대한 관심도 최근 들어 급증하고 있다. 미국에서 개최된 22회 선댄스 영화제에서도 '모바일 영화'가 새로운 화두로 자리잡을 정도로 그 성공가능성에 대한 논의가 많이 이루어지고 있다.

그 대표적인 사례가 바로 모비소드(mobisode)이다. 모바일(mobile)과 에피소드(episode)의 합성어인 모비소드는·인기 드라마나 공연 실황을 휴대전화용으로 재가공한 콘텐츠를 뜻하는 말이다. 모비소드는 휴대전화를 통한 영화감상을 표방한다. 미국에서 4,300만 명의 가입자를 확보한 버라이즌 와이어리스(Verizon wireless)는 20세기 폭스사가 제작한 유명 TV 시리즈물인 '24'를 휴대전화용 동영상으로 서비스해 큰 인기를 모았다. 동영상 클립은 60분짜리 TV 시리즈물을 1분짜리로 재구성해 일주일에 한 번씩 휴대전화 가입자들에게 방영한다. 이 동영상을 보려면 월 15달러의 추가요금을 내야 하지만 많은 인기를 끌었다. 휴대전화용으로 제작되는 '24'는 1분 동안 벌어진 하나의 에피소드를 담고, 24분 동안 일어나는 일을 24번에 나눠 보여준다. 휴대폰용 '24'는 길이가 짧지만 서스펜스가 넘친다는 호평을 받았다.

[그림 5.24] 휴대전화용 동영상 시리즈로 재탄생한 '24'

국내에서도 최근 모바일 영화에 대한 관심이 높아지고 있다. 2006년 8월에는 세계 최초로 인터넷에서만 개봉된 이규형 감독의 포커영화 <굿럭>이 소개된 바 있다. 총 10편으로 제작된 인터넷 모바일 영화 <굿럭>은 일반 영화와 같은 2시간 가량의 분량을 인터넷과 모바일로 보기 어려운 점을 감안, 한 편당 10여 분 가량으로 제작됐다. 접속자가 폭주하여 서비스가 중지되어 서버 증설 작업을 벌일 정도로 많은 관심을 모았다. 이어 이규형 감독에 의해 제작된 룸살롱 호스티스의 삶을 다룬 <킹시터>도 인터넷 모바일용 영화로 제작되어 호평을 받은 바 있다.

[그림 5.25] 인터넷 모바일 영화 <굿럭>과 <킹시터>

5.2.6 교육출판

학습과 출판시장에도 장르별 퓨전이 가속화되고 있다. 교육과 엔터테인먼트의 결합인 에듀테인먼트, e-북 등이 그 사례이다. 융합미디어 콘텐츠로서의 교육출판의 특징은 무엇보다 쌍방향성과 비용 등을 들 수 있다.

에듀테인먼트 콘텐츠는 학습에 있어 흥미를 유발하고 효율을 높여줄 수 있는 콘텐츠로서 주로 게임 형식의 포맷을 취한다. 소비자는 에듀테인먼트를 통해 다양한 분야의 학습을 재미있게 할 수 있다. 에듀테인먼트 콘텐츠는 학습과 흥미의 적절한 조화가 관건이다. 오프라인 중심으로 진행되던 에듀테인먼트는 온라인을 기반으로 하나의 확실한 산업으로 자리매김하고 있다.

최근 초고속 인터넷을 기반으로 한 온라인 학습 콘텐츠는 에듀테인먼트와 만나 '게임학습'이라는 새로운 장르로 진화하고 있다. 전통적인 학습도서 시장도 마찬가지이다. 만화와 교육을 접목한 학습만화 시장이 큰 인기를 끈 데 이어 '퀴즈학습도서'라는 새로운 콘텐츠도 속속 등장하고 있다.

최근에는 MP3형 오디오북이 출판업계에서 큰 인기를 누리고 있다. MP3를 이용한 오디오북의 장점은 반품되거나 품절될 걱정이 없다는 점과 초기에 녹음 비용만 투자하면 장기적으로 수익을 얻을 수 있다는 점이다. 로맨스, 드라마, 감동, 공포, 무협, 판타지, 코미디, 시대극 등 다양한 장르의 베스트셀러 및 인터넷 소설을 성우의 연기에 효과음을 더하여 드라마화한 오디오 드라마로 진화할 전망이다.

[그림 5.26] 오디오북 전문사이트인 미국의 Audiable.com과 한국의 Audien.com

전자책을 의미하는 e-북은 현재 전문자료나 어학 등에 편중되어 있으나 향후 다양한 분야로 확대되어 활용도가 높아질 것으로 전망된다. 소비자는 e-북의 편리/유용성, 품질, 휴대성, 비용 등에 대한 욕구가 높은데, 주로 포터블, 휴대폰, 인터넷 등의 매체를 사용한다. 하지만 향후 e-북 전용단말기 혹은 WiBro 등의 활용도가 더욱 높아질 것으로 전망된다.

출판도 이제는 소비자 니즈를 읽는 데 초점을 맞추고 있다. 미국에서는 동일한 도서를 다섯 가지의 다른 형태로 제공하는 카라반 프로젝트(Caravan Project)가 진행 중이다. 출판사 및 배급사는 비용 절감을 통해 경영 효율성을 높이고 독자는 니즈에 맞는 도서 양식을 선택할 수 있는 기회를 갖는다. 비영리 출판시, 도시 배급자 및 중소형 서점경영자들로 구성된 프로젝트 참여자들은 24권의 도서를 선정하고 다섯 가지 양식으로 서비스할 계획이다. 그 유형은 다음과 같다.

- 하드커버: 프린트되어 제본된 형식의 일반적 방법
- 디지털: e-북 디스플레이 기기(시계, PDA, 전용단말기 등)를 위한 온라인 판매
- 오디오: 특수한 S/W로 일반 텍스트를 인공 목소리로 변환해 들을 수 있는 도서 개발
- POD(Print on Demand): 원하는 도서를 직접 출력, 제본해서 판매하는 방식
- 부분출판(Piecemeal): 한 권의 도서에서 원하는 부분만 POD 방식으로 구매

특히 On-Demand 방식의 출판은 작가, 출판업체 및 소비자에게 다양한 영향을 줄 것으로 전망된다. 다양한 형태의 도서를 중복 판매함으로써 출판업계의 이윤 증대가 가능하며, 독자는 원가 절감에 따른 가격 하락과 기호에 맞는 도서 유형 선택 등 가장 큰 혜택을 누리게 될 것이다.

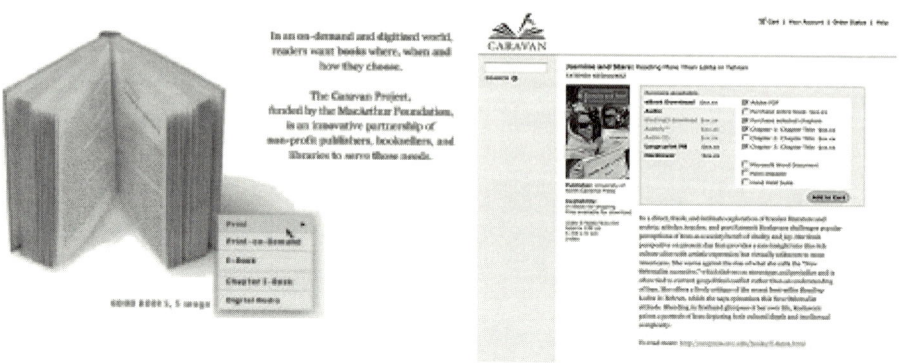

[그림 5.27] 카라반 프로젝트의 홈페이지

6장 미디어 & 디바이스 퓨전

6.1 미디어 & 애플리케이션

6.1.1 미디어 신세기를 여는 Media 2.0

인류의 진화는 커뮤니케이션의 결과이다. 점차 고도화된 상징을 사용하면서 인류의 발전이 이루어졌다. 집단생활, 도구이용 등의 행위는 커뮤니케이션을 전제로 가능한 것이다.

커뮤니케이션은 미디어를 통해서 이루어진다. 사람과 사람 사이에 미디어가 존재함으로써 커뮤니케이션이 이루어져 온 것이다. 사람과 사람 사이의 관계를 이어주는 것이 커뮤니케이션이라면, 커뮤니케이션의 보조수단이 미디어인 것이다. 여기서 미디어는 '인간화(예: 이동전화)', '인간의 확장(예: 인터넷)'이라는 관점에서 모든 커뮤니케이션 수단을 포괄한다. 미디어 역사는 직접 커뮤니케이션(면대면 커뮤니케이션; face to face communication)이 갖는 시간적·공간적 제약을 극복하려는 역사로 해석할 수 있다. 테크놀로지의 눈부신 발달에 따라 커뮤니케이션 제약요인이 극복되어 가고 있다.

라디오, TV 등은 개발 후 10%의 보급이 이루어지기까지 25~30년이 소요된 반면, PC, 이동전화 등은 10%의 보급률을 보이기까지 10년 정도가 소요되면서 점차 그 속도가 빨라지고 있다.

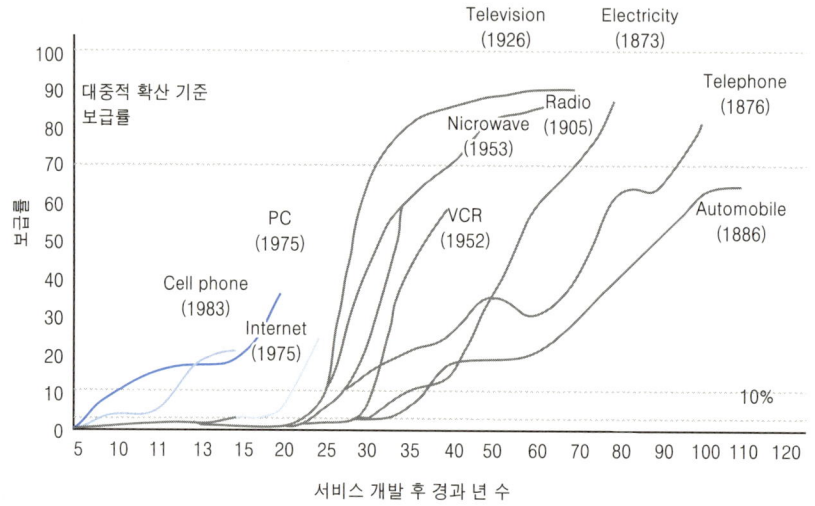

[그림 6.1] 미디어 개발 후 보급 속도 추이 비교

최근 퓨전 미디어의 특징은 이동성 기반의 유비쿼티(ubiquity based on mobility)를 지원하는 새로운 컨셉의 단말(device)을 근간으로 하고 있으며, 이러한 단말을 매개로 소비자(user)들이 콘텐츠와 서비스를 경험하게 된다는 점이다. 이러한 현상은 기존의 산업 및 사업 영역의 변화를 가져오게 된다. 방송과 통신의 융합(DMB, IPTV, 홈 네트워크), 유선과 무선의 융합(WiBro, HSDPA) 등 이종 산업 간 가치사슬의 해체와 통합을 통해 새로운 시장, 산업, 서비스 및 단말이 출현하고 있다.

1960년대의 대형 컴퓨터 시대, 80년대 중반 이후 PC 중심의 컴퓨터 네트워크 시대, 그리고 90년대 중반 이후 인터넷 활용시대를 거쳐, IT 네트워크가 일상화되는 유비쿼터스 시대로 접어들고 있다. '5 Any'(anytime, anywhere, anything, anynetwork, anydevice) 시대인 것이다. 센서와 칩 등으로 이루어진 극소의 컴퓨터가 인간은 물론 주변 환경과 사물 등에 내재되는 동시에 네트워크를 통해 유기적으로 연결됨으로써, 사용자들은 언제 어디서나 원하는 정보와 서비스를 실시간으로 주고받을 수 있게 된다. 따라서 유비쿼터스 사회는 어떠한 단말기로도 그 즉시 연결 가능한 이른바 '총체적 액세스 환경'을 창출한다(전석호·김원제, 2005).

유비쿼터스 미디어 환경의 등장은 가정에서의 다양한 미디어의 액세스를 보다 효과적으로 제시함으로써, 편리하고 안락한 미디어 이용의 장점을 확대하고 있다. 모든 가전제품에 콘텐츠를 전달 또는 저장할 수 있는 지능형 미디어 기능을 탑재함으로써, 홈 네트워크 컴퓨팅은 미디어를 통합하여 언제 어디서나 접근이 가능한 유비쿼터스 미디어의 하부구조가 된다. 생활환경에 따라 다양한 콘텐츠 액세스가 가능해지기 때문에, 상황인식에 의해 콘텐츠의 제공과 소비가 결정되는 새로운 비즈니스 플로우가 형성된다. 무엇보다 가정, 작업장, 차량, 이동공간 등 다양한 공간 간 연계를 자유롭게 해 준다는 점에서 새로운 공간이동성을 제공해 준다고 하겠다.

유비쿼터스 개념을 지지하는 미디어 상황 및 그 방향성을 정리하면, 앞서 논의한 '5 Any' 개념, 즉 '언제, 어디서나, 어떤 기기로나, 미디어에 구애받지 않고, 경제적이며 편리한 커뮤니케이션 수행'이라고 하겠다. 유비쿼터스 환경에서는 공간에 따라 특정 단말기가 핵심 애플리케이션으로 기능할 것으로 기대된다. 가정, 즉 홈 네트워크의 중심에는 디지털 TV가, 차량에서는 DMB(Digital Multimedia Broadcasting), 그 외 이동공간에서는 모바일 기기가 중심적인 애플리케이션 기능을 수행할 것이다.

OECD(2005)는 "융합이란 단일의 전송/분배플랫폼을 통하여 음성, 영상, 데이터 등 여러 가지 서비스들을 제공하는 것을 의미"한다고 규정하며, EU Green Paper(1997)는 "융합이란 서로 다른 네트워크 플랫폼이 본질적으로 유사한 서비스들을 수행할 수 있는 것, 또는 전화·TV·개인용 컴퓨터와 같은 소비자 단말기들이 결합하는 것"으로 정의하고 있다.

방송통신 융합이 디지털 시대의 중요한 융합체로 떠오르고 있다. 방송통신 융합 (convergence)이라 함은, 디지털 기술의 발전 및 네트워크의 광대역화 진전에 따라 콘텐츠 형식이 다양화되고, 네트워크 및 단말기가 융·복합화되어 기존 방송과 통신의 경계가 허물어지는 현상을 이른다.

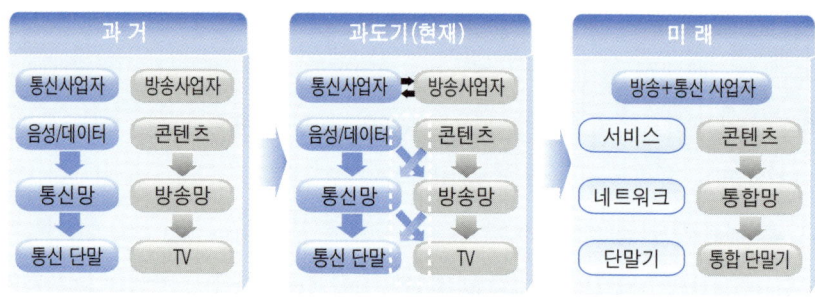

[그림 6.2] 방통융합 구도

방송통신 융합은 콘텐츠, 네트워크, 단말기 등 간의 가치사슬을 새롭게 재편, 21세기 신산업의 중추적 영역으로 부상하고 있다. 1990년대 '통신과 컴퓨터의 결합' 단계에서 진화, '콘텐츠와 네트워크의 결합'으로 산업의 새로운 성장동력으로 부상하고 있는 것이다.

방송통신 융합은 사회 전 영역에 변혁을 가속화하여 생산 방식, 여가활용 방식, 소비행태 등 생활양식의 변화를 초래하는 주요 요인으로 작동하고 있다. 방송통신 융합은 금융, 가전, 유통, 교육, 의료 등 타 산업과의 2차 융합을 촉진하는데, TV·모바일 뱅킹, 스마트 홈, T-커머스, U-러닝, U-헬스케어 등이 그 예이다.

현재 방송통신 융합의 흐름은 장단기 융합의 방향, 속도, 범위 등을 좌우하는 중요한 요인이다. 우선 사회문화적 파급효과를 정리하면, 첫째, 개인 의사표현의 자유 및 온라인 공동체 형성의 가속화로 문화다양성의 확대를 촉진한다. 둘째, 개인미디어, 온라인 저널리즘 등의 발전으로 여론형성구조를 다변화한다. 셋째, 지식경제 중심의 디지털 정보사회 구현을 촉진시키고 방송통신 융합 서비스를 중심으로 생활패턴이 변화한다.

　다음으로 산업경제적 파급효과를 정리하면, 첫째, 방송통신 산업 간 전통적 영역 붕괴에 따라 사업자 간 경쟁이 심화된다. 둘째, 플랫폼 다양화로 콘텐츠 수요가 급증하고 OSMU에 따라 콘텐츠의 유통구조가 변화한다. 셋째, 방송/통신 산업구조가 재편되고 새로운 멀티미디어 시장이 창출됨에 따라 다른 연관산업으로 파급효과를 나타낸다.

　융합이 세계적 현상으로 전개됨에 따라 해외 주요국은 이미 2000년대 초반에 관련 법제 및 기구를 정비하여 국가차원의 전략적 대응방안을 마련하고 있다. 특히 방송통신 융합은 국가 혁신의 발판을 마련하는 중요한 수단으로서 우리나라도 효과적으로 대응해 나갈 시점이다.

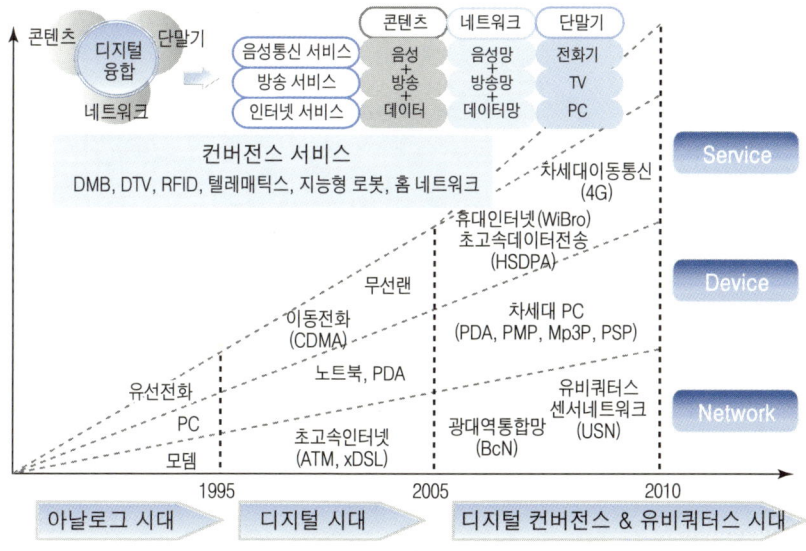

[그림 6.3] 디지털 컨버전스와 미디어 기술 환경의 진화

　현재 가속화되고 있는 디지털 컨버전스는 콘텐츠의 기획, 제작, 유통 분야로 이루어지는 문화산업의 가치사슬 체계를 근본적·혁신적으로 변화시키고 있으며, 문

화산업 간 보완, 경쟁, 대체 기능을 통해 타 산업에도 긍정적인 영향을 미치고 있다. 특히 네트워크의 통합(유선 + 무선, 통신망 + 방송망), 단말기의 복합(고정형 + 이동형, 동종 + 이종, 멀티미디어화), 콘텐츠의 융합(음성 + 방송 + 데이터)은 기존의 미디어 가치사슬 체계를 변화시키고 있으며, 새로운 시장을 생성시키고 있다.

통신과 방송이 별개의 영역으로 구분되어 있던 기존의 체계에서 통신과 방송이 하나로 묶이는 융합매체가 등장함에 따라 새로운 통합영역이 창출되고 있다. 이와 같은 융합매체는 다음과 같은 형태로 나타나고 있다.

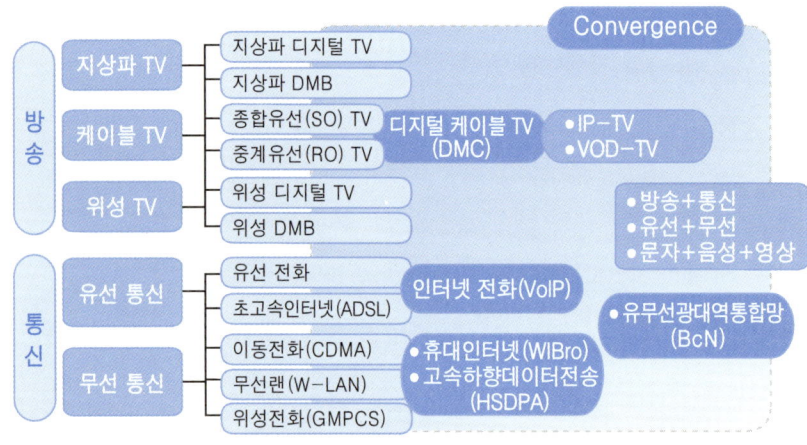

[그림 6.4] 융합매체 진화과정

최근 부각되고 있는 뉴미디어 서비스 분야 중 이동멀티미디어방송(DMB), 휴대인터넷(WiBro), 휴대용 멀티미디어 재생기(PMP), 디지털 TV(DTV), IPTV, 고속데이터전송(HSDPA) 등은 통신·방송시장의 진화를 선도하며 콘텐츠 유통시장에 변화를 예고하고 있다.

시장 규모는 WiBro, IPTV, DMB, 홈 네트워크, HSDPA 의 순으로 시장 규모의 차이를 나타낼 것으로 전망되며, 추정 결과 2010 년까지 DMB 의 경우 약 1 조3557 억 원, 홈 네트워크 약 7229 억 원, WiBro 의 경우 약 2 조9062 억 원, IPTV 의 경

우 약 9664억 원, HSDPA는 약 5225억 원 규모의 시장을 형성할 것으로 예견
된다.

이동형 단말 기반의 융합매체 서비스 중에서는 WiBro가 가장 각광받을 것으로
전망된다. 전 세계 최초로 시속 60km의 속도로 달리는 차 안에서 끊김 없이 초고
속 인터넷 서비스를 전송하는 데 성공한 KT는 WiBro로 이통사가 점유하고 있던
무선 시장으로의 접근을 꾀하고 있으며, 이동 중에도 초고속 인터넷 서비스가 가능
하다는 장점 때문에 소비자의 기대 또한 높은 것이 사실이다. 최근 KT 차세대 휴대
인터넷 사업본부 산하 포털서비스 기획팀과 Master CP 역할을 수행하는 KTH를
중심으로 WiBro 대응 서비스 개발에 몰두하고 있으며, 기존 이통사 중심의 무선인
터넷 서비스의 제약조건을 뛰어넘는 다양한 신규 콘텐츠 수급(플래시 기반의 멀티미
디어 서비스 등)에 노력하고 있다.

DMB의 경우, 이동형 방송 콘텐츠 서비스라는 장점에도 불구하고, 위성파
DMB 사업자인 TU 미디어와 지상파 방송사 간 콘텐츠 재전송 문제가 아직 합의되
지 않았고, 지상파 DMB 또한 Gap Filler 설치 분담(이통사) 및 음영지역 해소 등
의 난제로 인해 소비자의 기대는 높으나, 실제 시장수요는 그에 못 미치게 될 것이
라는 의견이 팽배하다.

고정형 단말 기반의 융합매체 서비스로 IPTV가 가장 많은 시장수요를 창출할
수 있는 것으로 보인다. IPTV는 기존 TV를 IP 셋톱박스와 연결해 초고속 인터넷
서비스뿐만 아니라, 전화, 위성방송(SkyLife 연동)까지 한꺼번에 번들링
(bundling)할 수 있어, 저렴한 가격으로 세 가지 이상의 서비스를 동시에 확보할
수 있는 차세대 서비스로 부상하고 있다.

홈 네트워크 및 HSDPA의 경우, WiBro 및 IPTV 등의 대체제 등장으로 시장 파
급효과가 그다지 크지 않은 것으로 평가된다. 그러나 이러한 가정은 WiBro와
IPTV가 주도적 서비스로서 시장수요를 견인할 경우를 고려해야 한다. 특히
HSDPA의 경우 WiBro와 상용화 시기가 동일하고, 기존 이통사의 강력한 백본 채
널(Back Bone Channel)을 그대로 활용하면서 휴대단말 기기 등의 H/W적 전환

을 통해 기존 무선인터넷 사용자에게 이전되기 때문에 WiBro 보다 오히려 더욱더 강력한 서비스로 부각될 가능성이 있다. IPTV 또한 엄밀히 이야기하면, 홈 네트워크 서비스에 포함되는 가정 내 서비스이기 때문에 IPTV의 보급 확대는 향후 홈 네트워크 서비스 전반으로 확대될 수 있는 좋은 모멘텀이 될 것이다.

향후 매체와 콘텐츠는 공진화를 거듭할 것이다. 즉, 매체가 다양해지고 다원화됨에 따라 그에 속할 콘텐츠 역시 다양하게 제공되며 진화해야 한다. 따라서 융합시대의 매체와 콘텐츠의 진화는 거대화된 규모로 나타날 것이다. 이종 산업 간의 결합은 이전에 존재하지 않던 새로운 거대 시장을 창출하기 때문이다. 또한 기존의 엔터테인먼트 혹은 단일 영역에 한정되어 있는 콘텐츠에서 융합시대에는 교육과 오락의 결합인 에듀테인먼트나 정보와 오락의 결합인 인포테인먼트 등의 장르 간의 결합을 통한 시너지 효과를 극대화하는 콘텐츠가 급부상할 전망이다.

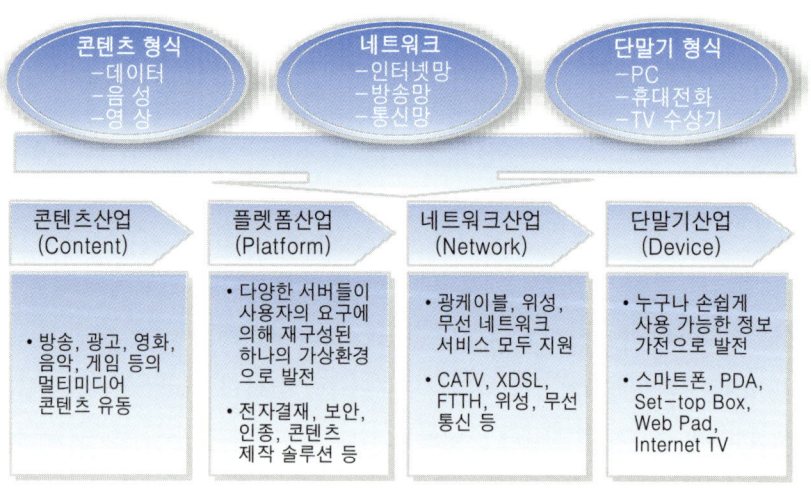

자료: 방송위원회(2006. 1)

[그림 6.5] 미디어산업의 가치사슬 변화

최근에는 기존 서비스들의 결합을 통해 공급자(사업자)/수요자(수용자) 모두의 측면에서의 시너지 효과 극대화를 통한 경제적 효율성의 추구 결과 융합현상이 진전되고 있다. 이렇게 융합현상이 진전되면서 산업구조는 가치사슬 단계별로 분화된 소비자가 각 단계를 선택하는 형태로 변화하고 있다. 특히 콘텐츠 제작과 서비스, 전송, 단말기 부문이 분리되어 경쟁하면서 보다 활발한 산업구조를 형성하게 될 것으로 예상된다.

이러한 가치사슬의 변화를 바탕으로 플랫폼 사업자들은 비즈니스 전략으로서의 멀티 플랫폼화 및 전략적 M&A를 고려할 수 있다. 또한 콘텐츠 사업자들은 거대 기업과의 전략적 제휴 및 M&A, 그리고 자체적인 JV(Joint Venture)를 구축할 수 있다.

한편 미디어산업의 가치사슬 변화와 더불어 최근에 새롭게 논의되고 있는 개념이 바로 미디어 2.0이다. 미디어 2.0은 웹 2.0과 UCC, 그리고 롱테일 법칙이 변화시킨 미디어 환경의 새로운 모습을 일컫는 신조어이다. 미디어 2.0을 알기 위해서는 무엇보다도 롱테일 법칙에 대한 논의가 필요하다.

롱테일 법칙은 전통 마케팅과 수익 모델의 패러다임을 바꾸었다. 롱테일(Long Tail) 법칙은 미국의 잡지 「와이어드(Wired)」의 편집장인 크리스 앤더슨(Chris Anderson)이 인터넷 서점 아마존의 사례를 분석하여 만든 이론이다. 기존의 마케팅 법칙인 20:80의 법칙, 즉 매출의 80%는 상위 20%의 고객에서 나온다는 법칙이 인터넷 등 뉴미디어를 활용한 마케팅 환경에서는 통하지 않고, 기존에 외면받았던 80%의 고객층에서 훨씬 큰 매출이 나오고 있다는 것이 이 법칙의 주된 내용이다. 예컨대 인터넷 서점인 아마존에서 주된 매출은 구매력이 작았던 부분인 80%의 꼬리 부분에서 나오며 이것들의 총합은 20%의 고객에서 나오는 매출을 능가한다는 것이다.

블로그에도 이러한 롱테일 법칙이 적용된다. 대표적인 인터넷 포털인 네이버에는 700만 개의 블로그가 개설되어 있으며 우리나라 전체적으로는 2,000만 개 이상의 블로그 주소가 인터넷에 존재하고 있다. 인터넷 사용자의 63%가 블로그를 개설해 놓고 있다. 당연히 개설한 것과 운영하는 것과의 간극은 크기 때문에 이런 절대적인 수치가 도움이 되지는 않겠지만 적어도 2,000만 개 이상의 잠재 콘텐츠 생산자가 대기 중이라고 해석할 수도 있는 부분이다.

이렇게 롱테일 법칙이 성립 가능한 이유는 뉴미디어에서는 커뮤니케이션의 한계 비용이 제로(0)에 가깝기 때문이다. 과거에는 구매력이 작은 고객들을 상대로 커뮤니케이션을 하기 위해서는 큰 비용을 감수해야 했지만 매출은 적었다. 결국 80%의 꼬리 부분에 대한 마케팅을 포기할 수밖에 없었다. 그러나 뉴미디어에서는 커뮤니케이션 비용이 0에 가까우므로 과거에는 불가능했던 긴 꼬리 부분에 대한 마케팅이 가능해진다는 이야기다.

한편 미디어 2.0을 쉽게 이해하기 위해서는 새로운 유통과 소비방식의 변화에 따라 임의적으로 미디어 1.0과 미디어 2.0을 구분해서 살펴보는 것이 좋다. 미디어 1.0과 미디어 2.0의 차이점은 다음과 같다.

[표 6.1] 미디어 1.0과 미디어 2.0의 비교

	미디어 1.0	미디어 2.0
생산 주체	생산자 + 수용자	생산자 ↔ 수용자
유통	일방향 단일 유통	다채널 복수 유통
브랜드	권위형 브랜드	개인형 브랜드
정보 흐름	정보 집중	정보 분배, 공유
콘텐츠 성격	권위적, 범용적 종합적, 객관적	즉흥적, 전문적 단편적, 주관적
정보 노출	종합 편집, 편성	단품 개별 노출
광고	규격화, 정형화	롱테일 광고

인터넷이라는 거대한 미디어는 이것을 활용하는 모든 커뮤니케이션 주체에게 열려 있다. 그리고 인터넷이라는 큰 열린 미디어 속에서 매스미디어와 퍼스널미디어도 역시 커뮤니티나 네트워크 등을 통해서 열린 구조를 가진 작은 열린 미디어로 존재한다.

커뮤니케이션 비용의 극적인 절감으로 인해 롱테일 부분의 마케팅이 가능해지는 것과 마찬가지로서, 다양한 커뮤니케이션을 수행할 때의 비용이 극적으로 절감되면서 소외되었던 수용자들이 전달자, 송신자로서 존재 가능해진다. 뉴스소비자와 뉴스소스, 뉴스생산자가 모두 한 공간에서 커뮤니케이션을 하면서 서로간의 경계가 없어진다. UCC는 바로 이 상황에서 나오는 것이다.

결국 미디어는 채널이 아니라 광장이 되는 것이고 사회의 구성원은 미디어를 통해서 (일방향의) 일대다 커뮤니케이션을 하는 것이 아니라 미디어에 모여서 일대일, 일대다, 다대다 등 여러 형태로 쌍방향 커뮤니케이션을 하게 된다. 독자는 동시에 기자이며 기자는 동시에 독자이다. 즉, 이렇게 되면 기자나 전달자로서의 언론인이 아닌, 화자(話者) 내지 조력자로서의 언론인이 더 본질적인 형태로서 존재하게 된다.

결국 미디어 2.0 시대의 열린 미디어에서는 언론의 패러다임이 바뀐다. 개방과 공유의 시스템을 잘 간파한 사이트들이 살아남듯이 이러한 뉴미디어의 시스템을 잘 간파한 매체들이 살아남는다. 광장을 잘 만들고 매체 접근성을 높인 포털은 승승장구하고 그렇지 못한 포털들은 몰락한다. 언론사도 마찬가지다. 결국 수용자가 이용할 수 있는 공간을 마련해 주는 것이 해법이 될 것이다. 커뮤니케이션 공간과 커뮤니티 운영자에 대한 투자를 아끼면 안 될 것이다.

한편 미디어를 광장으로 만드는 방안 중의 하나가 시민기자제도다. 콘텐츠의 질이 문제될 것 같지만 커뮤니케이션의 범위를 넓히고 극대화시키면 집단이성이 발휘되어 문제가 해결된다. 언론인의 주된 역할도 그에 따라 바뀌어야만 한다. 언론인은 전달자나 기록자가 아니라 대화자 내지는 조력자가 본질이라는 생각을 가져야 한다.

언론의 모양새뿐만 아니라 기업들의 모습도 변화한다. 공생과 제휴가 키워드가 된다. 실제로 포털과의 공생을 모색하거나(야후코리아의 YTN 뉴스, KBS Korea의 아마존 닷컴과 제휴로 다운로드 서비스 제공), 유비쿼터스 시대의 종합 콘텐츠 제공업체를 표방(일반 방송사에서 BBC의 이미지 변신)하는 등의 미디어 기업들의 새로운 변화는 미디어 2.0 시대에 더욱 가속화할 것으로 전망된다.

　미디어 2.0 시대에는 크로스미디어 네트워크도 활발해질 것이다. TV나 신문, 인터넷 등 다양한 매체의 광고를 동시에 집행하는 크로스미디어(cross media)의 개념이 확장되는 것이다. 콘텐츠가 네트워크 흐름을 따라 다양한 플랫폼에서 구현되는 것이다.

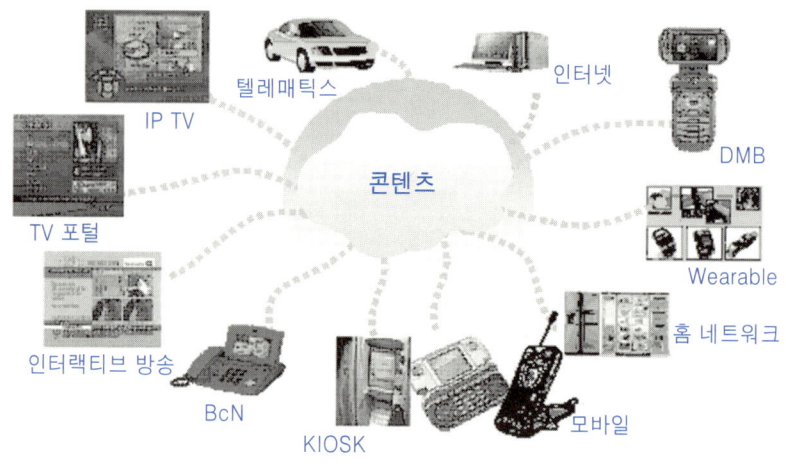

[그림 6.6] 크로스미디어 네트워크

6.1.2 온라인 패러다임을 바꾼 퓨전 웹, Web 2.0

　최근 들어 웹 2.0이 새로운 화두로 급부상하고 있다. 웹 2.0은 웹을 중심으로 하는 사회, 경제, 기술적 세계에서 일어나고 있는 새로운 트렌드의 총칭이다. 웹을 둘러싼 환경의 변화양상을 파악해 향후 웹의 방향성을 통찰하고자 하는 시도이다. 과거의 웹(웹 1.0이라 명명하기도 함)이 일방적인 정보 제공의 형태였다면 웹 2.0은 사용자들의 '참여'와 '개방성'을 통해 사용자들이 일방적으로 정보를 제공받지 않고 블로그, 검색 등을 활용해 스스로 정보 및 네트워크를 창조하고 공유하는 것이다. 국내의 경우 싸이월드와 같은 서비스, 1인 매체의 특성을 지닌 블로그의 증대, 댓글 등이 바로 웹 2.0으로 가는 하나로 문화로 볼 수 있다.

웹 2.0은 문화적으로는 대중문화 및 참여 문화의 성장을 그 배경으로 하며, 경험적으로는 그동안의 전산역사를 통한 경험, 시행착오를 바탕으로 한다. 기술적으로는 향상된 인프라(네트워크, 하드웨어, 관련 기술, 즉 디지털 기기의 일반적 보급, 소프트웨어의 발전)가 그 배경이 된다. 콘텐츠 제작·유통비용의 감소가 직접적인 동인이다. 누구나 쉽게 콘텐츠를 제작할 수 있는 기술적 여건이 조성되었으며, 인터넷 업계에서 웹 2.0의 잠재력을 겨냥한 다양한 비즈니스 모델과 서비스들을 제공해 새로운 트렌드를 창출한 것이다.

[표 6.2] 웹 2.0의 확산 배경

구분	대상부문	웹 2.0에 미친 영향
기술적 동인	이용자	휴대폰, 카메라, 캠코더 등 휴대용 멀티미디어 기기의 대중화
	사회인프라	유무선 브로드밴드의 확산
산업적 동인	사업자	다양한 웹기술(AJAX, RSS, XML 등)의 개발
		냅스터(1999) → 콘텐츠 소비욕구 자극, 사용자 간 공유 일상화
		애플의 아이팟/아이튠즈 서비스(2003) → 'Podcasting'이라는 신조어를 만들며 콘텐츠 파일의 제작, 배포를 급증시키는 계기
		구글(G메일, 구글 어스 등 사회적 반향을 일으킨 서비스 발표) → IPO 성공, 광고시장 점유율 상승으로 전형적인 성공사례 구축

자료: 삼성경제연구소(2007)

웹 2.0 시대에는 모든 것이 웹 안에서 이루어진다. 그러나 모든 것을 웹을 통해 해결하도록 한다는 개념이 웹 2.0을 통해 처음 제기된 것은 아니다. 1990년대 중반 당시 오라클 회장이던 래리 앨리슨은 '네트워크 컴퓨터' 개념을 내세우면서 새로운 패러다임의 변화를 주장했다. 넷스케이프 같은 웹 브라우저와 자바 기술을 결합한 네트워크 컴퓨터가 비싸고 높은 사양을 요구하는 PC를 몰아낼 것이라고 예언한 것이다. 물론 당시는 형편없는 네트워크 인프라(견디기 힘들 정도의 느린 다운로드 속도 등)로 인해 실패했지만 10년이 지난 지금에는 기술적 진보로 인해 앨리슨의 주장이 현실화되고 있다.

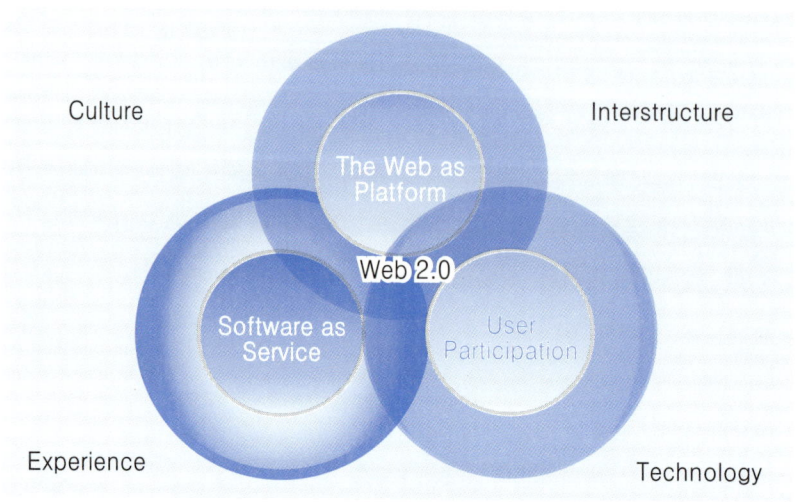

Culture

Interstructure

The Web as
Platform

Web 2.0

Software as
Service

User
Participation

Experience

Technology

[그림 6.7] 웹 2.0의 전략적 포지셔닝

2004년 10월 웹 2.0이라는 개념을 처음 창안한 팀 오라일리(Tim O'reilly)는 2000년의 닷컴 거품 붕괴 이후 지금까지 살아남은 기업들의 특징에 주목했다.[1] 왜 라이코스는 죽고, 구글과 야후는 살아남았을까? 아마존과 이베이의 성공 요인은 무엇일까? 닷컴 거품 시대와 비교해서 무엇이 달라진 것일까? 이 질문들에 대한 답변이 바로 웹 2.0 시대에 주목하는 이유이다.

오라일리는 웹 2.0의 첫 번째 원칙을 '플랫폼으로서의 웹'이라고 규정하고 있다. 넷스케이프는 웹 브라우저라는 응용 프로그램을 플랫폼으로 만들려고 했다. 그러나 웹 브라우저는 마이크로소프트의 윈도우라는 플랫폼에서 돌아가는 서비스 가운데 하나로 전락해 버렸고, 넷스케이프는 설 자리를 잃게 됐다. 거꾸로 구글은 일찌감치 데이터베이스 관리에 역량을 집중했다. 구글은 넷스케이프처럼 어떤 종류의

---

[1] '웹 2.0'이란 용어는 오라일리 미디어의 데일 도허티가 미디어라이브의 크랙 클라인과 컨퍼런스를 위한 아이디어를 위해 논의하던 중에 제안되었다. 도허티는 웹이 규칙을 바꾸고, 사업 모델을 개척하면서 르네상스에 와 있다고 주장했다. 도허티는 용어를 정의내리기보다는 "더블클릭(DoubleClick)이 웹 1.0이었다면, 구글의 애드센스는 웹 2.0이다. 오포토(Ofoto)가 웹 1.0이었다면 플리커(Flickr)는 웹 2.0이다"는 식으로 예를 들어 설명했고, 사업적 관점의 균형을 위해 존 바텔을 영입했다. 이후 오라일리 미디어, 바텔, 미디어 라이브가 함께 2004년 10월에 최초의 웹 2.0 컨퍼런스를 열었다.

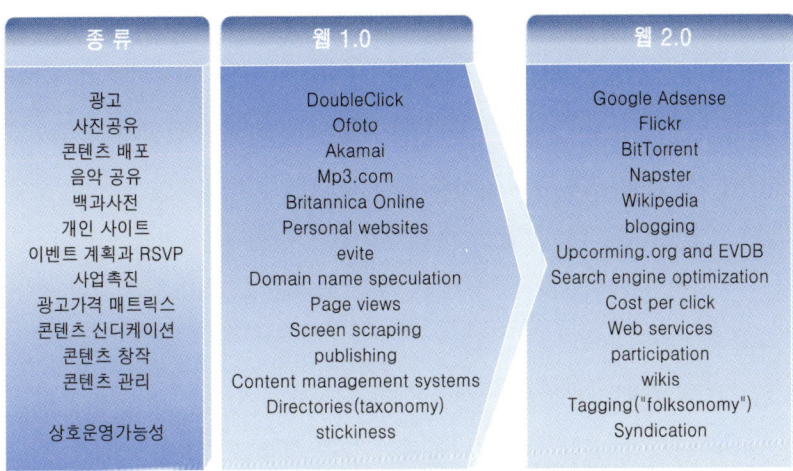

종류	웹 1.0	웹 2.0
광고	DoubleClick	Google Adsense
사진공유	Ofoto	Flickr
콘텐츠 배포	Akamai	BitTorrent
음악 공유	Mp3.com	Napster
백과사전	Britannica Online	Wikipedia
개인 사이트	Personal websites	blogging
이벤트 계획과 RSVP	evite	Upcomming.org and EVDB
사업촉진	Domain name speculation	Search engine optimization
광고가격 매트릭스	Page views	Cost per click
콘텐츠 신디케이션	Screen scraping	Web services
콘텐츠 창작	publishing	participation
콘텐츠 관리	Content management systems	wikis
	Directories(taxonomy)	Tagging("folksonomy")
상호운영가능성	stickiness	Syndication

[그림 6.8] 웹 1.0에서 웹 2.0의 시대로

  응용 프로그램을 팔려고 하지도 않았고 대량의 서버를 갖추고 있으면서도 그 서버로 돈을 벌어들이려고 하지도 않았다. 인터넷 서점 아마존이나 경매 사이트 이베이 역시 플랫폼을 가진 기업이 성공한 경우이다. 이들의 경쟁력은 응용 프로그램이 아니라 정보의 전달 프로세스, 즉 플랫폼에 있다. 웹 1.0 시대에는 플랫폼을 가진 기업이 응용 프로그램을 가진 기업을 밀어내고 살아남았다. 그러나 웹 2.0 시대에는 플랫폼을 가진 기업들끼리의 싸움이 시작된다. 이것이 바로 핵심이다. 이제는 플랫폼의 경쟁력을 고민해야 할 때다.

  웹 2.0의 두 번째 원칙은 사용자들의 자발적인 참여와 그들의 집단지성이다. 불특정 다수의 참여로 콘텐츠를 만들어가는 온라인 백과사전인 위키피디아가 그 대표적인 사례이다. 웹 2.0 시대의 경쟁력은 콘텐츠가 아니라 콘텐츠를 만들어내는 플랫폼에 있다. 네이버 지식검색의 경쟁력은 사용자들이 무단으로 옮겨 올려놓은 답변들의 데이터베이스밖에 없다. 네이버는 이 데이터베이스에서 새로운 가치를 만들어내는 데 실패했다. 반면 구글은 페이지 랭크라는 방식으로 페이지의 우선순위를 매긴다. 간단히 설명하면 이 페이지를 가리키는 링크가 얼마나 많은지 계산해보고 링크가 많을수록 더 유용하다고 보는 것이다. 네이버는 사용자들의 참여를 끌어들여 방대한 데이터베이스를 구축하는 데까지는 성공했지만 사용자들이 새로운 콘텐츠를 만들고 스스로 가치를 높이는 단계까지 이르지는 못한 것이다. 이런 상황은 국내 대형 포털사이트가 모두 마찬가지이다. 아무리 웹을 검색해도 딱히 유용한 정보들이 나오지 않고 지식검색 등 자체적으로 데이터베이스를 구축하더라도 그 데이터베이스가 대부분 '퍼온' 글로 채워지고 있는 것이다. 싸이월드도 마찬가지이다. 열성적인 참여를 끌어내고 수익모델도 확보했지만 그 플랫폼이 지속 가능한 것인가는 아직 확신하기 어렵다.

한편 웹 2.0을 존재하게 만든 속성들은 크게 토대를 이루는 속성과 체험으로 얻은 속성으로 구분할 수 있다. 아마존, 이베이 같은 성공 기업들이 이룩해 온 토대를 이루는 속성으로 사용자 참여 가치(user-contributed value), 롱테일(long tail), 네트웍 효과(network effect)를 들 수 있다.

Flicker, Google Maps, Wikipedia 같은 이전엔 볼 수 없었던 서비스 체험으로부터 얻은 속성으로는 분산화(decentralization), 공동 생산(co-creation), 재조합 가능성(remixability), 시스템 변화(emergent system) 등이 있다.

오라일리가 제안하고 두 차례의 컨퍼런스를 거쳐 세계적으로 널리 통용되는 웹 2.0의 특징은 다음과 같이 정리된다(이정환, 2006).

첫 번째는 사용자 기반의 태그이다. 사용자들이 자료마다 직접 꼬리표를 붙인다는 이야기다. 자료의 분류를 컴퓨터가 하는 것도 아니고 포털사이트의 아르바이트생이 하는 것도 아니다. 사용자들이 기꺼이 동참해 직접 태그를 입력하고 전송한다. 이런 수고를 감수하는 건 개인적으로 자료를 정리하는 데도 편리하고 무엇보다도 재미있기 때문이다. 최근 야후에 인수된 플릭알과 딜리셔스 같은 서비스가 대표적이다.

두 번째는 풍부한 유저 인터페이스이다. 이제 사용자들은 더 편리하고 더 직관적인 서비스를 필요로 한다. 최근 AJAX로 만든 사이트가 늘어나는 것도 웹 2.0의 변화라고 볼 수 있다. AJAX는 '비동기식 자바 스크립트와 XML'의 약자로 에이잭스라고 읽는다. 사용자에게 불편을 끼치지 않으면서 최대한의 편의를 제공하는 것,

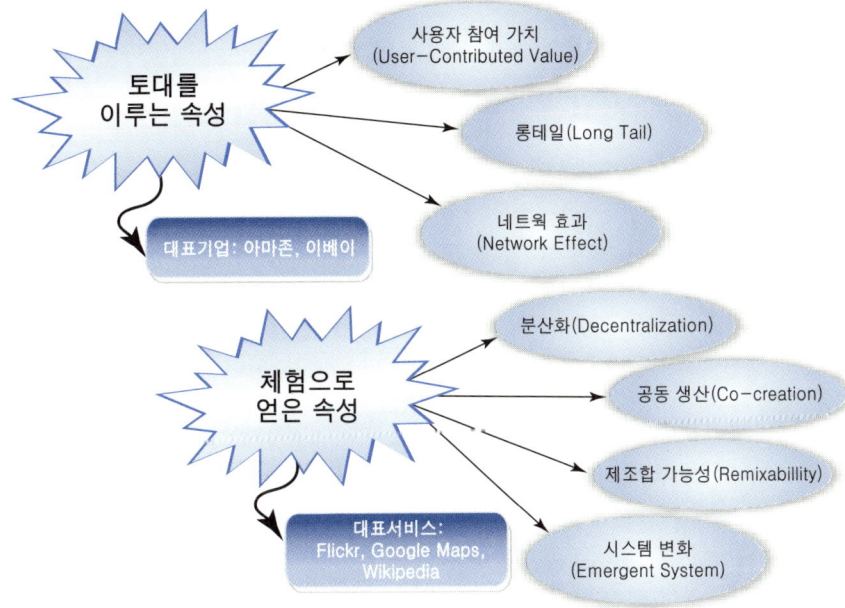

[그림 6.9] 웹 2.0을 존재하게 만든 속성들

이것이 바로 웹 2.0의 인터페이스가 지향하는 바이다. 새롭거나 특별히 어려운 기술술은 아니지만 중요한 것은 아이디어이다.

가장 쉽게 생각할 수 있는 사례로는 검색창의 추천 검색어가 있다. 최근 네이버 등에 추가된 기능인데 한 글자만 집어넣어도 그 글자로 시작되는 추천 검색어가 밑에 줄줄이 따라붙는다. 사용자가 굳이 전송키를 누르지 않아도 알아서 첫 글자를 서버에 전송하고 관련된 단어를 받아서 띄워준다. 몇 차례 데이터를 주고받았는데도 사용자는 아무것도 눈치 채지 못한다. 이런 작은 서비스가 사용자들에게 기쁨을 준다.

세 번째는 사용자가 직접 가치를 부여한다는 것이다. 가장 대표적인 사례가 구글의 페이지 랭크이다. 구글의 검색로봇이 수많은 웹 페이지를 돌아다니면서 링크를 읽어들이고 이를 바탕으로 정보의 우선순위를 계산한다. 계산은 컴퓨터가 하지만 그 근거가 되는 링크는 곳곳에 흩어져 있는 수많은 사용자들이 만든다. 수많은 사용자들의 의도를 반영한다는 점에서 페이지 랭크는 웹 2.0의 정신을 가장 잘 반영한 서비스라고 할 수 있다. 이 밖에도 아마존의 도서 리뷰 시스템이나 이베이의 평판 시스템도 사용자가 가치를 부여해 순위를 높인다는 점에서 페이지 랭크와 일맥상통하는 부분이 있다.

네 번째는 직접 참여하는 미디어이다. 가장 대표적인 것이 블로그와 트랙백, RSS라고 할 수 있다. 블로그는 일기 형태의 기록이라는 점에서 과거의 개인 홈페이지와는 다르다. 홈페이지처럼 멈춰 있는 게 아니라 날마다 새로운 기록이 업데이트된다. 정보의 생산이 이뤄진다는 점에서 정보의 유통에 그쳤던 네이버 지식검색과도 다르다. 블로그의 더 큰 차이는 늘 살아 움직이면서 끊임없이 소통한다는 것이다. 트랙백은 다른 블로그에 내가 그 웹 페이지의 내용과 관련된 글을 썼다는 사실을 알리는 역할을 한다. 트랙백을 보내면 두 개의 블로그를 서로 연결하는 링크가 생기게 된다. 트랙백은 지금까지와는 전혀 다른 새로운 형태의 소통 방식이다. RSS는 그야말로 웹 2.0의 꽃이라고 할 수 있다. RSS(Really Simple Syndication)는 '정말 간단한 발행'의 약자다. 쉽게 설명하면 블로그의 최신 글 목록을 RSS 파일로 '발행'하고, 그 블로그를 '구독'하는 사람들은 그 파일을 받아다가 하루에 한 번씩 열어보는 것만으로도 최신 업데이트 상황을 확인하고 새로 올라온 글을 불러들일 수 있다.

다섯 번째는 극단적인 신뢰, 여섯 번째는 극단적인 분산이다. 누군가 들어와서 모든 자료를 지워버릴 수도 있지만 그럴 가능성까지도 모두 열어둔다. 의도적으로 자료를 엉터리로 수정하거나 악용하는 경우도 있지만 수많은 자원 봉사자가 이를 바로잡는다. 사용자가 많을수록 가치가 높아진다.

일곱 번째는 미디어 2.0의 논의에서도 강조했듯이 '롱테일' 비즈니스이다. 흔히 상위 20%가 80%의 매출을 올려준다고 하지만 하위 80%를 무시할 수는 없다. 오히려 웹 2.0의 세계에서는 하위 80%가 더 많은 수익을 올려준다. 이런 가정을 증명하는 사례는 숱하게 많다. 아마존은 20%의 베스트셀러보다는 잘 안 팔려서 구하기 어려운 나머지 80%의 책에 더 경쟁력이 있다. 왜냐하면 아마존에서만 살 수 있는 책이기 때문이다. 애플의 음악 다운로드 사이트, 아이튠스 역시 80%의 비인기 앨범이나 희귀 앨범에서 더 많은 수익이 나온다. 결국 웹 2.0은 기술이 아니라 데이터와 서비스, 사용자에 대한 접근 방식이다.

　이처럼 웹 2.0은 이용자 참여를 기반으로 한 가치 창출을 통해 사회 전반에 변화를 야기하고 있는데, 경제사회 차원에서 다양성의 증대, 산업 차원에서 기존 가치사슬과 질서 변화, 기업경영에서 온-오프 연계 경영이 키워드이다.

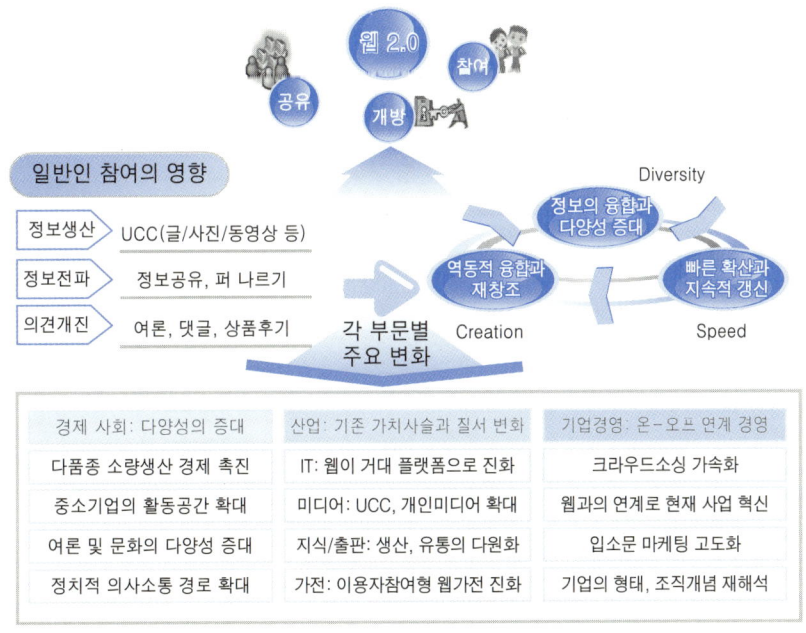

자료: 삼성경제연구소(2007)

[그림 6.10] 웹 2.0을 통한 사회 전반의 변화

웹 2.0은 기존의 비즈니스 패러다임을 혁신적으로 바꾸어 놓고 있는데, 세 가지로 정리된다.

첫째, 비즈니스 모델의 변화이다. 웹이 비즈니스에 있어서 이롭게 활용되기 위한 자리매김이나 타깃 고객층의 변화이다.

둘째, 정보 모델의 변화이다. 웹상에서 유통하는 정보의 흐름과 관련된 방법이나 내용의 변화이다.

셋째, 기술 트렌드의 변화이다. 웹을 구축하기 위해서 이용되는 기술 트렌드의 변화이다.

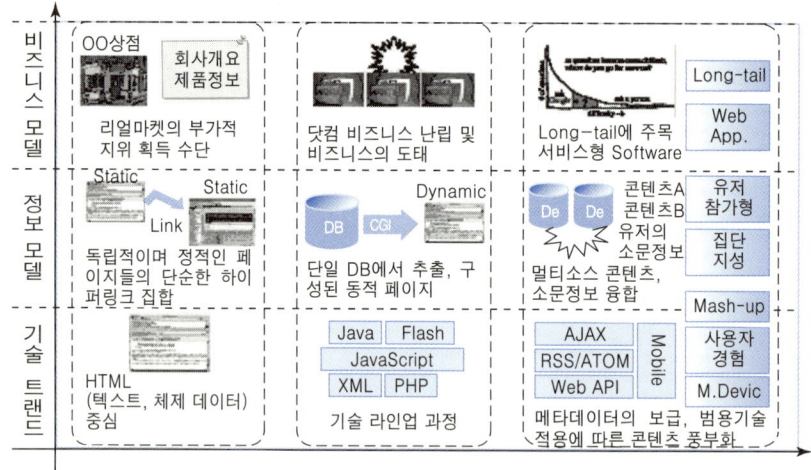

[그림 6.11] 웹 2.0과 비즈니스 구조의 변화

웹 2.0의 개방성은 소비자에게 큰 영향력을 주고 있다. 즉, 소비자들에게 공유와 참여의 기회를 부여하면서 소비자들의 성격을 변화시키고 있다. 정보의 공유는 소비자들에게 막대한 정보와 지식의 창출력을 부여하고 있다. 소비자들은 상호 간 정보 공유를 통해 제품/서비스에 대한 보다 실질적인 정보를 획득하게 된다. 새로운 가치 창조의 전제인 참여는 소비자들의 생산자화(프로슈머화)를 가속시킬 것이다.

웹 2.0 시대로 들어서면서 비즈니스 구조가 변화함에 따라 게임의 법칙 또한 혁신적으로 변화하는데, 첫째, 유무선에 상관없이 끊김 없는 네트워크를 제공하는 링크, 둘째, 정보소스의 다양화 및 풍부화를 지향하는 장벽 제거, 셋째, 원하는 정보에 이르게 하는 안내, 넷째, 기존 생성된 가치를 재창조하는 재혼합 등이다.

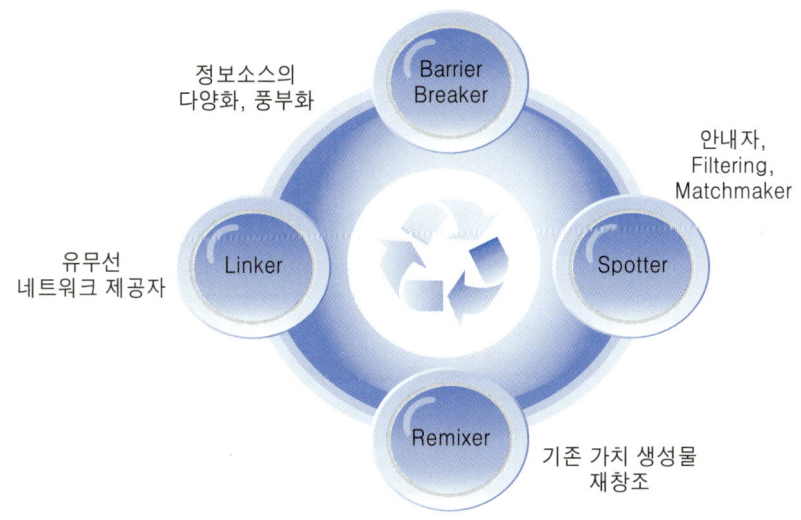

[그림 6.12] 새로운 게임의 법칙과 웹 2.0 플랫폼

6.2 주요 매체별 콘텐츠 퓨전

6.2.1 인터넷

인터넷은 업무 중에서나 여가시간에 이용하는 매체로 영화/음악 다운로드, 뉴스 검색, 인터넷 쇼핑, 메일/메신저, 게임 등의 목적으로 주로 이용된다. 최근에는 웹 2.0의 등장으로 인터넷 공간의 정보 수용자였던 네티즌이 적극적인 정보 공급자의 역할을 하게 되었으며, 앞으로 네티즌의 '참여'와 '공유'라는 특성이 더욱 강화될 것이다.

실제 수용자 조사결과를 보면, 인터넷을 이용하는 수용자들은 쇼핑, 커뮤니케이션, 정보콘텐츠를 선호하며, 정보와 재미 그리고 편리, 유용성이라는 욕구를 충족하기 위해 이용하는 것으로 나타난다.

인터넷 서비스에 대한 수용자의 요구사항은 다음과 같다. 첫째, 원하는 시간에 원활한 정보검색과 회원가입 사이트의 체계적 운영이 필요하며, 둘째, 인터넷 쇼핑에 있어서 물품에 대한 추천과 비교, 선 배송 후의 결제, 홈쇼핑과의 연계 등의 시스템 개선이 요구되며, 셋째, 포털서비스의 경우 검색의 용이성과 사용자 인터페이스의 강화를 요구하고 있으며, 넷째, 스트리밍 및 다운로드 서비스의 경우에는 다양한 콘텐츠의 공급을 요구한다. 이에 인터넷 콘텐츠는 FC(Fusion Contents, 융합 콘텐츠), CC(Concierge Contents, 컨시어지 콘텐츠), LC(Life Contents, 생활문화콘텐츠), WC(Well-being Contents, 웰빙콘텐츠)로 진화하고 있다.

인터넷 퓨전의 대표적인 사례는 바로 UCC가 될 것이다. 실제로 동영상 개인미디어를 표방하는 판도라TV의 경우 현재 네이트나 핌 같은 모바일, 지하철(3, 4호선), KTX, PMP 등 어떤 플랫폼에서든 원하는 콘텐츠를 즐길 수 있도록 '퓨전 서비스'를 제공한다는 전략을 마련하고 있다.

> **인터넷 퓨전의 실제 사례들**
>
> - **넷심을 잡기 위한 인터넷 쇼핑의 콘텐츠 및 서비스 개선 사례**
>   - '원스톱 맞춤혼수' 등 특화 전략, 무료배송 전략
> - **UCC 콘텐츠의 인기**
>   - 포털과 방송사와의 제휴 활발(야후가 SBS, Mnet 등과 제휴 체결)
>   - UCC를 활용한 1인 방송국 런칭(곰TV의 제작사인 그레텍에서 2007년판 업그레이드 버전 출시)

6.2.2 포터블: 휴대폰 & PMP

휴대폰은 이동 중에 즐기는 통화기능뿐만 아니라 카메라, MP3P, 게임 기능 등이 기본적으로 탑재되어 있다. 또한 PMP를 위시한 휴대용 동영상 플레이어는 새로운 뉴미디어 서비스에 맞추어 융합하고 진화되고 있다. PMP로 대변되는 동영상 플레이어는 다음과 같은 특성을 지니며 진화하고 있다. 첫째, 불법 복제, 유통 및 무료

콘텐츠를 유료화로 전환시키며 수익모델을 창출하였다. 둘째, 기존의 MP3와 같이 단순히 하나의 기능만을 제공하는 것이 아니라 영상, 내비게이션 등의 복합적인 기능을 제공한다. 셋째, 이종 산업 간의 컨버전스, 즉 최근의 포터블 미디어에는 DMB까지 탑재되어 방송 콘텐츠까지도 수용할 수 있게 되었다.

최근에는 PMP로 불리우는 포터블 멀티미디어 플레이어가 다기능 휴대폰의 막강한 경쟁자로 등장했다. 동영상 재생이 가능한 MP3 플레이어에 불과했던 PMP가 초고속 무선통신과 디지털 멀티미디어 방송(DMB), 게임 기능 등과 퓨전을 지속하면서 진화하고 있기 때문이다. 지금까지 통신 기능과 멀티미디어 기능을 함께 갖춘 기기는 휴대폰이 유일했으나 이제는 PMP가 더욱 강력한 기능을 갖추면서 그 대결 구도가 훨씬 치열해질 전망이다.

한편 핸드폰과 PMP의 수용자 조사결과를 보면, 휴대폰 이용자들은 문화예술, 생활, 취미 분야의 콘텐츠를 선호하며, 편리함과 정보/이동성, 비용 등의 욕구를 충족하기 위해 휴대폰을 활용하는 것으로 나타난다. 주로 이동 중에 휴대폰을 이용하며, 카메라, MP3, 차량 부착용 내비게이션, 알람기능, 게임, 일정관리, 컬러링, 벨소리 다운로드, USB 대체 기능, 동영상, 전자사전 서비스 등에 많이 활용하는 것이다. 비싼 기본요금과 액정의 한계로 인한 화면크기에 대한 불만, 휴대인터넷 서비스의 비싼 요금, 배터리의 수명 등 주로 기능적 불만과 요금에 대한 불만이 높다. 휴대폰 이용자들은 휴대폰에 대해서 다음과 같은 희망사항을 요구하고 있다. 첫째, 맞춤형 정보의 제공, 둘째, 전화기능 외의 모든 기능의 융합, 셋째, 홈 네트워크 기능과 복합매체로서의 기능 확보, 넷째, 방송서비스 부가기능의 기대 등이다.

PMP 이용자들은 문화예술, 교육(영어학습 등), 취미 분야의 콘텐츠를 선호하며, 편리/유용성, 이동성, 품질 등의 욕구를 충족하기 위해 PMP를 활용하고 있다. 역시 작은 화면으로 인한 가독성의 미흡과 눈의 피로, 인터페이스의 조작성, 콘텐츠의 부족 등에 불만을 갖고 있다. PMP 이용자들은 PMP에 대해서 다음과 같은 희망사항을 요구하고 있다. 첫째, 융합기능의 강화와 콘텐츠의 다양성, 둘째, 소형 PC로서의 성능 확보, 셋째, 홈 네트워크와의 연동, 넷째, 광고시청과 무료 콘텐츠 제공의 연계를 요구한다.

이에 포터블 콘텐츠는 MC(Mobile Contents, 모바일 콘텐츠), FC(Fusion Contents, 융합콘텐츠), UC(Ubiquitous Contents, 유비쿼터스 콘텐츠), EC (Experience Contents, 체험형 콘텐츠)로 진화하고 있다.

포터블 퓨전의 실제 사례들

• 디자인 강화와 이용자 편리성 강화: 맥시안 PMP의 사례(좌측부터 맥시안의 PMP, 벅스의 TAVI)

• 온라인과 연동서비스가 가능한 전용 PMP 출시
 – 온라인음악사이트인 벅스에서 전용 휴대용 영상플레이어 타비(TAVI) 출시
 – 맞춤형 사용자 환경을 통해 벅스의 콘텐츠 서비스를 즐길 수 있음
 – 아이팟을 통해 애플의 음악서비스인 아이튠즈를 최적의 환경에서 즐길 수 있는 것처럼 휴대용 개인 멀티미디언 센터의 역할을 수행할 것으로 전망

6.2.3 디지털 방송(케이블, 위성)

디지털 TV의 내수시장 규모는 판매가 본격화된 2004년 9월과 2005년 9월을 비교해 볼 때, 2~3배가량 성장하였으며 수출 또한 70% 이상 증가하고 있다. 북미 지역에서는 2006년 3월부터 출시되는 TV를 모두 디지털로 전환해야 하며, 월드 컵 특수까지 겹쳐 디지털 TV의 약진은 계속되고 있다. 아날로그 TV에 비해 높은 가격임에도 불구하고 디지털 TV의 강세가 지속되는 이유는 벽걸이형 TV로 공간의 제약을 제거하였고, HD로 고화질을 실현하였다. 이 밖에도 편의성과 채널의 다양성이 증가하였고, 초고속 인터넷(ISP), 인터넷 전화(VoIP) 등과의 호환, HD 전용 콘텐츠와 같은 새로운 콘텐츠가 생성되었기 때문이다.

수용자 조사결과, 디지털 방송 사용자들은 화질이 좋고, 채널이 다양하다는 장점에 대한 만족감을 갖고 있으며, 가격이 비싸다는 점에 불만을 갖고 있다. 교육(예컨 대 방송대학 시청)과 문화예술/쇼핑/취미 등의 콘텐츠를 선호한다.

이에 디지털 방송 콘텐츠는 LC(Life Contents, 생활문화콘텐츠), WC(Well-being Contents, 웰빙콘텐츠), UC(Ubiquitous Contents, 유비쿼터스 콘텐츠), FC(Fusion Contents, 융합콘텐츠)로 진화하고 있다.

디지털 방송 퓨전의 실제 사례들

• e-post, 우체국 TV 뱅킹 서비스 시작
 - TV 시청 중에도 리모컨으로 간편하게 계좌이체, 거래내용조회, 금융상품 안내 등 다양한 우체국 금융 서비스를 이용하는 서비스 개시(2006년 9월 29일 예정)

• MPP 중심으로 HD 방송 확대
 - 온미디와 CJ미디어를 중심으로 HD 방송 송출을 늘리는 추세임

6.2.4 DMB

DMB 서비스는 짧은 시간에 많은 가입자를 확보하면서 폭발적인 성장세를 이어 가고 있다. 이와 같이 급성장을 할 수 있던 원인은 다음과 같다. 첫째, 시·공의 제 약 없이 시청할 수 있고, 둘째, 정액제 또는 무료로 멀티미디어 서비스를 제공받을 수 있고, 셋째 간편하게 휴대할 수 있고, 넷째 이동방송 전용 콘텐츠와 같은 차별화 된 콘텐츠를 이용할 수 있기 때문이다. 특히 단말기 시장의 폭발적인 성장세가 있 었는데, 서비스의 특성상 노트북, 휴대폰, PDA, PMP, 내비게이션 등 다양한 멀티 미디어 기기에 DMB 단말기 혹은 모듈이 장착하게 되었기 때문이다. 이로 인해 하 드웨어 시장이 DMB 서비스로 인해서 얻는 이득은 매우 큰 것으로 기대된다.

한편 DMB의 퓨전 가능성 중 가장 기대되는 부분은 바로 Win-Win 모델로서의 '텔레매틱스 + DMB 융합 서비스'이다. DMB는 이동통신과 결합하면 양방향 서 비스가 가능하다. 특히 차세대 IT 서비스로 각광받고 있는 텔레매틱스, 지능형 교 통시스템(ITS), 차세대 교통 및 여행정보서비스(TPEG), 차세대 위치정보서비스 등에 다양하게 응용할 수 있다.

[표 6.3] DMB 콘텐츠의 특성

구분		기존 방송	DMB	비고
방송 콘텐츠		• 1시간 이상 분량의 콘텐츠 주류 • 뉴스, 스포츠, 드라마, 쇼, 영화 등 다양한 성격의 콘텐츠 • 화면 대형화, 고화질화에 맞는 고품질 콘텐츠	• 10~20분 단위 짧은 방송 콘텐츠 인기 예상 • 이동 환경이 고려된 정보, 엔터테인먼트 콘텐츠 필요 • 소화면(2~7인치), 저화질을 고려한 콘텐츠	방송 콘텐츠의 패러다임 변화
데이터 서비스	방송 연동형	• 지상파 TV 시험서비스 • 지상파/케이블의 호환성 부족 등 활성화 장애요인	• 휴대 시청 특성 고려한 다양한 서비스 가능 • 일방적 TV, 라디오 시청 중 추가정보의 일방향 제공 • 미들웨어 도입, 활용 시 서비스 다양화 전망	방송과 통신의 융합 본격화
	독립형	• 스카이라이프의 독립형 서비스가 있지만 활성화 미흡(응답속도 등 문제) • 최근 일부 케이블 TV 서비스 개시 • 인터넷 결합 방식의 다양한 유료서비스 등장 전망	• 세미 인터랙티브 서비스 • 뉴스, 날씨 등 공익적 정보제공 용이 • 리턴채널 확보로 일부 무선데이터서비스 대체 가능 • LBS 기반 교통정보 등 고부가서비스 개발 시 유료화 가능 전망	다양한 수익모델 제시 가능

DMB에 대한 수용자 조사결과, DMB 사용자들은 문화예술, 취미, 쇼핑/정보/교육 콘텐츠를 선호하며, 이동성, 선택성, 시간적 욕구 해결을 위해 DMB를 이용하고 있다. 특히 위성 DMB보다는 무료로 제공되는 지상파 DMB를 선호하는 것으로 나타났다. 이동이나 여가시간에 주로 이용하며, 빈 시간을 활용하기 위해서나 호기심으로 이용하는 경향도 크다. DMB 사용자들은 다음과 같은 희망사항을 갖고 있다. 첫째, 이용자의 시청 사이클에 맞는 방송편성을 요구하고 있으며, 둘째, 서비스 품질 개선을 요구하고 있다. 셋째, 다양하고 풍부한 콘텐츠를 요구하고 있는데, 예컨대 홈쇼핑과 DMB가 연계되거나 DMB 전용으로 개발된 콘텐츠, 타깃 집단별 니즈를 충족시키는 콘텐츠, 시청자 참여 콘텐츠 등이 그 예이다. 넷째, 스포츠 콘텐츠에 대한 욕구가 높으며, 다섯째, 교통방송 등과 연계된 양방향 정보의 제공 등

이다.

이에 DMB 콘텐츠는 LC(Life Contents, 생활문화콘텐츠), MC(Mobile Contents, 모바일 콘텐츠), UC(Ubiquitous Contents, 유비쿼터스 콘텐츠), FC(Fusion Contents, 융합콘텐츠)로 진화하고 있다.

DMB 퓨전의 실제 사례들

• **자체 채널을 통한 고화질(HD) 영화 방영**
  - TU미디어가 직접 투자한 고화질(HD) 영화 〈물음표〉가 2006년 9월 1일부터 채널블루에서 방송 중
  - 케이블 TV, 휴대폰 무선인터넷 네이트 등을 통해서도 방영 예정 중(원소스 멀티유즈 전략)

〈사진=프로덕션 예〉

• **양방향성과 실시간성을 극대화한 콘텐츠 제작**
  - '라이브 퀴즈 눌러눌러'는 시청자들이 직접 참여하여 게임을 풀 수 있는 양방향성 프로그램 포맷을 표방

6.2.5 IPTV

IPTV의 상용화는 컨버전스의 하이라이트라고 할 수 있다. 2006년부터 BcN이 시범 서비스되면서 통신과 방송의 융합이 가속화되고, 그 중심에 IPTV가 있다. TV를 보면서 인터넷을 할 수 있으며, 인터넷을 하면서 전화를 받을 수 있다. IPTV는 별도의 영상장비 없이 기존의 인터넷 네트워크를 그대로 활용할 수 있게 해 주며, 이용자가 직접 원하는 프로그램을 원하는 시간에 볼 수 있도록 해 준다. 광랜 서비스를 중심으로 음악, 영화, 교육 다양한 분야의 콘텐츠를 빠르게 제공하며, 본격적인 인터랙티브 커뮤니케이션이 가능해진다.

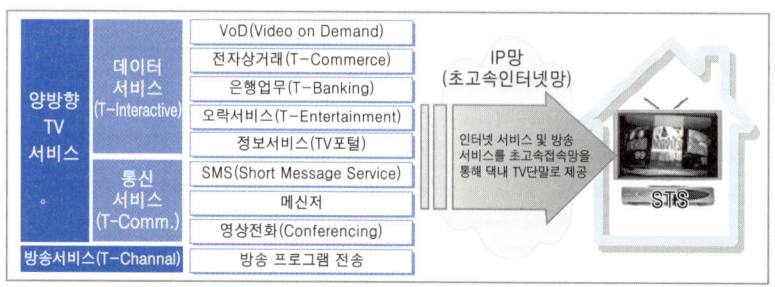

[그림 6.13] IPTV 서비스 구현

　수용자 조사결과, IPTV에 대해 쇼핑/정보, 생활, 교육 콘텐츠를 기대하며, 즉시성, 편리 및 유용성의 욕구충족을 위해 활용하고자 하는 것으로 나타난다. IPTV 사용자들은 다음과 같은 희망사항을 요구한다. 첫째, 다양한 콘텐츠의 검색서비스, 둘째, 실시간 참여와 양방향성 구현, 셋째, 조작의 편리성, 넷째, 맞춤형과 실시간 정보 콘텐츠 제공이 필요하다는 의견을 제시한다.

　이에 IPTV 콘텐츠는 IC(Interactive Contents, 양방향 콘텐츠), LC(Life

IPTV 퓨전의 실제 사례들

- **하나로 텔레콤의 시네마 서비스 투자**
  - 국내 메이저 영화투자 및 제작·배급 전문회사인 시네마 서비스에 25억 투자
  - IPTV의 킬러콘텐츠 중 하나로 꼽히는 영화콘텐츠 확보를 위한 사전 전략

- **신개념 '북(Book)TV' 오픈**
  - 초고속 인터넷과 IP 셋톱박스, TV를 연결해 신간, 베스트셀러 등 도서 정보는 물론 지역별, 테마별 서점 안내, T 커머스를 통한 도서주문, VOD(주문형 비디오) 정보 등 쌍방향 서비스를 제공
  - IPTV를 기반으로 하는 새로운 T 커머스를 구현하게 될 전망

Contents, 생활문화콘텐츠), WC(Well-being Contents, 웰빙콘텐츠), UC (Ubiquitous Contents, 유비쿼터스 콘텐츠)로 진화하고 있다.

6.2.6 WiBro/HSDPA

WiBro는 기존 초고속 인터넷과 이동전화 무선인터넷의 결합체라고 할 수 있다. 정보통신부와 삼성전자가 주축이 되어 개발하였으며 '무선광대역인터넷'이나 '휴대인터넷' 정도로 번역할 수 있다. 외국에서는 모바일 와이맥스라는 표현을 더 많이 사용한다. 뉴미디어 서비스 중에서 가장 빠른 성장과 시장규모를 확장할 것으로 예상되는 WiBro는 이동 중에 사용할 수 있기 때문에 시간과 공간을 초월하여 활용할 수 있다. 대용량의 데이터를 빠르게 전송할 수 있는데, 전송단가를 낮춤으로서 수익률을 높여준다.

HSDPA는 WCDMA의 진화한 형태로서 3.5G 이동통신 서비스를 의미한다. 이론상 최대 14.4Mbps 속도의 데이터 다운로드가 가능해 고화질 화상통화나 영화 등 대용량 콘텐츠의 단시간 전송 등을 할 수 있다. 세계적으로 49개 나라나 지역에서 이미 상용화되었거나 가설 작업을 하고 있으며, 국내에서도 KTF와 SKT 등의 이동통신 사업자들 간의 경쟁이 시작되었다.

HSDPA와 와이브로는 서비스의 유사성으로 인해 2007년부터 무선데이터 시장에서 본격적으로 경쟁을 벌일 것으로 전망되며, 그 무기는 요금제와 부가서비스에 있을 것이다.

[표 6.4] WiBro 서비스 영역

구분	서비스 방향	주요 서비스
정부 · 공공 분야	정부 · 공공 서비스를 모바일화로 정부 효율 및 국민 복지의 증대	• 모바일 정부 • U 시티 인프라 • 국가 자원관리 시스템 • 텔레메트리(telemetry) 서비스
산업 · 경제 분야	기업 활동의 시공간적 제약을 극복함으로써, 기업 효율과 생산성 향상에 기여	• 모바일 오피스 • 위치 기반 서비스 • 모바일 상거래 서비스 • VoIP 방송
가정 · 환경 분야	개인 생활의 편리를 도모하고, 관리 능력이 증대됨	• 메시지 기반 서비스 • 인터넷 전화 • 푸시투토크(Push to Talk) • 화상전화 • 홈 네트워킹 서비스 • 퍼스널 서버 서비스
문화 · 라이프 분야	여가, 오락을 모바일로 편리하게 이용이 가능하며, 휴대 단말기를 통한 커뮤니케이션의 편리 도모	• 방송 포털 사업 • 디지털 음악 서비스 • WiBro 게임 • 인터랙티브 콘텐츠 서비스 • 관광 · 문화정보 서비스 • 모바일 푸드 서비스
복지 · 의료 분야	의료보건기관과 이용자를 언제, 어디서나 연결. 의료정보의 자유로운 이용 증대	• 원격 진단센터 • 헬스폰 • 차세대 병원 • 병원 간 통합 네트워크 서비스 • 장애인용 정보통신 서비스
교육 분야	시간과 장소에 구애받지 않는 교육 콘텐츠의 활용	• 시뮬레이션형 학습환경 구축 • 모바일 교육 콘텐츠 도서관 • 모바일 학습지원센터 • e-러닝 직업훈련 콘텐츠 • 모바일 상담 서비스

[그림 6.14] WiBro 전용플랫폼(단말기)

앞으로 전개될 WCDMA/HSDPA 서비스를 기반으로 한 휴대기기는 비디오 스트리밍이 강화된 복합 폰을 중심으로 한 서비스로 확대될 것으로 전망된다. 이를 도식화하면 다음과 같다.

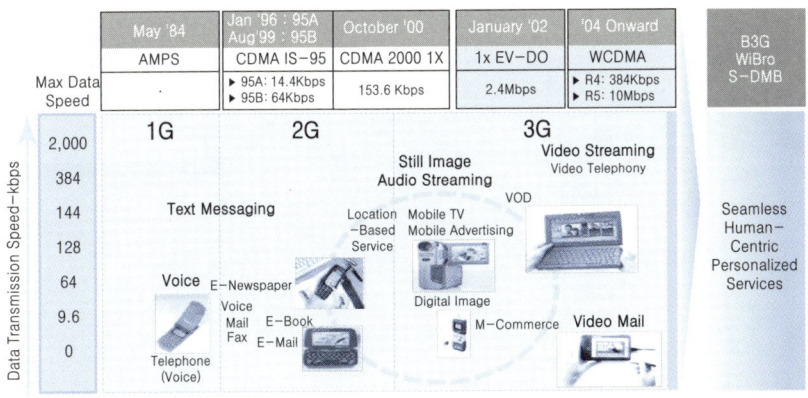

자료: ROA Group Inc.(2005)

[그림 6.15] WCDMA/HSDPA 서비스 확장 전략과 그에 따른 기기의 확장 방향

수용자 조사결과, WiBro와 HSDPA는 생활, 커뮤니케이션 콘텐츠가 선호되며, 이동성, 편리·유용성 욕구 충족을 위해 이용된다. 사용자는 다음과 같은 희망사항을 요구한다. 첫째, 서비스에 대한 개선(정액요금제, 빠른 속도)과 둘째, 기술적인 진

화(큰 디스플레이와 배터리의 대용량화)이다.

이에 WiBro와 HSDPA 콘텐츠는 FC(Fusion Contents, 융합콘텐츠), LC(Life Contents, 생활문화콘텐츠), MC(Mobile Contents, 모바일 콘텐츠), UC(Ubiquitous Contents, 유비쿼터스 콘텐츠)로 진화하고 있다.

Wibro/HSDPA 퓨전의 실제 사례들

- **4G의 선두주자로서 와이브로의 위상 성장**
  - 양방향성 강화, 쉬운 접속, 단말의 휴대성 강화에 초점을 맞춰 서비스가 업그레이드되고 있음
  - 맞춤형 멀티미디어 콘텐츠, VOD, Live TV, 3차원 지도를 이용한 지역정보 서비스 등이 킬러콘텐츠가 될 전망

- **HSDPA 시장 확대를 대비한 동영상 포털서비스**
  - 디지털 디바이스/콘텐츠 전문 기업인 코원시스템이 홈페이지를 통해 동영상 콘텐츠 서비스 개시
  - 향후 영화, 방송, 만화, 이북(e-book) 등의 엔터테인먼트 부문과 요가, 다이어트, 스포츠 댄스 등 웰빙 분야에 이르기까지 보다 확대된 콘텐츠 서비스를 위해 활발히 제휴를 추진 중

6.3 디바이스 퓨전 & 디버전스

융합(convergence) 현상은 '분화(divergence)'의 트렌드를 함께 수반한다. 퓨전 패러다임으로의 진화는 아이러니하게도 소비자의 취향에 따라 보다 세분화된 시장의 확산을 촉진해 소비자 취향을 다양화 및 개별화하는 효과를 만들어낸다. 융합으로 인한 새로운 미디어, 서비스 등은 소비자의 취향과 필요에 맞춰 분화되고 특화된 형태로 재탄생한다. 융합으로 DMB, IPTV, TV 포털, VOD 서비스 등 소비자의 취향에 따라 매체 선택이 가능하게 되는 것이다. 개인 단말기도 소비자 선

호 애플리케이션에 따른 다양한 조합의 부분적 컨버전스형 기기들로 분화되고 서비스 역시 고객 개인을 대상으로 특화된 맞춤형 서비스가 등장한다. 이는 융합의 흐름 속에 다양화와 세분화의 트렌드가 공존함을 보여준다.

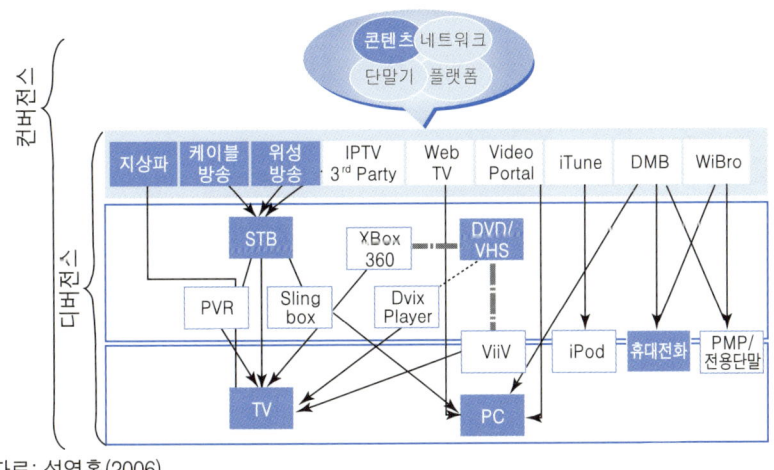

자료: 성열홍(2006)

[그림 6.16] 컨버전스 & 디버전스

디바이스 간의 융합은 일상화되고 있다. 퓨전, 컨버전스, 멀티 등 다양한 용어들이 존재하지만, 결국에는 하나의 기기에 복합적인 기능을 담는다는 의미로 쓰인다. 최근에는 한 가지 제품에 다기능을 넣은 퓨전 디바이스 제품이 주류를 이끌고 있지만, 최근 이와 반대로 한 가지 제품 기능에 충실한 디버전스 제품이 등장해 인기를 끌고 있다.

디바이스의 퓨전을 일반인이 처음으로 인식한 것은 2002년으로 거슬러 올라갈 수 있다. 2002년에 삼성에서 출시된 DVD 콤보가 그것이다. 당시 삼성의 DVD 콤보는 VTR과 DVD의 복합제품으로 소비자의 니즈를 완벽하게 충족시켜 준 제품으로 평가받았다. 콤보라는 표현이 의미하듯 2개 이상의 기기를 하나로 통합하여 복합화한 DVD 콤보는 디지털 퓨전의 대표적인 상품으로 회자되었다. 그 결과로 삼성 DVD 콤보로 인해 많은 사람들이 수렴 현상보다는 융복합 현상으로 인식해 왔다. 디지털 컨버전스(퓨전)에 대한 이러한 인식은 그동안 많이 발전하여 지금은 '서로 다른 디지털 디바이스들이 융복합화 과정을 통해 서로 닮아가는 현상' 으로 널리 인식되고 있다.

현상적으로 디지털 컨버전스는 디지털 기술에 의해 주도되고 있으며 그 결과 기능상 컨버전스는 정보통신의 통신 및 정보 전달 기능(communication), 가전기기의 작동 및 원격조정 기능(appliance control), 오락 및 여가활동으로서의 엔터테인먼트 기능(entertainment), 그리고 지능형 서비스를 위한 컴퓨팅 기능(computing)을 이용자 중심으로 모두 아우른 모습이 될 것이다(디지털융합연구원, 2005).

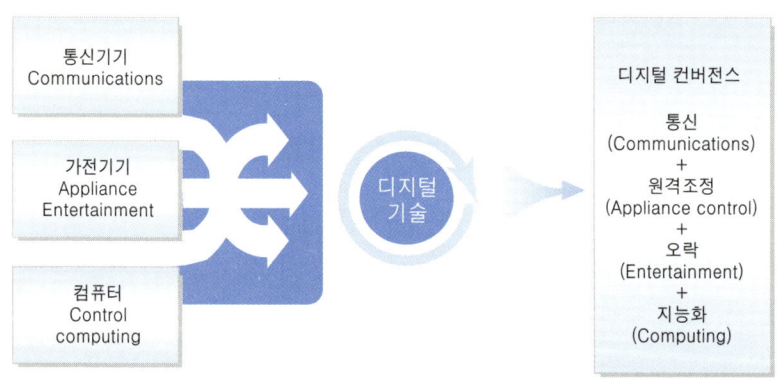

자료: Computing In the age of digital convergence

[그림 6.17] 디지털 디바이스의 컨버전스 모습

디바이스 간 퓨전에서 눈여겨봐야 할 부분이 바로 휴대용 디바이스 간의 결합이다. 그 중 핵심은 바로 휴대폰이다. 이제 휴대폰은 더 이상 의사소통만을 위한 도구가 아니다. 꿈의 화소인 1,000만 화소급 이상의 디지털 카메라 기능을 품은 휴대폰, 캠코더, 게임기, 내비게이터, TV 수신기, 무전기, MP3, 결제기능, 메신저까지 융합된 지능형 퓨전 디바이스가 속속 출시되고 있다. 휴대용 디바이스들의 이러한 변신은 융합기술 발전과 소비자의 다양한 요구가 결합되어 나타난 결과물이다.

　휴대 디바이스 기기들은 이제 소비자의 생활 패턴은 물론 젊은 세대들의 문화코드를 표현하는 수단으로 발전하고 있다. 휴대용 디바이스를 통해 구현되는 향유문화를 살펴보면 그 세대의 특성을 간파할 수 있을 정도이다. 이러한 다양한 니즈를 반영하려는 업체들의 경쟁도 치열해지고 있다.

　휴대폰 디바이스의 컨버전스는 휴대 기기가 기본적으로 단순성을 지향해야 한다는 심플주의(simplism)이나 일체형(All-In-One) 단말로의 일방향적 수렴이라는 논의의 대립으로서가 아닌, 개인 라이프 사이클별로 차별적인 단말기 사용 패턴이나 기호에 부응한 휴대 디바이스의 컨버전스 패러다임을 전제로 이루어질 것이다. 향후 융합 단말의 스펙트럼은 기술 진보에 따른 갖가지 애플리케이션을 탑재한 종합형 컨버전스 디바이스에서 단순통신 기능에 국한된 사용자 니즈를 반영한 로엔드용 Basic 폰에 이르기까지 다양한 디바이스의 출현을 가능케 할 것으로 예견된다 (마인드브랜치 아시아퍼시픽, 2005).

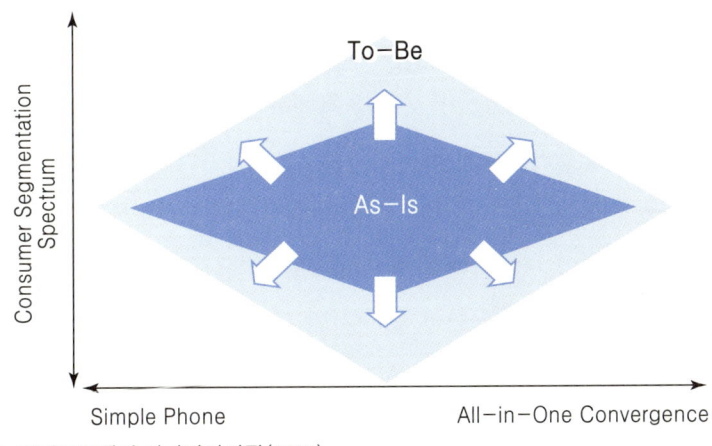

자료: 마인드브랜치 아시아퍼시픽(2005)

[그림 6.18] 휴대폰 컨버전스 영역의 확대

최근 휴대폰의 컨버전스 경쟁은 이제 단순히 누가 어떠한 기기를 복합시키느냐에서 멀티미디어 기능이 얼마나 탁월한지를 겨루는 질적 경쟁으로 접어들었다고 할 수 있다. 카메라폰은 이미 100만 화소를 넘어 200만·300만 화소급이 대세를 이루고 있고, 심지어 1,000만 화소에 이르는 휴대폰도 출시되었다. 고화소 카메라 외에 별도의 VGA급 카메라를 추가 장착한 듀얼카메라도 새로운 디자인 트렌드가 될 것이다. 이는 동영상 통화나 동영상 메일의 원활한 서비스를 위해서이다.

휴대폰으로 음악을 감상할 수 있는 MP3폰도 마찬가지다. 이미 음악 1,000곡을 저장할 수 있는 3GB의 용량을 자랑하는 휴대폰이 출시되었다. 이러한 휴대폰 컨버전스 시장에 애플이라는 거대 기업도 동참하고 있다.

한편 방송을 즐길 수 있는 DMB폰에 대한 경쟁도 치열해지고 있다. 이미 삼성전자, LG전자, SK텔레텍은 위성과 지상파 DMB 방송을 즐길 수 있는 휴대폰들을 시중에 내놓았으며, 데이터 방송을 이용한 교통정보 컨버전스 서비스와 지상파와 위성 DMB를 동시에 즐길 수 있는 듀얼폰이 출시되었다.

또한 대용량의 3D 게임을 즐길 수 있는 휴대폰들도 잇따라 등장하고 있다. 게임폰의 경우 100MB의 대용량을 즐길 수 있는 기능을 탑재한 제품들이 속속 선을 보이고 있다.

디지털 카메라의 유행과 더불어 시작된 카메라폰의 인기는 이제 우리나라뿐만 아니라 일본, 미국, 유럽 등 세계 각국에서 동시에 나타나고 있는 현상이다. 이미 카메라폰의 시장 규모는 일반 디지털 카메라 시장 규모를 추월했고, 전체 휴대폰 출시대수 중 카메라폰이 차지하는 비중 역시 지속적으로 높아지고 있다. 2006년 현재 전 세계 카메라폰 보급대수는 8억 5000만 대이고, 2010년에는 15억 대로 폭증할 것으로 예상된다.

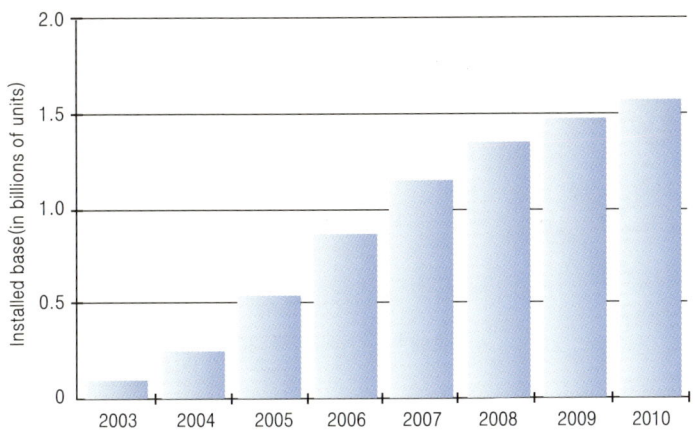

자료: Lyra Research Inc.(2006)

[그림 6.19] 휴대폰 카메라 보급대수 추이와 전망(2003~2010)

디지털 카메라와 휴대폰을 결합하려는 노력과 함께 디지털 캠코더를 휴대폰에 결합하려는 노력도 자연스럽게 발생하였다. 순간의 이미지를 포착하는 카메라와는 달리 캠코더는 긴 시간의 동영상을 촬영하고 저장하는 기능을 제공한다. 2004년에는 세계 최초로 동영상 압축기술을 적용한 캠코더폰이 LG전자에서 출시되었다. 또 최근에는 UCC의 영향으로 휴대폰을 이용해 동영상을 찍어 편집하는 기능이 인기를 얻고 있다. LG전자에서는 지상파 DMB폰에 비디오 자동 편집 솔루션 '뮤비스튜디오(muvee studio)'를 내장해 출시했다. 이 툴을 이용하면 동영상에 음악을 삽입하거나 자유롭게 편집하는 것이 가능해 휴대폰만으로 비교적 만족할 만한 수준의 UCC 콘텐츠를 만드는 것이 가능하다.

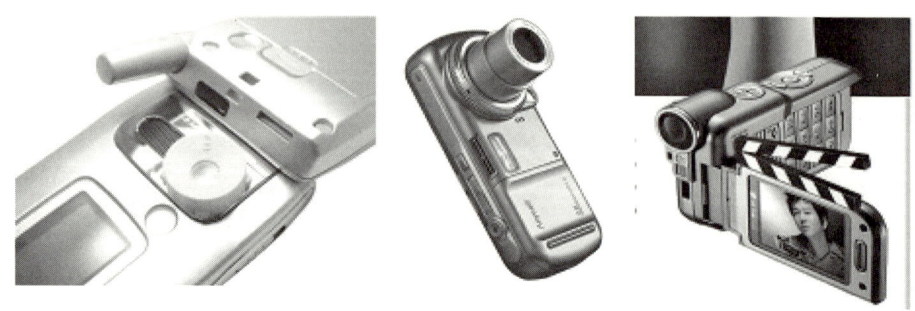

[그림 6.20] 휴대폰 + 카메라, 휴대폰 + 캠코더

유선인터넷의 발전과 함께 사용자 간 디지털콘텐츠의 전송이 자유로워지면서 MP3는 음악을 듣기 위한 보편적인 방법이 되었다. 이러한 MP3가 보편화되면서 휴대용 디바이스와 MP3 플레이어를 융합시킨 제품들이 카메라폰 이후 가장 성공적인 아이템으로 평가받고 있다. 항상 휴대하는 휴대폰에서 음악을 구현함으로써 이용자들은 MP3 플레이어를 따로 구입하지 않아도 되게 된 것이다. 물론 이렇게 MP3폰의 위상이 급상승한 것은 최근의 일이다. 이전의 휴대폰들이 구색 맞추기로 MP3 기능을 덧붙였다면 2005년 이후 출시된 MP3 전용폰들은 무엇보다 MP3에 전화기능을 더한 것이 특징이다. '이퀄라이저' 기능 등을 강화해 일반 휴대폰의 MP3 기능에 견줘 음질 면에서 크게 향상됐고, 생김새 역시 MP3에 가깝도록 디자인하여 소비자들에게 큰 인기를 얻고 있다.

DMB폰도 대표적인 휴대폰 퓨전 디바이스의 하나로 간주되고 있으며, 최근에는 단순 DMB 시청 기능에 다양한 기능들이 혼합되고 있다. 삼성전자에서는 지상파 DMB 데이터 방송을 통한 교통정보서비스인 TPEG를 지원하는 '지상파 DMB TPEG폰'을 출시하였다. DMB폰은 앞으로 다기능 서비스 지원을 위한 복합기능을 구현하는 방향으로 발전할 것이다.

휴대폰과 게임의 결합은 기반 무선기술의 비약적인 성장을 통한 데이터 전송 속도의 향상과 휴대폰에서의 멀티미디어 데이터 처리의 보편화가 큰 역할을 하였다. 국내 모바일 게임시장은 자신의 휴대폰으로 게임 콘텐츠를 다운로드하는 사용자들이 증가하면서 급속한 성장세를 보이고 있다. 휴대폰 제조업체들도 휴대용 게임기에 비해 한참 부족했던 휴대폰의 하드웨어 성능을 대폭 향상시키고 있으며 스퀘어에닉스, EA 등 콘솔게임 업계의 스타 제작사들도 게임폰 전용으로 신작을 잇따라 출시함에 따라 시장성이 없는 것으로 판단됐던 게임폰이 재평가되고 있는 상황이다.

[그림 6.21] DMB폰과 게임폰

휴대폰이 휴대용 디지털 컨버전스 기기의 중심에 있지만, 이 외에도 다양한 휴대용 기기들끼리의 퓨전도 지속적으로 이루어지고 있다. 음악 재생 기능만 있는 MP3 플레이어와 달리 동영상도 재생할 수 있고, 디지털 카메라 기능까지 갖추고 있는 휴대형 멀티미디어 플레이어인 PMP(Portable Multimedia Player)가 그 대표적인 예이다. 최근의 PMP는 DMB, 오디오 및 비디오 플레이어 기능 외에 FM 라디오, JPG와 PNG 그리고 BMP 등을 볼 수 있는 포토 앨범, 텍스트 파일 등을 볼 수 있는 e-북 기능 등이 추가되어 있다.

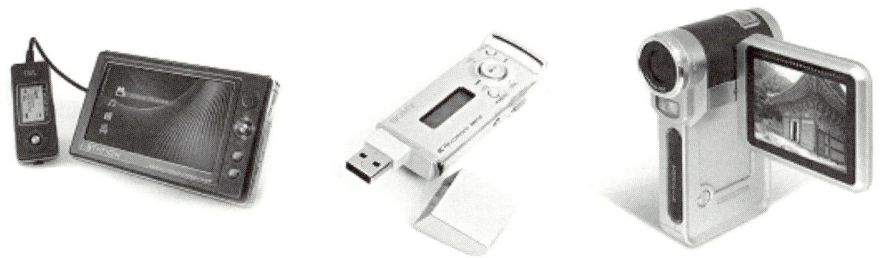

[그림 6.22] 다양한 휴대용 기기 간의 결합(PMP, 보이스 레코더, PMP가 결합된 캠코더)

　미래 디바이스 간의 퓨전현상은 하나의 핵심 기능을 완벽한 수준으로 구현하는
가운데 3~4개의 부가기능을 합리적인 수준에서 결합하는 방향으로 이루어질 가능
성이 높다. 즉, All-in-One의 가능성은 낮다는 점이다.

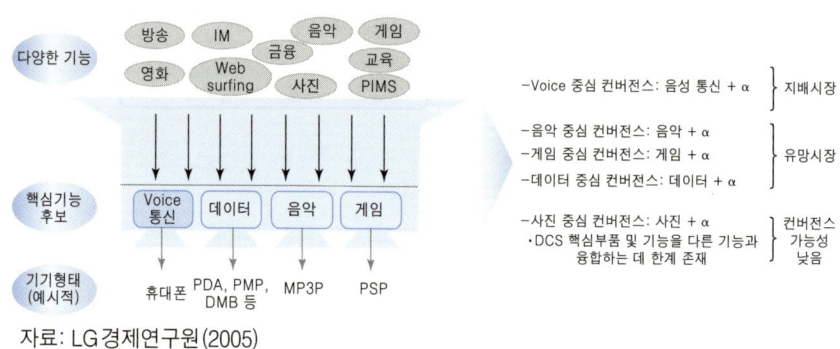

자료: LG경제연구원(2005)

[그림 6.23] 디바이스 간 퓨전(컨버전스)의 전개방향

　한편 이러한 컨버전스 제품들은 여러 가지 기능이 결합된 장점이 있는 반면 사용
법이 까다롭다는 단점이 있다.[2] 반대로 디버전스 제품의 경우 추가기능이 없는 반
면 핵심기능에 보다 충실하여 잔고장이 적고, 손쉽게 사용할 수 있다는 장점이 있
다. 특히 디버전스 제품은 기능을 줄였기 때문에 제조원가를 낮출 수 있고, 사용법
이 직관적인 경우가 대부분이어서 선호하는 소비자들이 많다. 전 세계 MP3 플레이
어 시장의 절반 이상을 휩쓸고 있는 애플 아이팟도 음악 감상 한 가지 목적에 충실
한 대표적인 디버전스 제품이라고 볼 수 있다. 과감하게 카메라 없이 출시된 VK의
신규 휴대폰 X-100은 3개월 만에 20만 대의 판매고를 올리며 VK의 효자상품으
로 떠올랐으며, 전자사전업체인 카시오 역시 부가기능 없는 학습전용모델 '엑스워
드(EX-word)'로 인기를 끌었다.

---

[2] 다양한 기능의 융합으로 인한 다기능화의 피로감은 UI(User Interface) 기술의 낙후라는 측면
에서도 그 요인을 찾을 수 있다. 휴대폰에 탑재되는 다양한 기능들은 소비자들의 이용 편의성이
나 개별 기능들 간의 동작 연계성 측면에서 아직까지 부족한 점이 많은 것이 사실이기 때문이다.
이 부분은 컨버전스의 시대에서 UI 기술이 갖는 중요성을 입증하는 대목이다.

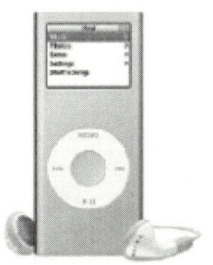

[그림 6.24] 디버전스를 모토로 한 제품들(아이팟나노, X-100, 엑스워드)

최신 가전제품들도 진화에 진화를 거듭하지만 문제는 복합기능의 제품들도 소비자들이 주로 사용하는 기능은 결국 핵심기능 몇 가지에 불과하다는 점이다. 사용하지 않는 추가적인 기능들은 결국 소비자에겐 부담이 될 수밖에 없다. 무엇보다 이러한 부가적인 기능은 고스란히 가격에 반영된다. 컨버전스 제품이 늘어나는 시대에 단순 기능의 세탁기와 냉장고 등의 재구매율이 높다는 점은 시사하는 바가 크다.

퓨전이 주목받는 이유는 미래의 무한한 확장가능성에 있다. 퓨전은 인간이 추구하는 다양한 욕구를 충족시키기 위해 기능적 융합과 해체가 자유롭게 이루어지면서 지속적으로 진화해 나갈 것이다. 이는 인간에게뿐만 아니라 기업 및 국가에도 새로운 기회가 된다.

퓨전시대에는 예술적이고 감성적 아름다움을 창조하고 트렌드를 감지하며 스토리를 만들어낼 수 있는 하이컨셉 능력이 요구될 것이다. 미래 하이컨셉 시대를 살아가기 위해서는 기술을 아름답게 하는 디자인 능력, 커뮤니케이션을 담은 스토리 구성 능력, 이질적인 조각들을 서로 결합하는 조화력, 남을 배려하고 관계를 맺는 공감력, 즐길 줄 아는 여유, 의미와 만족을 추구하는 정신 등의 자질을 필요로 한다. 이것이 바로 퓨전시대를 살아갈 '인간의 조건'이다.

퓨전 비즈니스

7장 퓨전시대 비즈니스

7.1 퓨전 비즈니스 환경의 도래

증기기관의 발명이 자본주의를 태동시켰듯이, 유비쿼터스 기술혁명은 제3공간 시대를 개화시키고 있다. 제3공간은 사회의 하부구조인 경제시스템에서부터 그 모습을 드러내기 시작한다. 공간구조의 변화는 필연적으로 경제 메커니즘의 변화를 동반하기 때문이다.

제3공간 경제시스템의 특징은, 첫째, 경제활동의 내용물인 재화의 성격이 변화된다는 점이다. 제3공간에서는 물질재화(제1공간)와 정보재화(제2공간)에 더하여 공간재화(space goods)가 등장한다. 유비쿼터스 공간에 존재하는 각각의 사물들에는 정보가 심어진다. 사람들과 컴퓨터들은 긴밀히 정보를 교환하면서 언제든지 서비스를 제공할 준비를 하고 있다. 유비쿼터스 공간은 그 자체가 하나의 살아 있는 시스템인 것이다. 공간재화는 물질재화처럼 소유의 대상이 아니며, 정보재화처럼 접속의 대상도 아니다. 거주(living)의 대상이다. 제3공간 경제의 두 번째 특

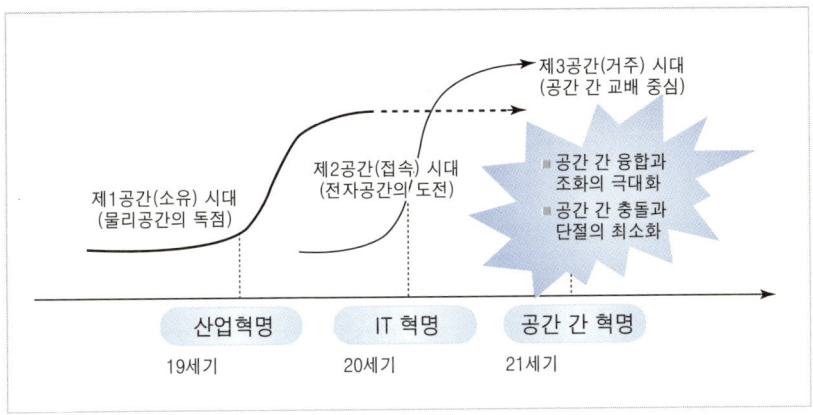

자료: 하원규(2003)

[그림 7.1] 제3공간(유비쿼터스 공간)으로의 공간진화

징은 경제활동이 이루어지는 공간이 변화한다는 점에서 찾을 수 있다. 제3공간의 경제는 네트워크를 공동체(유비쿼터스 공간에 함께 거주하는 사람과 사물들)로 확대시킨다. 이러한 공동체에서 공급자와 수요자 또는 생산자와 소비자의 구분은 모호해진다.

u-비즈니스는 유비쿼터스 정보기술을 활용하여 전자공간과 물리공간이 연계된 공간에서 물리적 요소와 전자적 요소의 통합을 통해 언제나 접속되어 있고(always connected), 언제나 상황을 인식할 수 있으며(always aware), 사람을 대신하여 언제나 지능적/자율적으로(always smart), 행동/서비스할 수 있는(always active) 제반 시스템을 중심으로 전통적인 산업경제 활동과 접목되어 경영관리, 쇼핑과 매장관리, 공급망관리(SCM)와 고객관계관리(CRM), 자산(부품 및 기계)의 유지관리, 제조공정 관리, 물류, 교통, 의료복지 등 다양한 분야에 응용된 새로운 비즈니스/애플리케이션 체계라고 정의할 수 있다. 따라서 차세대 비즈니스 정보화는 편집된 디지털 정보에서 상황인식(공간 + 사물 + 사람의 연결성) 정보화로 이행한다.

미래 u-비즈니스의 성장을 가능케 하는 요인은 크게 네 가지이다. 첫째로 기술을 들 수 있는데, 네트워크의 광대역화 및 통합화, 콘텐츠의 디지털화, 기술혁신을 통한 부품가격 하락 등 기술 분야의 발전은 네트워크 보급과 관련 기기의 대중화를 가능케 한다. 이는 u-비즈니스를 가능하게 만든 인프라 역할을 하며, 또한 비즈니스가 발생하는 영역으로 서비스, 시장, 산업의 수준으로 이를 확산시키는 기폭제 역할을 수행한다. 둘째, 수요자(고객) 측면에서는 수요자의 디지털인프라 및 서비스 욕구가 높아지고, 혁신적인 제품이나 서비스에 대한 수용성 증가가 u-비즈니스 등장에 영향을 미치게 된다. 셋째, 정책 측면의 동인은 u-코리아를 구상하는 정부 차원의 정보화 지원 및 추진정책을 통해 차세대 정보통신 인프라를 구축하고 디지털 사회 환경을 정비함으로써 u-비즈니스가 더욱 활성화될 것이다. 넷째, 유비쿼터스 시장을 직접적으로 창출하는 기업의 역할을 들 수 있는데, 신규시장 기회확보와 동종 혹은 이종 기업 간의 융합을 통해 u-비즈니스의 성장 및 진화를 이끌게 된다.

[표 7.1] u-비즈니스 성장 요인

구분	내용

기술 요인	• 통합네트워크의 출현
	    – 브로드밴드 네트워크의 확산
	    – 네트워크 간 연계 및 통합서비스의 증가
	• 네트워크 자산의 커뮤니티화
	    – 네트워크 비용의 하락
	    – 네트워크를 통한 enabling 기술의 발달

고객 요인
(소비자 차원)
	• 고객 요구의 고도화
	    – 개인화된 실용적인 가치 중시
	    – 혁신적이며 첨단제품에 대한 선호 존재
	• 유무선 네트워크 통합서비스의 보편화
	    – 다양한 브로드밴드 서비스의 확산
	    – 고객 라이프 스타일의 변화

정책 요인	• 정부의 시장 간섭 감소
	    – 각종 규제의 완화
	    – 공정거래 규제 등의 제한적 간섭
	• 정부차원의 정보화 지원 및 추진정책
	    – IT 강국 건설을 위한 지속적인 정책적 지원

전략 요인
(공급자 차원)
	• 고객 기반의 사업모형 구성 및 고객제공 가치의 제고
	    – 모든 고객 접점을 통한 서비스의 제공
	    – 차별화를 위한 새로운 가치 추구
	• 잠재적 사업기회의 극대화를 위한 노력
	    – 다양한 서비스 제공을 위한 타 기업과의 제휴
	    – 타 관련 사업과의 연계 및 산업 간 융합화

제3공간은 핫 스팟(hot spot)이라고 부르는 수천, 수만 개의 소규모 공간에 의해 구성된다. 이러한 공간의 네트워킹은 전자공간과 물리공간의 연계를 지향한다. 제3공간의 핵심전략은 어떻게 물리공간과 전자공간을 연계할 것인가로 압축된다. 이러한 경영전략은 종종 온라인과 오프라인의 결합 또는 클릭&모타르라는 신조어로 명명된다. 클릭&모타르(Click & Mortar)[1] 전략은 생산이나 유통보다는 소비에 근접한 지점에서 수행된다. 소비자들의 거주공간을 최적화하는 것이다. 기업의 조직화 전략에서도 변화가 일어나는데, 제3공간에서 요구되는 조직은 구성원 간에 공간을 공유할 수 있는 조직이다. 지난 2002 월드컵 기간에 '붉은 악마'가 거리에 운집한 이유는, 정보의 공유가 아니라 공간의 공유를 위함이었다

u-비즈니스 모델은 컨시어지(관리자)형, 지식자산관리형, 광역계측형 등 세 가지로 구분된다. 크게 보아 컨시어지형은 일반 개인고객을 대상으로 하고, 지식자산관리형은 기업고객을, 광역계측형은 공공사업의 주체를 대상으로 한다(노무라총합연구소, u-네트워크연구회 역, 2002, pp. 160-164).

컨시어지형은 개인이 살기 좋은 최적의 상태를 유지하기 위해 주위에 산재한 위험요소를 제거하는 모델이다. 위험요소가 있는지 환경을 모니터하고, 위험요소가 발생할 경우 이를 통보하며 필요한 지원 활동을 제공하는 것이다. 예컨대, 마쓰시다에서 개발한 건강변기는 몸무게, 체지방, 소변의 당도 등을 자동으로 모니터링하여 개인의 일일 건강상태를 체크한다. 변기 외에 침대 등에 센서를 삽입해 노부모 모니터링을 구현할 수도 있다. 나아가 병원, 경찰서, 의사, 공공건강센터, 관련 커뮤니티 등 필요한 자원을 제공하는 조직과의 연결을 통해 삶의 질을 한 차원 향상시켜 준다.

지식자산관리형은 지식축적형과 지식확장형으로 분리되는데, 지식축적형은 널리 분포되어 있는 전문가들을 네트워크를 통해 연결하여 질문에 대한 대답을 제공

---

[1] 전자공간상의 인터넷 쇼핑몰과 물리공간상의 24시간 편의점의 결합은 클릭&모타르의 대표적인 사례이다. 인터넷 쇼핑몰에 상품을 주문하면, 소비자의 거주지에서 가까운 24시간 편의점에 배달된다. 소비자는 상품을 보고 나서 최종적인 구매를 결정할 수 있기에 쇼핑의 두려움을 느끼지 않는다. 오래 기다릴 필요도 없다. 이로써 인터넷 쇼핑몰은 물리공간상의 매장을 확보하는 셈이며, 24시간 편의점은 고객들의 발길과 정보를 얻게 되는 것이다.

해 주는 경우이다. 지식확장형은 수적으로 부족한 전문가들을 콜 센터와 같은 한곳에 모아서 여러 곳의 질문에 대한 대답을 제공해 주는 경우이다.

광역계측형은 차세대 전자정부 서비스 모델이다. 조세, 환경, 보건의료, 교통, 방재 및 방범, 유지/보수 등 다양한 분야에서의 적용이 가능하다. 예컨대, 미국의 디트로이트 지역도서관에서는 모든 책에 스마트 태그를 부착시켜 회수율을 40% 이상 향상시켰으며, 싱가포르에서는 센서와 전자현금을 혼합한 기술을 사용하는 혁신적인 도로세금부과시스템을 구축하고 있다. 핀란드에서는 모바일 디바이스를 통해 세금을 지불하는 국가 온라인뱅킹시스템을 구현하고 있으며, 말레이시아에서도 다목적 스마트카드를 도입하고 있다.

유비쿼터스 서비스는 정보 그 자체만의 서비스가 아니라 전통적인 정보통신서비스의 범주를 뛰어넘어 필요한 행위까지도 사물이나 컴퓨터가 지능적으로 수행하며, 사용자의 개인적 욕구에 가장 근접한 신선한 정보의 획득과 능동적인 제공에 초점을 두는 컨시어지형 서비스가 주류를 이루게 된다. u-비즈니스 애플리케이션/서비스는 사물이나 시스템의 지능화 수준이 낮고 높음에 따라 계층별로 다섯 가지로 나뉜다.

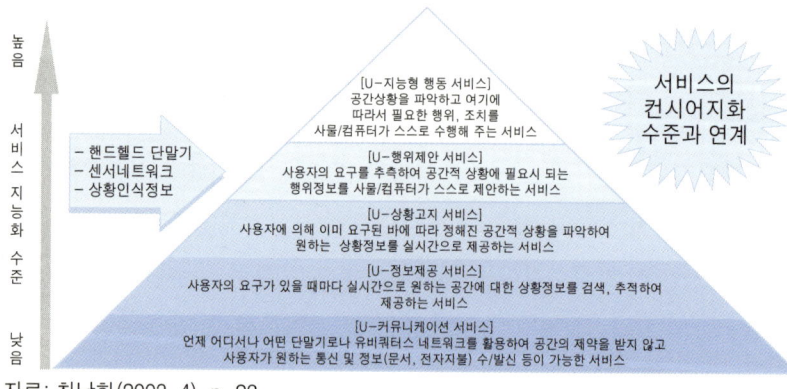

자료: 최남희(2003. 4), p. 23

[그림 7.2] u-비즈니스 애플리케이션/서비스 수준 5단계

미래의 산업은 이러한 5계층의 서비스를 제공하기 위한 각종 유비쿼터스 인프라
의 구축 산업, 계층적으로 연계되거나 수평적으로 연관된 하위 서비스 산업, 관련
기기 및 콘텐츠의 개발 산업으로 거의 모든 영역에서 발전할 것으로 기대된다.

한편, 미래의 유비쿼터스 비즈니스의 응용 분야는 용도와 목적에 따라 구분된다.
용도는 특정용(vertical)과 일반용(horizontal)으로 구분되는데, 특정용은 기업이
나 공공기관들이 제한된 목적을 위해 유비쿼터스 컴퓨팅을 도입하는 것으로 예로
서 지능형 박물관을 들 수 있다. 다음으로 일반용은 일상생활에 사용될 수 있는 유
비쿼터스 컴퓨팅 응용으로 지능형 주택 등이 여기에 해당된다. 목적은 효율을 위해
컴퓨팅을 도입하는 것과 정보의 풍부성(enrich), 편익성이 증진을 위해 도입하는
것으로 구분할 수 있다. 효율성은 유비쿼터스의 도입을 통해 비용을 줄이거나 아니
면 성과를 높이는 등의 경제적 성과에 초점을 맞춘 응용 분야이며, 풍부성의 측면
에서는 가시적으로 직접적인 효과가 나타나지는 않지만 그동안 간과되어 왔던 정
보를 획득하여 부가가치를 높여 주는 분야를 의미한다(삼성경제연구소, 2003. 12.
16).

유비쿼터스 컴퓨팅의 응용별 발전방향을 도시화하면 다음과 같다.

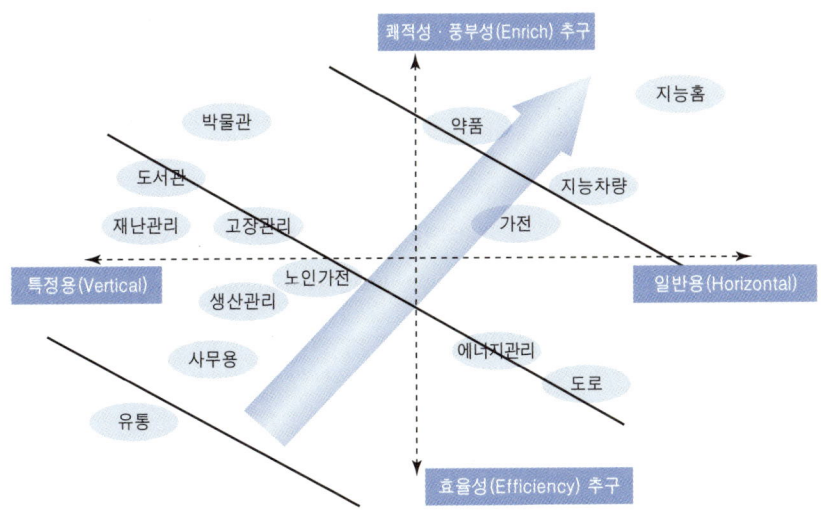

자료: 삼성경제연구소(2003. 12. 16), p. 45

[그림 7.3] 유비쿼터스 컴퓨팅의 응용별 발전방향

7.2 퓨전 비즈니스의 전개

7.2.1 감성으로 수렴하는 콘텐츠와 비즈니스

우리가 사는 지금 이 시대는 감성시대다. 물론 인간이 감성을 가진 존재이기에 인간세상이 감성으로 꾸려지는 건 일견 당연하다. 그러나 21세기 오늘은 그 어느 때보다 인간의 감성이 존중되고 감성에 대응하는 환경과 제품이 삶의 질을 결정하는 중요한 요인으로 작동하고 있다는데서 더 두드러진다고 하겠다. 특히 경제 분야에서 그러한데, 오늘날 소비자는 상품이 아니라 상품에 담겨 있는 스타일과 이야기, 경험과 감성을 구매한다. 여기서 경험은 일차 상품, 이차 상품, 서비스가 아닌 그 상위의 가치로 신체적, 정신적 또는 미적 감동을 의미한다.

유비쿼터스 시대를 사는 새로운 인류의 특성을 대변하는 단어 중 하나는 바로 '감성'이다. 유비쿼터스 시대를 사는 감성세대의 행동양식을 나타내는 키워드는 FTP(Fun, Trust, Pride)로, 노는 것과 그것에 의한 즐거움을 나타내는 Fun이라는 키워드는 바로 그 자체가 감성사회의 본질을 상징한다. 특히 감성사회에서 즐거움을 제공하는 산업에 대한 관심은 하나의 여가 활용수단으로서 그치는 것이 아니라 감성사회 구성원의 생활양식 그 자체라고 표현될 정도로 중요한 의미를 갖는다. 결국 미디어산업은 감성화되어 가는 현재의 사회구조 안에서 그 중요성이 더욱 큰 비중을 차지하고 있으며 이에 따라 사회구성원의 행동양식과 사물에 대한 인식양태에까지 큰 영향을 미치고 있다고 할 수 있다.

기술과 감성의 융합이 문화콘텐츠 상품의 키워드가 되어야 한다. 2000년대 들어 기술이 여전히 중요한 가운데 감성이 구매의 결정적 요소로 부상하고 있다. 기업들은 디자인, 촉감, UI(User Interface) 등 구매자의 감성에 영향을 미치는 '감성파워'를 구축하는 데 주력하고 있다(송해룡 외, 2006).

[표 7.2] 21세기 '감성 + 기술' 시대 패러다임

시대 구분	생산(70~80년대)	기술(90년대)	기술 + 감성(2000년대)
소비자 니즈	단순, 획일	신제품, 고기능 선호	차별성, 감성 중시
구매결정 요인	가격, 품질, 대량확보, 다품종	소형(대형), 고기능, 디지털, 친환경	디자인, 사용편의성, 복합화, 컨셉, 컬러, 매력과 브랜드 이미지
기업 대응	대량생산과 원가절감	기존 기술 고도화와 첨단 신기술 개발	소프트 강화를 통한 고객감성 포착, 異업종 기술 접목
업종 사례	의류, 제지	메모리, 신약, 대형 평면 TV	향기나는 자동차, 주얼리 휴대폰

자료: 삼성경제연구소(2005. 9)

현대사회는 하이테크 기반의 다양화된 정보들과 제도적인 중심이 이끌던 사회를 지나 하이컬처 시대로 나아가고 있다. 과거에는 하이테크라는 매력 자체가 수요를 창출했으나, 이제는 하이테크 제품을 만든 회사의 브랜드 가치, 디자인, 사용자 간의 공감대 형성, 감성적인 만족도 등이 제품 선택에 큰 영향을 미치고 있다. 이처럼 다른 사람과 공유 가능한, 즉 유저 간의 확산을 이룰 수 있는 공통된 목적과 의미를 발견하고 만들어 나가는 것이 바로 하이터치이다.

18세기의 농경사회 이후에 21세기에 이르는 인류의 역사 시기를 3막으로 나눈다면, 1막은 산업화시대, 2막은 정보화시대였고, 최근의 21세기는 바로 창작자 및 타인과 공감하는 능력의 소유자들이 존재하는 하이컨셉의 시대라고 할 수 있다.

하이컨셉을 기반으로 하는 감성의 시장이 펼쳐지고 있다. 감성의 시장은 곧 욕망의 시장이라고 할 수 있다. 필요에 따른 시장은 포화상태이다. 하지만 욕망을 팔고 사는 시장은 끝없이 펼쳐진다. 따라서 감성의 시작은 끝도 시작도 테두리도 없다. 욕망은 줄어드는 게 아니고 늘어나는 것이기 때문이다. 이제 사람들은 물건의 기능을 유심히 살펴보고 이것저것 기능을 따져 보고 사는 것이 아니라, 그 상품에 담긴 이야기를 보고 구입한다. 그리고 그것을 삶에 접목시킨다. 이것이 바로 감성 소비의 모습이다.

또한 호르크스(Horx)는 감성시장을 이렇게 정의하고 있다. 감성시장이란 진화

선상의 맨 위, 즉 새로운 생산의 더욱더 복잡한 영역에 놓인 시장을 일컫는다. 이 시장은 매우 특이하며 가끔은 분명하지조차도 않다. 이 시장에서 취급하는 것은 관심, 애정과 같은 '제품'들이라는 것이다. 그리고 심오한 동경, 불안, 희망을 그 재료로 한다. 서비스의 핵심에는 존경이나 신용처럼 깨지기 쉬운 카테고리가 있다.

그렇다면 감성이란 무엇인가? 사전에서 감성(sensibility)은 인간의 모든 인식능력을 총칭하는 것으로 정의한다. 감성은 인간을 외부세계와 연결해 주는 수단으로서 인간 생활의 기본 영역에 속하는 능력인 것이다.

철학에서는 이성적 사고를 위한 감각적인 소재들을 제공하고 이성의 지배와 통솔을 받을 감정적 소지를 만들며, 미적인 측면에서는 자신의 순수한 모습을 표현하는 인간됨의 상징을 의미한다. 외부로부터 유무형의 자극이나 느낌을 받아들이는 성질로서 이성과 대립되는 의미로서의 인간의 인식능력을 말하며 감수성 또는 오성(悟性)이라고도 한다. 과학적 의미로는 각각의 오감(시각, 청각, 미각, 후각, 촉각)으로부터 받아들인 인간의 인지 작용이 배제된 직접적인 자극들로부터 이끌어지는 공감각적인 인지 작용을 이른다.

감성이란 말과 비슷한 것으로는 감각이나 관능 등이 있다. 감각이란 외계의 물리적 특성에 대해서 신체의 센서가 감지하는 정도, 가령 음압 에너지라는 물리적 특성에 고막이라는 센서가 움직여서 소리라는 감각을 만드는데 이것이 청각이다. 인간에게는 빛에 대한 시각, 공기 진동에 대한 청각, 온도 및 습도에 대한 피부감각, 냄새에 대한 후각 등이 있으며 이 외에 대뇌감각을 포함해서 육감(六感)이 존재한다. 관능은 분석적 관능과 기호적 관능이 있는데, 전자는 감각이 지니는 생리적 특성을 갖고 있으며 후자는 심리적 센서로서의 특성을 갖는다.

감성이 풍부하다, 감수성이 풍부하다는 말은 감각기관의 지각능력이 뛰어나서 그런 것이다. 이들 지각이 심리적, 인지적, 유전적, 생리 생물적, 정신적, 뇌신경적, 전통적, 혈통적인 내재적 요소들과 환경적, 물리적 요소들과 잘 결합된다는 의미로 이는 타고난 능력이라고 할 수 있다.

또한 감성은 감정(emotion)과 구별된다. 감정은 강도가 강한 심리적 변화, 생리적·신체적 변화를 동반한다. 감정을 발생시키는 원인에 대해 사람들은 일반적으로 동일한 감정을 소유한다. 예컨대, 영화의 슬픈 장면에 슬픈 감정을 가지며 눈물을 흘리는 것은 대다수가 비슷하다. 명확한 구분과 함께 일반화 및 객관적인 평가가 가능하며, 장비를 이용해 감정 변화에 따른 생리적 변화도 측정 가능하다. 반면 감성은 외부로부터의 감각자극에 대한 반응이기에 감정에 비해 강도가 낮다. 감정에 비해 외부로 나타나는 신체적, 생리적 변화를 수반하지 않는다. 따라서 다른 사람이 알아보기 어렵다. 인간의 생활에서 논리적 사고와 의사결정, 감정의 발생, 행동 등 모든 부분에 깊숙이 영향을 끼친다. 감성이 만들어낸 첫 인상은 제품/서비스의 구매나 환경에 대한 적응, 상대방과의 대화나 관계발전 등으로 이어지기 위한 두뇌의 논리적 판단에 커다란 영향을 준다. 외부의 감각 및 정보자극에 대해 개인이 생활경험을 통하여 직관적이고 반사적으로 갖게 되는 느낌인 것이다. 감정이 외부자극에 의해 주로 결정되는 데 반해, 감성은 개인의 내부요인에 의해 결정된다.

인간의 감성은 외부로부터의 감각정보에 대하여 직관적이고 순간적(반사적)으로 발생된다. 복합적이고 종합적인 느낌으로 명확한 표현이 어려운 동시에 개인과 환경 변화에 따라 다양하게 변화되는 특성을 갖는다. 개인적, 사회적, 문화적 요인들이 개인의 감성에 영향을 미치기 때문이다.

인간이 세상과 소통하면서 자아를 의식해 나가는 과정을 보면, 인간은 대표적인 다섯 가지 감각기관인 시각, 청각, 후각, 촉각, 미각을 통해 세상의 정보를 얻고, 그렇게 얻어진 정보는 인간의 인지작용을 통해 감성으로서 발현된다. 감성은 인간이 세상 속의 자아를 인식하게 하고 더 나아가 세상을 향해 신체를 이용해 자아를 표현하게 하는 원동력이 된다.

이성 및 합리주의를 중시하는 서양철학을 기반으로 이뤄낸 과학의 발전과 시각 중심 미디어의 비약적 발전으로 인해 오늘날 인간은 편리한 삶을 영위하게 되었지만 그로 인하여 인간은 자신의 감각기관을 사용하는 데 게을러지게 되었다. 근대화를 통한 사회의 안정은 인간의 오감을 둔감하게 만들었고, 시각 중심의 미디어 사회는 인간이 시각 외의 감각기관에 대해 소홀하도록 만든 것이다. 인공적인 물체로

뒤덮인 사회는 인간의 오감을 자연으로부터 격리시킴으로써 인간의 감각기관은 인공적인 것들로 인해 날이 갈수록 오염되고 있다. 이렇게 근대화는 인간에게 편리하고 안전한 삶을 선사하였지만 인간의 감각을 점차적으로 마비시킴으로써 감성이 활성화되는 것을 막고 인간 본연의 성질을 잃어버리게 만들고 있는 것이다. 따라서 문명의 이기(利器)인 테크놀로지를 활용하여 인간의 오감을 활성화하고 오염된 인간 감성을 회복하기 위한 노력이 요구된다.

인간은 동물과 마찬가지로 오관(五官)을 모두 사용하는 커뮤니케이션을 한다. 감각의 이용과 발달의 측면에서 동물과 다른 점은 인간의 오관은 고루 발달되어 있어서 하나의 감각기관에만 의존하지 않는다는 점이다. 청각, 시각, 촉각, 그리고 후각과 미각까지 사용하여 자신의 의사를 전달하고 상대방의 의사를 인식한다. 이러한 것이 복수감각을 이용한 커뮤니케이션이다.

복수감각을 이용한 커뮤니케이션이 바로 감성적 커뮤니케이션인데, 이는 체험의 공유를 통해 달성된다. 예컨대, 휴대폰으로 이루어지는 커뮤니케이션이나 친구와의 게임에 흥미를 느끼는 어린이나 젊은이 등을 보면, 그들은 체험을 다른 사람과 공유하고, 거기에 따라 발생하는 감각을 상대와 공유하고 있음을 확인할 수 있다. 따라서 체험의 공유는 단순 정보의 공유로부터 시작되지만 나아가서 커뮤니케이션에 참여한 상대와의 기분까지 공유(공감)하는 것이 커뮤니케이션의 역할이라 하겠다. 이러한 체험의 공유가 바로 '감성적 커뮤니케이션'의 본질인 것이다.

체험은 '몸으로 느끼는 체험'과 '마음으로 느끼는 체험'의 두 가지 종류가 있다. 전자를 신체적 체험, 후자를 정신적 체험이라고 부르기도 한다. 신체적 체험은 몸을 움직여 체험하는 것으로, 그 대표적인 예가 스포츠이다. 소리를 내는 것 등도 신체적 체험의 한 가지이다. 신체적 체험은, 몸을 움직이는 것에 의한 '상쾌감'을 맛보게 해 준다. 한편 정신적 체험은 책을 읽거나 영화를 감상하는 등의 체험을 의미한다. 정신적 체험의 특징은 고도의 정신적 체험을 통한, 이른바 '감동'이 수반되는 것이다.

많은 체험에 공통되는 것은 그 체험이 고도의 것일수록, 사람들이 거기에 열중해

'몰입'한다는 것이다. 바로 이러한 '몰입'이 감성적 커뮤니케이션 특유의 현상이다. 휴대전화를 이용하여 친구와의 커뮤니케이션에 푹 빠져 있는 것이 대표적인 예이다. 이는 기존의 비즈니스를 대상으로 한 커뮤니케이션과는 완전히 다른 차원의 커뮤니케이션이다.

여기서 몰입에는 두 가지 종류가 있다. 첫 번째는 사람들의 역할이 정보의 입수자 또는 수용자로서 수동적인 입장을 취한다는 것이다. 이를 '수동적 몰입'이라고 한다. 스포츠 감상, 영화 감상 등이 이에 해당한다. 또 다른 한 가지는, 사람들이 능동적인 관계를 통해 만끽하는 몰입이다. 이를 '능동적 몰입'이라고 한다. 당연한 일이지만, 예술 창조 활동 등의 통합적 체험을 수반하면서 느끼는 감각은 능동적 몰입이다. TV 게임은 본래 사람들이 게임에 주체적으로 관계되기 위해 능동적 몰입을 하게 하지만, 장시간 타성적으로 하다 보면 게임을 하고 있음을 깜빡 잊어버리는 수동적 몰입상태로 전이되는 경우가 많다.

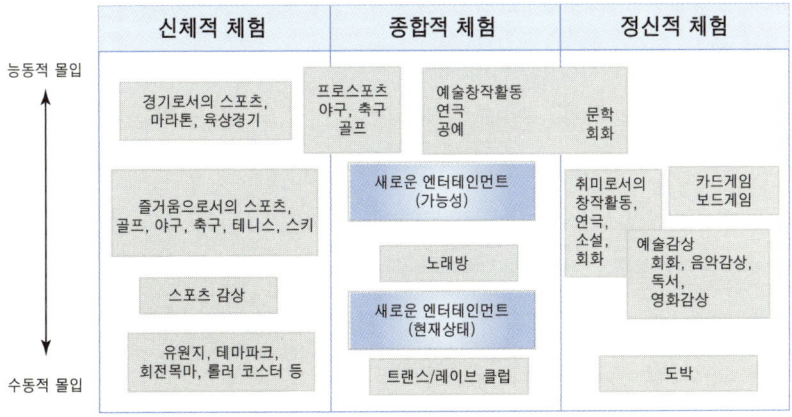

자료: 문화관광부(2004), 〈Entertainment Computing(EC) 산업 활성화 방안〉

[그림 7.4] 체험과 몰입의 정도

이제 경험은 새로운 상품이 되는데, 이른바 '경험의 기획'을 통해 가능하다. 기업이 제품만 파는 시대는 지나고 이제는 '경험'을 팔고 있으며 그 경험은 쉽고 재미있는 것이어야 한다.

칙센트미하이는 '플로우(flow)'라고 하는 개념을 사용하여 개인의 즐거움, '기쁨의 경험'을 설명하고 있다. 플로우는 어떤 행위에 몰입하고 있을 때 느끼는 포괄적 감각이다. 어떤 사물에 집중하고 있을 때 느끼는 즐거움으로 거기에 완전하게 얽매여 그 외의 다른 것(잡음, 시간의 경과)을 완전히 잊게 할 정도의 상태를 의미한다. 즉, 플로우는 '몰입(沒入)'이라는 경험을 통해 '즐거움' 또는 '쾌락'을 제공하는 것이다.

그렇다면 어떠한 상태일 때 이러한 플로우가 되는 것일까? 칙센트미하이는 심리적 엔트로피(psychic entropy)라고 하는 개념을 사용하여 설명하고 있다. 현재의 의지와 상반되는 정보 또는 의지의 수행으로부터 우리를 방해하려는 정보에 의해 의식이 혼란스럽고 집중할 수 없는 상태를 심리적 엔트로피(심리적으로 무질서 상태)라고 한다. 그리고 그 반대의 상태가, 최적 경험(플로우 체험)이라 불리는 상태이다. 의지와 상반되지 않고 의지의 수행을 방해하지 않을 때는 심리적 에너지가 보다 부드럽게 흘러 '기분이 좋다'라고 하는 긍정적 피드백이 채워져 내외 환경을 보다 잘 처리할 수 있는 상태가 된다.

플로우라는 최적의 경험 상태에 있게 되면, 상품의 목적과 피드백이 분명해 상품/서비스에 전적으로 집중하게 된다. 사용자에게 주어진 상황에서 자신이 느끼는 도전의 정도나 양, 도전을 감당할 만한 기술과 능력이 균형을 이루어야 대상에 몰입하고 즐거움과 긴장감 같은 강한 경험을 하게 되는 것이다.

때문에 콘텐츠 비즈니스는 최적의 경험, 플로우(flow)에 목표를 두어야 한다. 따라서 '경험의 기획'이 요구된다. 플로우라는 최적의 경험 상태에 있게 되면 콘텐츠의 목적과 피드백이 분명하게 되고, 자신이 사용하는 콘텐츠에 전적으로 집중하게 된다. 이와 같은 정점을 흔히 '스위트 스팟(sweet spot)'에 속한다고 한다. 원래 '스위트 스팟'은 야구 배트나 테니스 라켓 등에서 공을 맞히는 최적지점을 말한다. 그러나 이제는 점점 의미가 확대되어 마케팅에서는 고객과의 친밀감이 극대화되는 순간을 의미한다. 예컨대 영화관에서는 감독이 의도한 음향을 가장 가까이 느낄 수 있는 좌석 등을 의미한다.

스위트 스팟에 속하기 위해서는 네 가지 영역의 특성을 모두 갖고 있어야 한다. 이 영역에 경험을 제공하기 위해서는 첫째, 엔터테인먼트 경험을 제공해 사용자가 즐거움을 갖고 좀더 많은 시간을 보내게 하며, 둘째, 게임적인 성격을 제공해 사용자로 하여금 무엇이든 될 수 있다는 자유로운 기분이 들도록 해야 한다. 셋째, 교육의 경험을 제공하기 위해 방문자로 하여금 경험을 통해 뭔가를 배울 수 있다는 느낌이 들도록 하고 있으며, 넷째, 유용한 정보를 제공함으로써 사용자들에게 유익한 경험이 되도록 해야 한다.

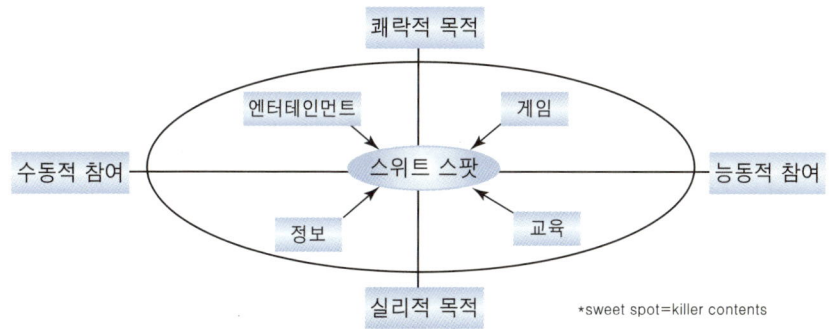

[그림 7.5] 콘텐츠 경험의 최적화: 몰입(flow)

결국 콘텐츠에 대한 '경험의 기획'은 정신적, 신체적 체험을 포괄하며 보다 능동적인 몰입을 유도하는 방향으로 전개되어야 할 것이다. 특히 능동적인 몰입은 경험상품(혹은 서비스)을 즐기는 사용자의 의지로 구축되는 몰입감이 아니라, 경험상품이 스스로 능동적으로 구동되어 사용자에게 몰입감을 제공하는 것이다. 이렇듯 고객의 콘텐츠에 대한 몰입감을 증대시키는 일은 앞으로 중요한 화두가 될 것이다.

케빈 로버츠(Kevin Roberts)의 '시소모(SiSoMo)'라는 개념도 눈여겨볼 필요가 있다. 시소모는 스크린 위에서 시각적 요소(sight)와 청각적 요소(sound), 그리고 동적 요소(motion)가 결합하여 강력한 효과를 내는 것을 함축적으로 표현한 단어이다.

　시소모는 사람들과 감성적인 공감대를 형성할 수 있는 가장 멋진 방법이며, 향후 수십 년간 가장 흥미진진한 창조성이 발현될 분야가 될 것으로 기대된다. 이동전화에 영화를 저장해서 보고, 해변에서 노트북으로 게임을 즐기며, 경기장의 전광판에 비친 스포츠 스타에 매혹되기도 한다. 이렇게 시소모는 세계 모든 사람들을 동시에 참여시킬 수 있는 방법이다. 시각적 요소, 청각적 요소 그리고 동적 요소는 소통을 유도하기에 가장 강력한 요소들이다. 사람들은 자극을 좋아한다. 모양과 색에 빠져들며, 음악에 열중한다. 그리고 움직임에 유혹된다. 이렇게 시소모를 발현시키는 스크린이 곧 스위트 스팟이 되는 것이다.

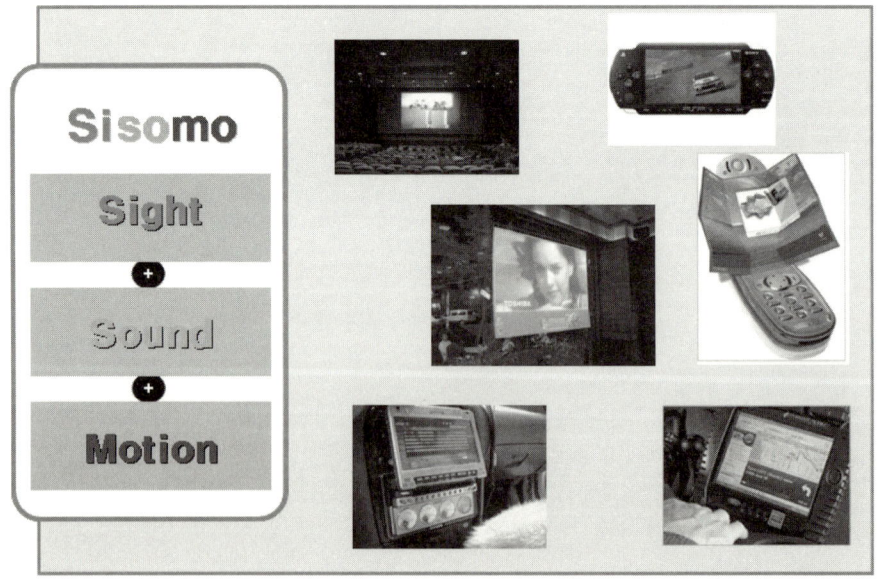

[그림 7.6] 시소모가 발현되는 다양한 스크린 공간

　미래 기술의 발전이 인간을 풍요롭게 하는 것이 목적이라면 그것은 인간의 감성과 즐거움, 재미에 초점을 맞추어야 한다. 재미와 감성은 밀접한 연관을 갖는다. 인간이 찾는 재미는 여가나 놀이, 유머와 웃음, 엔터테인먼트, 스포츠, 게임 등 감성적인 기능에서 나오며, 인간의 감성에 영향을 끼친다. 점차 기술 중심에서 생활 중심으로, 즐거움과 삶의 질을 추구하는 시대로 가치관의 중심이 옮겨가고 있다. 통제와 규율을 바탕으로 하는 경제적 이성주의를 넘어서 인간의 자율성을 중시하는 문화적 감성주의 사회로 옮겨가고 있는 것이다. 사람과 사회에 대한 이해가 폭넓게 이루어져 맹목적인 기술 개발을 지양하고 인간의 삶의 질을 개선하는 방향으로 나아가고 있다. 인간이 기술이나 제도에 종속되는 객체가 아니라 제도나 기술이 인간을 위해 존재해야 하기 때문이다.

재미란 지극히 인간적인 관심사로서, 기존의 엄숙하고 관료적이며 시스템 지향적인 기업조직, 교육방식 등에 재미라는 삶의 활력을 접목시켜 일과 삶이 균형을 이룰 수 있도록 할 수 있다. 기업 차원에서도 마찬가지이다. 일할 맛 나는 즐거운 직장 만들기를 목표로 해야 한다. 재미가 바탕이 되는 경영은 구성원의 일하는 즐거움과 재미를 추구하는 것이다. 재미는 단순한 기업과 같은 생산현장에서의 즐거움을 제공하는 것 외에 기업의 생존을 좌우하는 종사자의 창의력을 자극하는 것은 물론 생산성 향상이라는 연쇄효과까지 가져온다.

결국 미래 비즈니스에 감성 키워드를 접목하는 것은 소비자를 살 맛 나게 함으로써 새로운 비즈니스 기회를 창출하는 전략이기도 하지만, 내부 구성원들을 일할 맛 나게 해 주는 지속경영전략이기도 한 것이다.

7.2.2 퓨전 콘텐츠 비즈니스 전략: 블루오션과 퍼플오션

1) 제1전략, 블루오션 전략

최근 대부분 기업의 주요 관심은 신 성장 사업을 찾기 위한 변화와 혁신에 있다. 성장하지 않으면 생존이 어려워지는 치열한 경쟁 환경에 처해 있기 때문이다. 이러한 상황을 돌파하고자 기업은 변화와 혁신을 통해 높은 실적의 성장과 동시에 경쟁자를 배제하는 강력한 브랜드네임을 확보하고자 하는 것이다. 이러한 배경에서 뛰어난 전략적 실행을 통해 성장할 수 있는 방안을 모색하게 되는데, 블루오션 전략이 그 대안을 제시하고 있다. 블루오션 전략은 가치혁신 전략을 기반으로, 비약적 가치 창출에 의한 무한시장의 개척을 제안하는 새로운 전략론이다. 혼잡한 산업들 사이에서 경쟁하는 방법은, 역설적이지만 경쟁 없는 거대 시장, 즉 블루오션의 창출밖에 없다고 주장하면서 이를 위한 분석적 도구 및 툴에 대한 이론과 활용법을 제시하고 있다.

'블루오션 전략'에서는 시장을 레드오션과 블루오션이라는 단어로 분류한다. 레드오션은 이미 잘 알려져 있는 시장, 즉 기존의 모든 산업을 말한다. 레드오션에서 회사들은 기존 시장 수요의 점유율을 높이기 위해 경쟁사보다 우위에 서려고 노력한다. 그러므로 시장에 경쟁사들이 많아질수록, 수익과 성장에 대한 전망은 어두워진다. 결국 극심한 경쟁에 의해 시장은 붉은색으로 가득 찬 레드오션이 되어 버리고 만다.

반면에 블루오션은 알려져 있지 않은 시장, 즉 현재 존재하지 않아서 경쟁에 의해 더럽혀지지 않은 모든 산업을 말한다. 시장 수요는 경쟁에 의해 얻어지는 것이 아니라 창조에 의해서 얻어진다. 이곳에는 높은 수익과 빠른 성장을 가능케 하는 커다란 기회가 존재한다. 게임의 법칙이 아직 정해지지 않았기 때문에 경쟁은 무의미하다. 즉, 블루오션은 높은 수익과 무한한 성장이 존재하는 강력한 시장을 의미하는 것이다.

[표 7.3] 블루오션 전략과 레드오션 전략

레드오션 전략	블루오션 전략
기존 시장공간 안에서 경쟁	경쟁자 없는 새 시장공간 창출
경쟁자를 이겨야 하는 제로섬 게임	경쟁 무의미(경쟁이 없는 새로운 시장)
기존 수요시장 공략	새 수요창출 및 장악
가치-비용 중 택일	가치-비용 동시 추구
차별화나 저가전략 중 하나를 택해 회사 전체 활동체계를 정렬	차별화와 저비용을 동시에 추구하도록 회사 전체 활동체계를 정렬

전통적으로 경영학에서는 수많은 경영전략이 제시되어 왔다. 가장 폭넓게 알려진 마이클 포터의 경쟁 전략 이후 많은 경쟁적 전략들이 기업 흥망의 중심은 경쟁에 의해 좌우된다고 논의해 왔다. 이러한 전략들은 레드오션에서 어떻게 기술적으로 경쟁할 것인가에 대한 좋은 설명이 되었다.

이러한 경쟁 전략 관점에서는 기존의 제한된 시장을 보호하고 확장하기 위해 기존 산업구조 및 경쟁자를 분석하고, 경쟁자를 이기기 위하여 저가전략 또는 차별화 전략을 선택적으로 적용하라고 한다. 시장에서 살아남기 위하여, 경쟁자가 무슨 행동을 하느냐를 주의 깊게 관찰하여 경쟁우위를 달성하는 것에 집중하는 전략이다. 따라서 경쟁은 모든 회사의 전략을 비슷하게 만들고, 그 결과로 현재 거의 모든 기업의 전략은 경쟁 이론과 그 실행론들이 지배하고 있다고 해도 과언이 아닐 것이다.

반면에 블루오션 전략의 전략적 관점은 이전에 제시된 경영전략들과는 매우 다르다. 기존의 경쟁 전략에서 기업은 시장의 경계가 정해져 있는, 한정된 시장에서 부를 쟁취하기 위해서 경쟁하는 반면, 블루오션 전략에서는 엄청난 양의 추가 수요가 기존에 규정된 산업의 '밖'에 존재한다고 생각한다. 문제의 핵심은 어떻게 대량의 추가 수요를 창조해내느냐 하는 것으로 전환된다. 이러한 관점은 공급자 위주의 관점에서 고객 중심으로의 관점으로, 경쟁 중심에서 가치 혁신 중심으로 관점의 변화를 필요로 한다. 블루오션 전략은 차별화와 비용절감의 양자택일 구조를 깨뜨려, 회사와 고객 모두에게 비약적인 가치를 창출하게 함으로써 경쟁을 무의미하게 만드는 체계적 접근을 말한다.

요약하면, 경쟁 전략은 기존의 시장에서 어떻게 경쟁자를 앞지를 수 있는가에 대한 시장 경쟁 전략이다. 반면에 블루오션 전략은 경쟁을 피하기 위해 이미 설정된 시장 경계를 벗어날 수 있는 시장 창조 전략이라고 할 수 있다.

블루오션 전략론에는 가치혁신 전략수립과 블루오션 창출에 사용할 수 있는 프레임워크가 제시되어 있는데, 네 가지 액션 프레임워크(four actions framework)는 새로운 가치곡선 도출에 필요한 구매자 가치 요소의 재구축에 사용할 수 있다. 새로운 가치곡선을 창출하기 위해서 업계의 전략적 논리와 비즈니스 모델에 도전

하는 네 가지 핵심 질문을 거치게 된다. 그리고 4액션 프레임워크를 보충할 수 있
는 툴로서, ERRC 그리드(Eliminate-Reduce-Raise-Create Grid)가 있다. 현재
(As-Is) 전략캔버스를 작성하고 이를 바탕으로 새로운 미래(To-Be)의 가치곡선을
창출하려면 제거, 감소, 증가, 창조의 네 가지 가치 요소를 밝혀내야 한다. ERRC
그리드를 완성함으로써 기업들은 무엇을 차별화할 것인지를 결정할 수 있게 된다.

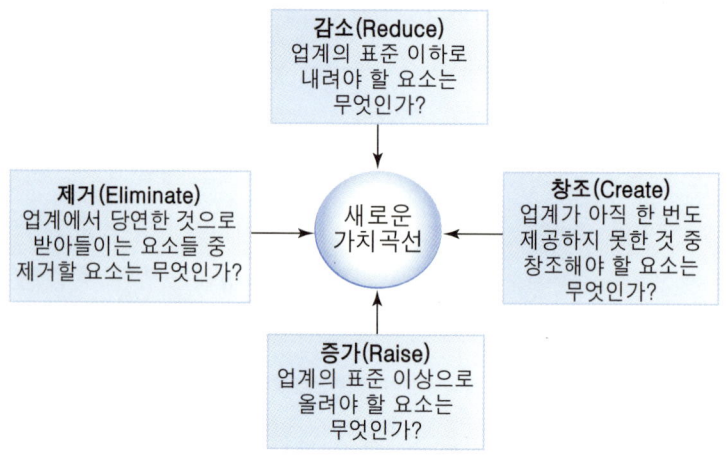

[그림 7.7] 네 가지 액션 프레임워크

    모든 새로운 전략에는 항상 기회와 동시에 위험이 따른다. 새로운 시장의 창출
기회가 클수록 그에 따르는 위험의 크기도 이에 비례하여 커진다. 따라서 블루오션
에서 성공하는 관건은 전략의 수립과 실행에 따르는 위험을 최소화하면서, 동시에
체계적으로 기회를 극대화하는 것이다. 이러한 기회 최대화와 위험 최소화를 위한
블루오션 전략에서는 여섯 가지 방법론이 제시되어 있다. 제시된 방법론을 활용하
면 전략 수립단계의 조사 리스크와 기획 리스크, 평가 리스크, 비즈니스 모델 리스
크를 줄일 수 있다. 또한 실행단계의 성공가능성을 높일 수 있다.
    블루오션 전략 수립을 위해서는 먼저 블루오션 창출의 기회를 찾는 것이 중요하
다. 이때 시장 경계선을 재구축함으로써, 블루오션 창출의 기회를 찾을 수 있다. 이

것은 도처에 깔린 가능성으로부터 블루오션 기회를 어떻게 성공적으로 찾아낼 것인가에 대한 것으로, 탐색 리스크를 다룬다. 6-Paths Framework는 기업이 업계에서 수용되고 있는 경계선을 부수고 나와, 경계선 내부가 아닌 전체를 바라볼 수 있도록 하는 사고의 틀을 제시하는 방법론이다.

　문화콘텐츠기업이 블루오션을 탐색하고 실행하기 위해서는 6-Paths Framework가 제시하는 프로세스를 따라야 한다. 구체적인 사례들을 통해 실행방법을 살펴보자.

　우선 6단계 프레임을 통한 가치혁신 추진 프로세스는 다음 그림과 같다.

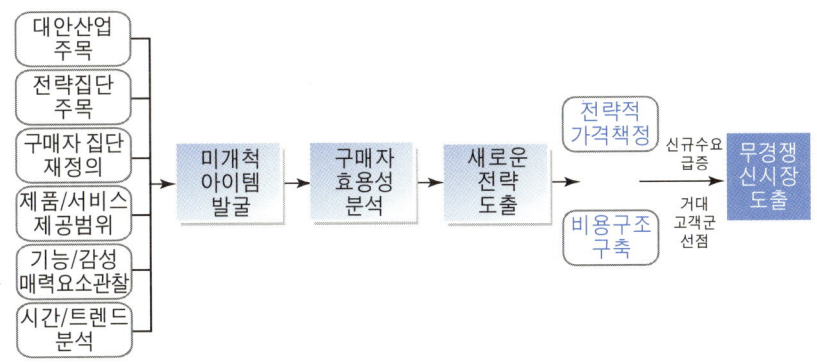

[그림 7.8] 블루오션 창출을 위한 가치혁신의 전략 추진 흐름도

　블루오션 창출을 위해서 경영자들은 경계선 내에서가 아니라, 그 경계선 전체를 바라볼 필요가 있다. 대안산업, 전략적 그룹, 구매자 그룹, 보완적 제품이나 서비스, 산업의 기능적-감성적 성향, 그리고 시간의 흐름을 살펴봐야 한다. 이를 통해 시장의 실제 상황을 재구축하는 방법에 대한 예리한 통찰력을 가질 수 있고 이는 블루오션 창출로 이어지는 것이다.

[1] 블루오션 창출을 위해서는 대안산업을 관찰해야 한다.

판매자는 종종 직감적 사고를 잊어버린다. 판매자는 고객들이 대안산업 전체에서 하나를 선택하게 되는 과정을 의식하지 못한다. 많은 성공 사례들을 보면 새로운 시장을 창출하기 위해 대안산업 전체를 살펴봤다는 것을 알 수 있다. 따라서 대안산업들 안에서 구매자들이 특정 상품을 선택하게 하는 주요 요소에 포커스를 맞추고 그 밖의 다른 것들을 제거하면 새로운 시장공간인 블루오션을 창출할 수 있다.

대안산업을 관찰함으로써 블루오션을 창출한 대표적인 사례는 NTT 도코모의 i-모드이다. i-모드 서비스는 사람들의 의사소통과 정보 접근방식을 바꿨다. 왜 사람들이 대안품인 휴대폰과 인터넷을 맞교환하는가에 대한 질문을 던짐으로써 블루오션 창출을 위한 실마리를 찾았다. 도코모는 새로운 기술을 창조한 것이 아니라 인터넷의 가장 큰 장점인 이메일, 단순정보, 오락 등과 휴대폰의 결정적인 강점인 휴대성, 음성전송의 가능, 사용의 편리성 등에 포커스를 둠으로써 이 두 대안품 가운데 하나를 택하지 않아도 되게 만들었다. i-모드 서비스는 휴대폰이 켜져 있는 동안 자동연결이 되어 접속상태에 있으므로 번거롭게 로그인할 필요가 없다. 일반 휴대폰이나 컴퓨터도 i-모드 서비스의 차별화된 가치곡선과 경쟁할 수 없었다. 블루오션 시장이 열리는 순간이었다.

i-모드 서비스는 단순히 경쟁자들로부터 고객을 빼앗은 것이 아니다. 젊은 층과 중장년층을 끌어들였으며 음성서비스만 이용하던 고객들을 음성과 데이터서비스 이용자로 전환시킴으로써 시장을 엄청나게 확대시킨 것이다.

소비자는 구매를 결정하기 전 항상 마음속으로 대안 상품과 해당 상품을 저울질한다. 형태는 달라도 동일한 기능이나 핵심적인 효용성을 제공하는 제품 및 서비스는 각각 서로의 대체제가 될 수 있다. 따라서 대안산업들 안에서 소비자들이 특정 상품을 선택하게 하는 주요 요소에 포커스를 맞추고 그 밖의 다른 것들을 제거하면 새로운 시장공간인 블루오션을 창출할 수 있는 것이다. 따라서 문화콘텐츠산업의 블루오션을 열기 위해서는 기존 문화콘텐츠의 연장이 아닌 전혀 새로운 콘텐츠로 '다른 그 무엇(something new)'을 제공해 줄 필요가 있다.

즉, 소비자들의 관심을 얻기 위해서는 차별화된 독자적인 브랜드를 창출해내야 한다는 것이다. 새로운 문화콘텐츠 기술을 적용해 새로운 가치를 활용하고 새로운 개념의 콘텐츠 진화 등 무언가 '새로운 것'이 필요하다는 것이다. 소비자를 대상으로 한 컨셉은 항상 '새로운 콘텐츠, 새로운 문화(new contents, new culture)'이며, 나아가 일상생활의 동반자인 'Life Partner'의 개념으로까지 확대되어야 한다.

대안산업 창출을 위한 질문은 다음과 같다: 실제로 우리 회사가 속한 산업 분야의 대안산업은 무엇인가? 왜 소비자는 구매에 앞서 대안상품 전체를 보는가?

대안산업 관찰을 통한 블루오션 창출 사례들

- **멋있는 외출을 파는 영화관, 키네폴리스**
  - 벨기에 수도 브뤼셀 시내에서 차로 15분 거리에 있는 생테네르가, '키네폴리스 브뤼셀'
  - 1988년 세계 최초의 메가플렉스(초대형 복합상영관)로 탄생
  - 키네폴리스에서는 영화관람 전 혹은 후에 어디서 식사를 해야 하는지, 영화관람 후에는 어디에서 영화에 대한 이야기를 나눌지, 아이가 있다면 영화관람 전에 어디에 맡겨두어야 하는지 등에 대해 고민할 필요가 없다. 레스토랑과 카페, 아이들을 위한 놀이시설이 모두 망라되어 있는 '원스톱 서비스'를 지향하기 때문이다.

  1) 미개척 아이템 발굴: 영화관과 카페, 놀이시설, 무료 주차장 등 극장과 관계없어 보이던 다양한 서비스를 결합하여, '멋있는 저녁 외출을 즐길 수 있는 공간'으로 변화시켰다.
  2) 구매자 효용성 분석: 가족 단위의 나들이객과 관광객들 그리고 극장을 기피하던 비고객의 취향을 파악하는 구매자의 효용단계를 검토해 찾아낸 것이다.
  3) 새로운 전략도출: '멋있는 외출을 파는 원스톱 영화관'의 탄생
  * Something New & Different ⇒ Culture로 전환(보편적 욕구로 분출)

  ※ 키네폴리스는 궁극적으로 고객들에게 영화감상에 대한 욕구뿐만 아니라 집 밖으로 나와 다른 사람들과 교감하는 사회적인 욕구를 채워줬다는 데 의의가 있다. 이러한 고객과 비고객 집단을 배려한 여러 가지 전략들이 바로 키네폴리스의 블루오션을 창출한 것이다.

---

[2] 블루오션 창출을 위해서는 전략집단을 관찰해야 한다.

전략적 집단이라는 용어는 유사한 전략을 추구하는 산업 내 기업들의 집단을 뜻한다. 예를 들어 메르세데스, BMW, 재규어 등은 고급차 시장에서 서로 경쟁자를 능가하려 하고, 저가 자동차 제조업체들은 그들의 전략 그룹 내에서 가장 뛰어나다는 평가를 받으려고 애쓴다. 그러나 어느 전략적 그룹도 다른 집단이 무엇을 하는

지는 신경을 쓰지 않는다. 왜냐하면 공급자의 입장에서 보면, 이 두 그룹은 서로 경쟁관계처럼 보이지 않기 때문이다.

이러한 예는 소니사의 워크맨에서 찾아볼 수 있다. 소니의 워크맨은 오디오의 고성능 음향과 트랜지스터 라디오의 휴대하기 용이한 크기를 결합한 제품이다. 그 결과 1970년대 후반 개인 휴대용 스테레오 시장을 창출하였다. 오디오와 라디오는 같은 전자산업 안에 있지만, 서로 경쟁자가 되지 않는다는 통념을 깬 것이다. 워크맨은 두 전략 집단의 장점이 접목된 결과물이다.

오디오와 라디오 고객 일부를 흡수했을 뿐만 아니라 통근자와 조깅하는 사람들을 포함한 새로운 고객을 시장으로 끌어들였다. 이에 워크맨은 세계적인 히트 상품이 되었고, 소니는 가치혁신을 이룬 세계 일류기업으로 도약하게 되었다.

경쟁 그룹에서 블루오션을 창출하는 핵심은 고객들로 하여금 한 상품 그룹에서 다른 그룹으로 이동하게 하는 요인이 무엇인지, 더 싼 상품이나 혹은 더 비싼 상품을 사도록 유도하는 요소들이 무엇인지 이해하는 것이다.

일반적으로 기업들은 전략집단 안에서 경쟁하는 데 여념이 없지만 엄청난 이익을 안겨줄 새 시장 창출 기회는 전략집단 밖을 둘러볼 때 찾을 수 있다. 전략집단들 간의 장점을 결합할 때 새로운 시장이 열린다는 것이다.

전략집단 관찰을 위한 질문은 다음과 같다: 우리 회사가 속한 산업 분야의 전략적 그룹은 어떤 것이 있는가? 왜 소비자들은 더 비싼 상품 그룹으로 상향 구매를 하는가? 혹은 왜 소비자들은 더 싼 상품으로 하향 구매를 하는가?

전략집단 관찰을 통한 블루오션 창출 사례들

• **아이팟과 아이튠즈**
- 애플사의 온라인음악 판매서비스인 아이튠즈는 DRM 기술이 적용된 유료서비스 시장에서 성공적인 사례이다.
- 아이팟이라는 하드웨어 기기의 성공은 아이튠즈라는 소프트웨어의 성공이 뒷받침되었기 때문이다. 애플은 2003년 4월 아이튠즈 서비스를 시작한 지 6개월 만에 5천만 곡을 판매하였고, 4개월 후에는 1억 곡의 판매를 달성하였다. 2005년 1월까지 2억5천만 곡 이상을 판매하였다.
- 애플의 유료서비스인 아이튠즈는 자체 DRM 기술을 바탕으로 한다. 아이튠즈를 통해 다운로드 받은 음원은 애플사의 음악 재생기기인 아이팟 시리즈가 아닌 타 업체의 디바이스에서는 재생할 수 없도록 하였다.
- 매년 제공음원수도 확대하고 있다. 또한 음원의 가격도 99센트로 정하고 있는데, 이러한 저가의 가격전략도 경쟁우위의 한 요인이다.

1) 미개척 아이템 발굴: 콘텐츠 제공 커뮤니티의 런칭이라는 디지털 상거래의 새로운 모델을 제공
2) 구매자 효용성 분석: 아이튠즈를 통해 다운로드한 음원은 애플사의 음악 재생기인 아이팟 시리즈가 아닌 타 업체의 디바이스에서는 재생할 수 없도록 함. 이는 애플의 디바이스 유저들에게는 일종의 특권적인 문화
3) 새로운 전략도출: 냅스터 등의 무료서비스에 길들여진 소비자들을 유료파일의 특권화된 소비계층으로 이동시켰다는 데 의의. 유료 음원 시장의 블루오션

※ 애플의 성공은 콘텐츠 제공 커뮤니티의 런칭이라는 디지털 상거래의 새로운 모델을 제공했으며, 냅스터 등의 무료서비스에 길들여진 소비자들을 유료파일의 특권화된 소비계층으로 이동시켰다는 데 의의가 있다. 유료 음원 시장의 대표적인 블루오션이다.

[3] 블루오션 창출을 위해서는 구매자 집단을 재정의해야 한다.

대부분의 산업에서 경쟁자들은 "누가 타깃 구매자인가?"라는 공통적 질문에 집중하는 경향이 있다. 그러나 실제로는 구매 결정에 직·간접적으로 관여하는 구매자 체인이 있다. 제품이나 서비스 가격을 지불하는 구매자는 실제 사용자와 다를 수 있으며 어떤 경우에는 중요한 영향력자가 있다. 이 세 집단이 일치할 수도 있으나 그렇지 않은 경우도 많다. 이럴 경우, 대체적으로 이들은 가치에 대한 정의를 다르게 내린다. 예를 들면 기업 구매 담당자는 비용에 더 큰 비중을 둘 것이며, 실제 사용자는 이용의 편리성에 더 관심을 가질 것이다.

스타워즈는 '구매자 집단의 재정의' 전략을 적절하게 잘 구사한 사례이다. 우선 스타워즈의 제작 초기부터 감독 조지 루카스는 영화소비자인 관객을 불특정집단에

서 어린이라는 핵심 타깃층으로 집중화시킨 바 있다. 이들 어린이 고객은 스타워즈의 부대사업들(비디오, 캐릭터 상품, 게임)의 충성스런 고객으로 확대되었으며, 이는 다른 영화제작자들이 생각하지 못한 전략적인 부분이다.

어떤 구매자 집단을 목표로 할 것인지에 대한 도전은 새로운 블루오션의 발견으로 연결된다. 기업은 기존에 간과했던 구매자 그룹에 포커스를 맞추는 방향으로 가치곡선을 재설계함으로써 새로운 통찰력을 얻을 수 있다. 게임 분야에서는 여성용 게임이 그런 경우이다.

구매자 체인 탐색을 위한 질문은 다음과 같다: 우리 회사가 속한 산업 분야의 구매자 체인은 누구인가? 어떤 구매자 집단에게 초점을 두는가? 만약 구매자 그룹을 전환시키면 어떤 방법으로 새로운 가치를 열 수 있는가?

구매자 집단의 재정의를 통한 블루오션 창출 사례들

- **방송과 통신을 결합한 Current TV**
  - 앨 고어(Al Gore) 전 미국 부통령이 회장을 맡은 신개념 케이블방송인 Current TV
  - 포드(pod)라고 불리는 각 프로그램들은 2~5분 길이로 구성되어 있고, 그 중에는 단편영화, MTV 뮤직비디오, 비디오 블로그 등이 믹스매치(mix-and-match)되어 있다.
  - Current TV의 정체성은 한마디로 '참여형 TV 방송': 18~34세의 디지털 세대를 단순히 방송사가 주는 프로그램을 시청하는 '피동적 수용자'가 아니라 전국 단위 방송의 '협력자(collaborator)'로 설정하고, 이들 젊은 세대의 참여를 독려한다.
  - 이들 인터넷 계층은 짧은 형식의 콘텐츠를 선호한다는 공통점이 있다. 구글(google)과 협력하여 TV 화면에 30분 단위로 구글에서 가장 인기 있는 검색어를 보여준다(쉴 새 없이 인터넷을 넘나들면서 최신 뉴스흐름을 파악한다는 속성을 감안한 기획).

  ※ 기존의 경쟁자들과 차별화된 구매자 체인을 구축하는 것은 영상 분야에서 블루오션을 창출하기 위해 매우 중요하다. 즉, 타깃 수요자 층을 겨냥한 맞춤형 영상콘텐츠를 제공하는 것은 가치곡선을 재설계할 수 있는 기회이다.

[4] 블루오션 창출을 위해서는 보완적 제품과 서비스 상품을 관찰해야 한다.

대형 서적 유통업체인 반즈&노블은 제공하는 서비스의 범위를 재규정해 블루오션을 창출한 경우이다. 책 그 자체에서 독서와 지적 탐구의 기쁨으로 전환하여, 책 읽기와 학습을 즐겁게 하는 환경을 만들기 위해 라운지를 설치했다. 또한 책에 대한 지식이 풍부한 직원과 커피 바를 추가하였다. 특히 사람들 간 '만남'이라는 화두를 서점에 접목시켰다. 이미 1980년대에 미국 서점 시장은 포화상태였고 미국인의 평균 독서량도 줄어 대형 서점들은 점차 쇠퇴하는 모습을 보였다. 반즈&노블은 책이라는 제품과 더불어 고객만족을 위해 다양한 서비스를 하나의 패키지로 만들어 제공하는 새로운 슈퍼스토어를 기획했고, 이것이 바로 전략적으로 주효하게 된 것이다.

보완적 제품 및 서비스 관찰을 통한 블루오션 창출 사례들

• **종합오락센터로 변모하는 미국의 극장들**
  ※ 영화관들의 위기 상황. 홈 시어터라는 경쟁자가 위협으로 다가오고 있기 때문이다. 고객의 불만이 커지고 엔터테인먼트 관련 장비의 성능이 우수해지고 있으며, 영화개봉일과 DVD 출시일 간의 간격은 계속 좁아져 가고 있다. 극장계에는 위기상황이다.
  – 극장의 쇠퇴 전망에 대한 반론으로 극장주들은 다가올 미래의 10년을 위한 큰 계획들을 세우고 있다. 서비스 향상 외에 만찬과 주류, 콘서트와 코미디쇼의 제공이 바로 그것으로, 영화관에 가는 일이 '사교를 위한 외출'이 되어야 한다는 것이 그들의 주장이다.

  ▷ 미국에서 86개 극장 체인을 운영하는 내셔널 어뮤즈먼츠사(National Amusements Inc.)
  – 로스앤젤레스에 있는 '더 브리지: 시네마 드 럭스(The Bridge: Cinema De Lux)'에서는 주말이 되면 안내원들이 VIP 고객들을 안락의자형의 가죽시트 좌석으로 안내하며 그 사이 코미디 연기자들이 관객의 분위기를 띄운다.
  – 같은 계열사인 쇼케이스(Showcase cinema)는 보스턴 레드삭스의 야구경기 22편을 중계하는데, 팬들이 맥주를 마시며 경기를 관람하는 동안 실제 야구장과 같이 상인들은 핫도그와 야구 기념품을 판매한다. '극장을 펜웨이 파크(레드삭스 홈 구장)로 만들었다'는 평가를 받고 있다.

  ▷ 무비코사(Muvico)가 운영하는 파리지안 20(Parisian 20) 극장
  – 고객들은 차를 주차원에게 넘기고 아이들은 보호자가 지키는 놀이공간에 맡긴 뒤 위층으로 올라가 이색적인 마티니를 음미하고 초밥을 즐길 수 있다.

  ▷ 한가한 시간대를 활용하기 위한 아이디어, 로스(Laws) 같은 일부 극장
  – 오후 시간에 엄마들의 아기동반 영화관 입장 허용
  – 극장을 회의 장소로 제공해 대형 스크린에 최고경영자의 모습을 비추는 방안

  ▷ 첨단기술의 활용
  – 디지털 기술이 35mm 필름을 대체함에 따라 극장들은 더 낮은 비용에 독립 영화와 스포츠 행사를 상영하고, 3차원 영화나 비디오 게임을 제공한다.

아직 개척되지 않은 가치는 흔히 보완적 제품이나 서비스에 숨겨져 있다. 중요한 것은 제품이나 서비스를 선택할 때 구매자들이 찾는 토털 솔루션을 규명하는 것이

다. 간단한 규명법은 상품 사용 전, 사용 중, 그리고 사용 후에 어떤 일이 생기는지 생각해 보는 것이다. 그리고 이를 보완적 제품이나 서비스를 통해 제거해 나가는 것이 전략의 핵심이라고 할 수 있다.

보완적 제품 및 서비스 상품 탐색을 위한 질문은 다음과 같다: 우리가 생산한 상품 및 서비스가 사용되고 있는 현재 상황은 어떤가? 그것을 사용하기 전, 사용하는 동안, 사용한 후에는 어떤 일들이 일어나는가? 그 문제점들을 규명할 수 있는가? 보완적 제품이나 서비스 제공을 통해 어떻게 이 문제점들을 제거할 수 있는가?

[5] 블루오션 창출을 위해서는 기능적, 감성적 지향을 점검해야 한다.

디자인 전문업체인 '이노디자인'은 감성에 호소하는 디자인으로 세계시장에서 인정받고 성공한 사례로 꼽힌다. 세계시장을 석권한 아이리버 및 삼성 애니콜 등이 대표디자인이다.

이노디자인은 상용화, 보편화, 규격화되는 기술의 특성을 이해하고 소비자들이 상표와 상관없이 자신의 정체성과 멋을 강조하는 상품을 찾게 됨을 예견하였다.

지금은 디자인이 소비자의 개성을 창출하는 'CUPI'(Creating User's Personal Identity) 시대로 소비자들은 상품을 통해 '멋 부리기'를 원하고 있다. 따라서 디자인을 '비용'으로만 보는 기업들은 제품 원가와 상관없는 브랜드 가치를 만들어내야 할 것이며, 디자인은 비용이 아니라 이윤으로 봐야 한다. 그러기 위해 디자인은 아름다움도 중요하지만 소비자들이 제품을 쓰기 편하게 만들어야 한다.

지금까지 대부분의 기존 기업들은 기술 개발에만 치중하다 보니 소비자의 욕구를 이해하지 못하는 경우가 많았다. 만일 소비자의 욕구를 간과한다면 아무리 기능이 좋은 제품이라 할지라도 기대 이하의 소득을 올릴 것은 불 보듯이 뻔하다. 따라서 기술과 소비자의 간격을 메워 주는 디자인 전략이 반드시 필요하다.

감성에 호소하는 기업들은 기능적 향상 없이 가격을 올리고 많은 부수적인 것을 제공한다. 그러나 이런 부수적인 요소들을 없애거나 줄이면 고객들이 반기는 간단하면서도 훨씬 가격이 싸고, 비용이 더 적게 드는 비즈니스 모델을 창출할 수 있다.

반대로 기능에 호소하는 기업들은 일상제품들에 비해 감성을 조금 추가함으로써 신선함을 주입할 수 있고, 그렇게 함으로써 새로운 수요를 촉진할 수 있다.

구매자에 대한 상품의 기능적 또는 감성적 매력요소 관찰을 위한 질문은 다음과 같다: 우리가 속한 산업은 기능적 요소와 감성적 요소 가운데 어떤 것에서 경쟁하는가? 만약 감성적 요소로 경쟁한다면 그것이 기능적이 되도록 하기 위해 어떤 요소를 없앨 수 있는가? 혹시 기능적 요소로 경쟁을 한다면 감성적으로 하기 위해 어떤 요소들이 추가되어야 하는가?

기능적, 감성적 지향 점검을 통한 블루오션 창출 사례들

• 디지털 유료음원에 감성코드를 입힌 뮤직시티의 사례

▷ 온라인 유료음원 제공회사인 뮤직시티(Musiccity)가 상종가
- 무료음원 제공업체들이 법원의 철퇴를 맞아 온라인음악 유료화 시장이 활성화되면서 네티즌들이 음악사이트를 선택하는 기준으로 신곡 업데이트가 가장 빠르고 음원 보유량이 많은 음악사이트를 꼽고 있는 점을 고려할 때 뮤즈의 회원수 급증도 이러한 네티즌의 성향과 관련이 깊다.
- 뮤직시티는 지난 5년간 60만 음악 DB를 쌓아왔으며 음악 DB를 고객 음악듣기 성향으로 분석한 CRM(Customer Relationship Management)을 통해 감성 DB를 구축, 뮤즈사이트에서 회원들에게 음악을 서비스한다.
- 뮤즈사이트가 운영하는 싸이월드 타운 내의 뮤즈 홈피(http://town.cyworld.com/musiccity)는 싸이월드 이용자들에게 가수 정보, 최신 앨범소개, 가요계 동향 등 다양한 음악 정보를 빠르고 편리하게 제공하는 음악 공간으로 자리매김하였다.
- 감성음원 제공서비스: 백화점과 놀이동산 등 일부를 제외한 대부분의 매장에서는 배경음악으로 CD나 음악을 인터넷으로 바로 듣는 개인용 스트리밍 사이트를 주로 이용하는 것이 관행이지만, 저작권료를 지급하지 않고 영리 목적으로 음악을 틀어주는 것은 현행법상 불법이다. 최근에는 이에 착안해 음악의 선곡부터 저작권 문제까지 모두 해결한 뒤 배경음악을 배달해 주는 전문 배경음악서비스 역시 뮤직시티가 선점하였다.
- 뮤직시티는 2004년부터 지에스(GS)마트와 까르푸, 롯데슈퍼마켓 등에 '온라인 백그라운드 뮤직' 서비스를 시작하였다. 적게는 한 달에 3만 원 정도의 서비스 비용으로 매장의 분위기와 소비자의 취향, 날씨 등에 걸맞은 음악을 실시간으로 제공하는 것이 바로 이 서비스의 강점이다.

※ 디지털음악전쟁이라고 불리는 요즘, 음악 전문사이트도 획일적인 콘텐츠를 제공하는 것에서 벗어나 새로운 음악서비스를 개발해야 할 것이다. 이러한 상황에서 뮤직시티는 다양한 접속환경에 따른 맞춤 감성서비스로 사용자의 감성을 자극해 음악을 네티즌의 선택이 아닌 생활에 스며들게 하는 전략을 구사하여 블루오션을 창출해 나가고 있다.

[6] 블루오션 창출을 위해서는 시간의 흐름에서 외부트렌드를 형성해야 한다.

모든 사업 분야는 시간의 흐름에 따라 사업에 영향을 미치는 외부 트렌드에 노출되어 있다. 이 같은 트렌드를 제대로 된 관점으로 바라본다면 블루오션 기회를 창출하는 방법을 볼 수 있다. 이러한 블루오션 전략에 대한 통찰력을 발휘한 대표적인 사례로 새로운 게임의 지평을 연 소니사의 '아이토이(Eye Toy)'를 들 수 있다.

아이토이는 적외선 센서가 장치된 USB 카메라를 PS2(Playstation 2)에 연결하여 이용자들이 몸을 이용해서 즐기는 게임으로 2003년에 처음 공개되어 눈길을 모았다. 이는 소비자가 게임 도중 소리를 지르며 손발을 내젓게 하는 등 실제적인 게임 체험을 가능하게 하는 상품으로 문화콘텐츠의 핫 트렌드를 그대로 반영한 제품이었다. 이미 DDR과 같은 체감형 게임의 열풍이 있었지만 아이토이는 이전의 게임들에 비해 더욱 조작이 쉬워 어린이, 노인, 장애인 등 여러 세대들에게 사랑받을 수 있는 여건을 더욱 많이 갖추고 있는 셈이다. 미개척 아이템인 체험지향 게임 장르를 창조해낸 것이다.

블루오션 전략에 대한 통찰력은 트렌드를 자체적으로 설계하는 것만으로는 얻을 수 없다. 블루오션 전략은 트렌드가 고객의 가치를 어떻게 변화시키고 기업의 비즈니스 모델에 어떤 영향을 미치는가를 판단하는 비즈니스 식견으로부터 나온다. 시간의 흐름을 고찰함으로써 미래를 적극적으로 설계하고 새로운 블루오션의 부름에 응할 수 있다.

치열한 경쟁 상황에서는 현재 나타나는 외부 트렌드 도입에 포커스를 맞출 수밖에 없다. 하지만 블루오션을 창출하면 시간의 흐름에서 외부 트렌드 형성에 참여할 수 있게 된다. 그리고 기업과 트렌드와의 적합성이 있어야 블루오션을 창출해낼 수 있다.

시간의 흐름을 고찰하기 위한 질문은 다음과 같다: 어떤 트렌드가 우리가 종사하는 산업에 영향을 끼칠 가능성이 높고, 바뀌지 않을 것이며 또한 명확한 궤도에서 진행되고 있는가? 이러한 경향이 산업에 어떠한 영향을 미칠 것인가? 이러한 점들을 고려할 때 유례없는 고객 효용성을 창조해낼 것인가?

트렌드 관찰 및 형성을 통한 블루오션 창출 사례들

• EMI, 디지털음악 사업으로 회생의 길을 마련하다

- EMI는 음악공유에 대한 혐오감을 떨쳐내고, 음악공유의 개념을 사업적으로 잘 처리하고 있다. 합법적인 파일공유 사업에 대해서 EMI는 음악 사용권을 주고 있으며, 전 세계적인 합작을 통해 디지털음악 수입은 2004년 2%에서 2005년에는 5~6%까지 성장하였다.
- 애플사의 아이튠즈의 성공은 또한 EMI에게 고무적인 일이었다. 적은 비용으로도 음원을 내려 받는 이 서비스는 소비자들에게 유료음원 구입에 대한 반발감을 어느 정도 희석시켰다는 의의도 갖고 있다. PC를 통한 다운로드, 모바일 서비스, 벨소리, 벨소악, 컬러링 등의 다양한 사업들에 진출하다 보니 자연스럽게 음반 시장에만 집중되던 수익구조도 변화되었다.
- 음반 구입에 대한 감정과 충동 그리고 경험에 대한 기회를 포착. 휴대용 기기에 메시지를 보내 상품을 선전하는 블루투스 기술인 와이드레이(wideray)는 이러한 기회의 창출에 일등공신이다. EMI 매장을 한 번이라도 들른 고객에게는 그들의 기호에 맞춰 휴대전화 전원을 켤 때 나오는 음악, 벨소리, 벨소악, 가수 소개 등이 제공된다. 이러한 맞춤형 서비스를 통해 실제 음반 구입에 대한 욕구도 자연스럽게 나오게 되는 것이다.
- 유명 가수들의 디지털음반을 제작: 2000년 데이빗 보위의 'Hours' 앨범, 레니 크래비츠의 디지털 싱글인 'Dig in'이 출시되었고, 영국의 록 그룹 블러(blur)의 데이먼 알반이 조직한 프로젝트 애니메이션 밴드 고릴라즈(Gorillaz)가 기획되었다. 사상 최초의 애니메이션 밴드인 고릴라즈는 무대에서도 스크린 위에 애니메이션을 투사하고, 멤버들은 스크린 뒤에 숨어 연주하는 등의 독특한 컨셉을 갖고 있다.
- 구입 후 세 번째까지는 파일을 무료로 공유할 수 있으며, 그 파일을 받는 이들로 하여금 음반을 살 생각이 들도록 만드는 CD도 제작하였다.
- 온라인으로 음악을 공유하는 사람들에게는 음악을 공짜로 내려 받은 포인트를 제공한다.
- 아직도 음악 때문이 아니라 앨범 표지와 그 속지의 글들, 아트워크 등의 이유로 CD를 구매하는 사람들이 존재하기 때문에, EMI에서는 음반 수집가들을 위해 가수의 일대기, 인터뷰 녹음 등을 포함한 프리미엄 CD를 제작한다. 이 또한 일반 앨범보다 비싸지만 잘 팔리고 있다.

※ 디지털 사업모델의 구상. 이것이 바로 EMI가 온라인음악 시장에 적응하여 새로운 성공시대를 열어가는 밑거름이 되었다. PC 다운로드 서비스와 모바일 다운로드, 회원제를 통한 고급음원의 제공, 벨소리, 컬러링, P2P 사업 등 다양한 사업모델을 통해 리스크를 줄인 것도 효용이 있었다. 모든 음반회사들도 유사한 위기의식을 가지고 디지털 시대에 맞는 비즈니스 모델을 찾기 위해 고심 중이지만, 아직까지도 새로운 시장진입에 대한 위험부담을 가지고 음반판매를 가장 큰 수입원으로 고려하고 있다. 하지만 EMI는 캐릭터 애니메이션 밴드의 창조와 P2P 사이트와의 제휴 등으로 시장의 다각화를 이루어가고 있으며, 이는 음반 수입에 대한 파이를 줄여나간다는 미래 전략의 일환이다.

이상의 6단계 실행 프레임워크는 망망대해처럼 보이는 '푸른 바다'에서 '미지의 신대륙'에 이르는 길을 알려 주는 등대의 불빛과 같다. 누가 먼저 그 땅에 상륙할지는 선장과 선원들의 능력과 노력에 달려 있다고 하겠다.

2) 제2전략, 퍼플오션 전략

블루오션의 창출은 정적인 성취과정이 아니라, 역동적인 프로세스이다. 어떤 기업이 블루오션을 창출하여 뛰어난 성과가 일단 알려지면 머지않아 수많은 모방자들이 나타난다. 여기서 얼마나 빠른 시간 내에 모방자들이 생겨나는가에 대한 질문을 던져볼 수 있다. 이는 달리 말해 블루오션의 전략 모방이 용이한가 혹은 어려운가 하는 것이다.

블루오션의 선구자들과 모방자들이 성공을 거두고 시장이 확대되면, 더 많은 경쟁자들이 물불을 가리지 않고 이 푸른 바다에 뛰어들 것이다. 결국 이러한 시장은 머지않아 다시 레드오션의 핏빛 바다로 물들게 된다. '블루오션을 창출하면 대박이다' 라는 로또정신으로는 성장의 한계가 있다는 이야기다. 선도 기업이 되는 순간 이미 레드오션에 진입한 것이다.

레드오션 전략에 빠진 기업들은 한정된 시장 안에서 경쟁하는 것에 집중한다. 기업들은 자신에게 주어진 시장구조를 받아들이고 산업 내에서 경쟁에 대항하기 위해 방어 가능한 포지션을 개척하려고 노력한다. 시장에서 살아남기 위해, '레드오션 전략'에 익숙한 경영자는 경쟁자가 무슨 행동을 하느냐를 주의 깊게 관찰하여 경쟁우위를 달성하는 것에 집중하게 된다. 너무 위험부담이 큰 시도는 하지 않는 것도 공통적인 특징이다.

블루오션에 영원한 단독항해는 존재하지 않는다. 모든 블루오션 전략은 언젠가 모방될 가능성이 크기 때문이다. 따라서 경쟁자들과 다른 새로운 가치곡선을 창조해 나가야 블루오션 시장을 오랫동안 유지해낼 수 있다. 문화콘텐츠산업은 현재의 시장규모보다도 잠재적인 성장가능성으로 인해 차기 핵심산업으로 주목받고 있다. 전형적인 블루오션 시장인 셈이다. 따라서 문화산업계는 물론이고 그 외의 기업들도 경쟁을 뛰어넘어 새로운 이익과 성장의 기회를 잡기 위해 문화콘텐츠를 활용한 블루오션 창조에 관심을 보이고 있다.

블루오션을 창조하더라도 항상 새로운 진입 기업들에 대한 경계와 모방론에 대한 대비를 구축해야 한다. 문화콘텐츠산업도 예외는 아니다. 미개척 시장에 대한 부담과 리스크가 그것이다. 대부분 경쟁에서 허덕이는 기업들에게는 이러한 리스크가 큰 부담이 된다. 기존의 시장 파이에 만족하던 영화, 음악, 애니메이션 등의 문화콘텐츠 분야 업체들은 새로운 시장 개척을 모험으로 생각하는 경향이 크다.

그렇다면 해결책은 무엇일까? 지금 몸을 담그고 있는 붉은 바다에서 푸른빛을 조금씩 섞어나가는 것이다. 붉은색과 푸른색의 결합인 자줏빛 바다를 만들어가고, 결국에는 푸른빛이 감도는 블루오션으로 변화시키는 것이다. 흔히 퍼플오션(purple ocean)이라고 불리는 이 전략은 블루오션의 단점인 신시장 개척에 따르는 위험요소를 줄이면서 차별화의 효용은 극대화한다는 전략이다.

퍼플오션은 '블루와 레드를 합성한 자줏빛 바다' 라는 의미이다. 한 분야에서 히트를 치면 이를 집요하게 다른 분야로 확장시켜 리스크와 비용은 줄이고 수익은 극대화한다는 것이 이 전략의 핵심이다. 블루오션의 단점인 신시장 개척에 따르는 위험요소를 줄이면서 차별화의 효용은 극대화한다는 전략이기도 하다. 일본은 이미 대중문화 시장을 필두로 다양한 분야에서 이 같은 전략이 확산되고 있다. 만화에서 성공하면 이를 영화로 만들고 다시 드라마로 만드는 식이다. 또한 사진이나 캐릭터 상품 등에서도 활용해 초기 제작의 비용과 시간을 크게 줄이고 있다.

퍼플오션은 하나의 소재를 서로 다른 장르에 적용해 파급효과를 노리는 OSMU 마케팅 전략과도 흡사하다. 퍼플오션은 블루오션 개척에 있어서의 위험부담을 최소화하고 레드오션의 문제점으로 지적됐던 차별화 측면을 강조한다. 쉽게 말하면 성공한 대중문화의 콘텐츠를 한 분야에서만 사용하는 것이 아니라 이를 다양한 멀티미디어에 응용해 개발한다는 전략을 구사하고 있다.

이에 세스 고딘(Seth Godin)은 퍼플오션의 중요성을 통찰하고, 그의 저서 『Purple Cow』에서 보랏빛 소에 대한 개념을 소개하고 있다. 고만고만한 상품 중에서 눈에 번쩍 띌 수 있는 매력적이고 완벽한 상품이 바로 '보랏빛 소' 이다. 고딘은 세상은 광속으로 변하고, 기존의 마케팅 방법으로는 소비자들을 사로잡을 수 없다고 말한다. 예전에는 좋은 상품을 만든 뒤 엄청난 비용을 투입해 신문 또는 TV에 광고 공세를 펴서, 자사 브랜드를 소비자들에게 각인시키는 방식으로 마케팅을 했고, 그것이 쉽게 먹혀들었다. 그러나 지금은 그렇지 않다는 것이다. 이제 세상은 바뀌었다. 너무나 많은 비슷한 상품과 서비스, 홍수처럼 쏟아지는 광고 공세로 소비자들은 웬만한 것에는 눈길조차 주지 않는 것이 현실이다.

보랏빛 소는 단순히 차별화된 디자인만을 뜻하는 것이 아니다. 고딘은 '리마커블(remarkable) 아이템'을 만들 것을 촉구하고 있다. 리마커블이란 "두드러진, 눈에 띄는"이란 뜻을 갖고 있다. 열성적 '전파자(sneezer)' 역할을 할 만한 잠재소비자 집단을 발굴하고, 이들에게 화젯거리가 되고 추천거리가 될 만한 서비스(혹은 제품)를 공급하는 것이 바로 퍼플오션 전략의 핵심이다.

시장에는 극소수의 이노베이터와 10%가량의 얼리어답터, 80%가량의 대량 소비집단, 10%가량의 후기 소비집단이 존재한다. 기존의 생산품들이 대량 소비집단의 니즈에 맞춰 상품을 기획했다면 보랏빛 소를 만들어내기 위해서는 얼리어답터가 원하는 바를 찾아서 그에 맞는 타깃마케팅을 펼쳐야 한다. 예컨대 뛰어난 성능을 가진 MP3 플레이어는 소비자에게 만족도가 높지만, 소수의 얼리어답터들은 차별화된 디자인과 대용량을 원해 왔다. 애플의 아이팟은 바로 이런 얼리어답터들이 만족할 만한 상품을 만들었고 애플의 아이팟에 만족한 얼리어답터들이 대량 소비집단에 아이팟의 우수성을 전파했다.

제프리 무어는 디지털 노마드의 시대, '인지적 구두쇠'를 잡기 위한 전략으로 캐즘(chasm) 마케팅 전략을 제시하고 있다.

캐즘은 첨단기술 제품의 공략대상이 되는 두 시장 사이에 존재하는 단절을 말한다. 즉, 불연속적인 혁신제품을 사줄 만한 자연스러운 고객이 없는 시장 발달과정의 균열을 의미한다. 그 시장 가운데 하나는 새로 개발된 기술의 본질을 잘 이해하고 있으며 그것이 제공할 이익에 민감하게 반응하는 선각수용자들로 이루어진 초기시장이고, 다른 하나는 새로운 기술의 혜택을 원하기는 하지만 그것이 정착하기까지의 혼란은 피하고 싶어하는 대부분의 사람들로 구성되는 주류시장이다. 첨단기술 변화에 대한 도전성과 위험부담 회피 정도에 따라 소비자는 혁신수용자(innovators, 기술애호가), 선각수용자(early adoptors, 진보적 선구자), 전기다수 수용자(early majority, 실용주의자), 후기다수 수용자(late majority, 보수주의자), 지각수용자(laggards, 회의론자)의 다섯 유형으로 나뉜다. 그러나 많은 첨단기술 벤처기업들이 선각수용자에서 실질적 부를 창출하는 전기다수 수용자 집단으로 옮겨가는 시점에서 재정적 부담이나 경영상 오류, 주류시장의 수용준비 미흡 등의 이유로 곤경에 빠지게 된다. 캐즘은 실용주의자들로 구성된 주류시장에서 교두보 역할을 할 만한 틈새 세분시장을 선택하여 그들이 충분히 구매 충동을 일으킬 만한 제품을 성공적으로 제공함으로써 극복된다.

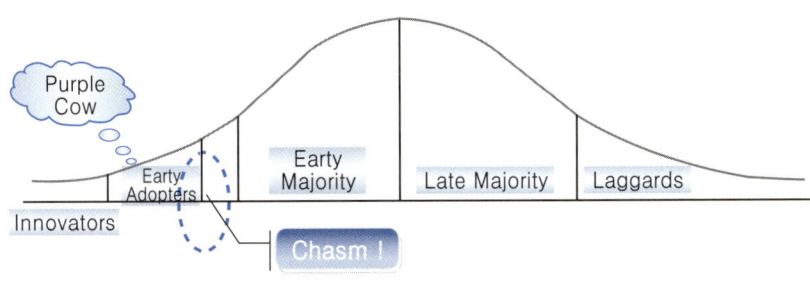

[그림 7.9] 수용주기 모델과 캐즘, 그리고 보랏빛 소

제프리 무어는 첨단기술 제품을 시장에 선보이고 초기시장에서 크게 성공했더라도 주류시장으로 이행하기 위해서는 엄청난 노력과 철저한 변혁이 필요하다고 강조하면서, 캐즘에 빠져 사라지기 전에 '제품판매'가 아닌 '관계 창출'에 마케팅 활동의 초점을 둘 것을 주문한다. 시장의 변화 단계에 따라 마케팅 전략 자체를 순차적으로 포기하고 상반되는 전략을 과감하게 선택해야 한다는 제프리 무어 박사의 주장은 첨단기술산업뿐만 아니라 혁신적인 상품과 서비스가 끊임없이 등장하는 일부 전통산업 분야에서도 필수적으로 받아들여야 하는 개념이다.

많은 창업기업들이 초기시장과 주류시장 간의 대단절, 즉 캐즘을 뛰어넘지 못하고 실패하는 경우가 많다. 첨단기술 마케팅에 있어 시장의 캐즘을 뛰어넘는다는 것은 제품 중심의 가치에서 시장 중심의 가치로 이행하는 것을 의미한다. 기술, 제품,

시장 그리고 기업이라는 네 가지 가치영역이 존재한다. 기술 수용주기에 따라 제품의 특성이 변하여 고객에게 의미 있는 가치영역도 변하게 된다. 효과적인 첨단기술의 마케팅 활동은 이러한 기술 수용주기에 따른 적절한 시장 포지셔닝에서 출발한다.

퍼플오션 전략은 적에서 청으로, 그리고 적과 청을 결합한 자주로 이어지는 논리전개와 같이 변증법의 핵심을 이루는 정반합의 원리를 떠올리게 한다. 변증법에서는 자연 및 사회, 그리고 인간의 사유가 정(正)·반(反)·합(合)의 3단계를 거쳐 발전된다고 주장한다. 정(正)은 애초에 있는 것으로 자신 속에 이미 모순, 즉 문제점이 내포되어 있지만 아직 그것이 드러나 있지는 않은 상태이다. 반(反)은 그 모순이 자각되어 밖으로 드러나는 단계이며, 합(合)은 정과 반이 지양(止揚)이라는 과정을 거쳐 도달하는 제3의 단계이다. 퍼플오션 전략은 이러한 정반합의 원리를 그대로 투영한 전략이다. 그런데 변증법의 원리에 의하면 합은 그 자체가 다시 정이 된다. 그리고 다시 반이 생기고, 합이 생긴다. 이러한 순환구조를 정확히 인식하고 기민하게 순응하는 기업이 바로 퍼플오션의 마지막 승리자가 될 것이다.

7.2.3 퓨전 콘텐츠 비즈니스 모델

퓨전 콘텐츠의 생산과 유통은 컨버전스, 퓨전 과정을 통해 보다 광범위한 영역으로 확산되고 있다. 이제 콘텐츠의 영역이 기존의 콘텐츠산업뿐만 아니라 점차 전 산업영역 및 공공서비스 부문까지 확대되고 있는 것이다.

기존 콘텐츠산업의 경우 전자적 네트워크를 통해 전송되는 콘텐츠는 전통적인 출판 및 엔터테인먼트 산업에서 먼저 등장했다. 양방향 디지털 TV, 네트워크 게임, 온라인음악 시장의 등장은 기존의 비즈니스 모델과 사업 형태에 커다란 변화를 초래하였다. 그러나 경제가 점차 지식집약적인 형태로 진화함에 따라 여타 산업의 경우에도 생산, 수집, 관리, 가공, 저장, 유통 및 접근 과정에서 정보집약적 (information-rich) 활동들이 점차 증대되고 있다. 사업, 직업, 교육, 공공서비스 및 의료활동의 범위가 급속하게 확대됨에 따라 대부분의 산업들이 점차 u-콘텐츠와 애플리케이션에 대한 의존도가 높아지고 있으며, u-콘텐츠를 생산/제작하는 부문과 각종 콘텐츠 서비스 비즈니스, 콘텐츠를 제공하거나 요구하는 연관 산업 등 다양한 산업분문 간 연관성을 증대시키고 있다.

u-테크놀로지 및 브로드밴드 네트워크의 발전과 퓨전 콘텐츠산업은 전통적인 미디어/엔터테인먼트산업의 구조와 지형을 근본적으로 변화시키고 있을 뿐만 아니라 여타 산업 및 정부의 공공서비스 분야에도 커다란 영향을 미치는 등 그 영역이 더욱 확장되는 추세이다.

[표 7.4] 미디이 및 비 미디어 콘텐츠산업(예시)

미디어 및 엔터테인먼트 애플리케이션	비-엔터테인먼트 애플리케이션	정부	네트워크 사용자들
출판(도서, 잡지, 만화 등)	산업디자인, 영상디자인	공공부문 정부 (산업적 재사용)	웹 사이트들
영화/동영상	소프트웨어 디자인 및 개발	연구조사	블로그, 포드캐스팅
애니메이션(캐릭터, 아바타) 관련 콘텐츠	비즈니스 및 전문가	교육	가상 커뮤니티
음악	광고	문화(예: 디지털 도서관)	디지털 사진, 비디오 파일
방송/디지털 라디오/케이블/ 상호작용 TV 및 상호작용 미디어	패션, 디자인	건강	예술작업
소프트웨어/컴퓨터 게임 및 비디오 게임	아키텍처/전문 서비스	–	–
도박	트레이닝 및 성인교육	–	–
모바일 콘텐츠, 텔레매틱스, 무선 서비스			

자료: OECD(2006)

향후 콘텐츠를 기반으로 한 경제는 지식기반경제의 핵심역할을 할 것이며, 퓨전 콘텐츠산업은 콘텐츠와 기술의 접목을 통해 새로운 사업기회와 신산업 창출의 가능성을 제공할 것이다. 물론 이는 콘텐츠와 퓨전테크놀로지 간의 상호작용을 통해서 가능한 것이다.

콘텐츠산업이 공급자 중심의 시장구조에서 소비자 중심의 구조로 변화함에 따라 비즈니스 모델 역시 소비자 지향적인 맞춤 서비스의 제공과 다양하게 차별화된 수익모델의 발굴이 중요한 사업자전략이 된다. 현재 디지털 기반 퓨전 콘텐츠 서비스에는 두 가지 주된 수익원이 존재한다. 광고수익과 유료화가 그것이다. 그동안 콘텐츠의 유료화를 위한 노력은 끊임없이 시도되었고, 최근 음악, 영화와 같은 디지털콘텐츠에 대가를 지불하려는 소비자들이 점차 늘어나고 있다. 인터넷이 유비쿼터스로 확장되어 다양한 온라인 유통채널이 이용 가능해짐에 따라 앞으로는 두 가지 수익모델의 자체적인 진화와 더불어 콘텐츠 유료화 수익과 광고수익이 혼합된 형태의 수익모델이 발전할 것으로 보인다.

그동안 콘텐츠 유료화에는 네 가지 장애요인이 존재하였다. P2P 서비스 등장과 콘텐츠의 불법공유 문제, 콘텐츠 유료화에 대한 사용자들의 저항, 기술적·제도적 기반의 미비, 콘텐츠 유료화에 대한 노하우의 부족이 그것이다. 이러한 문제로 인해 상업성 있는 콘텐츠 생산에 큰 어려움을 겪어 왔다.

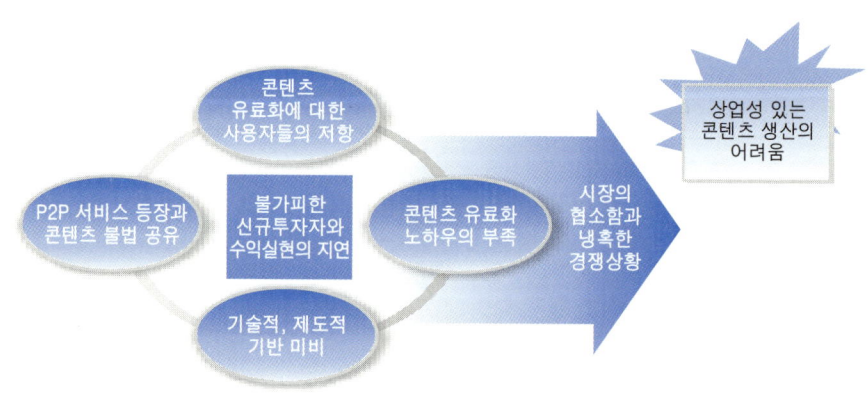

[그림 7.10] 콘텐츠 유료화의 장애요인

하지만 최근 들어 유료화에 대한 수용자 인식도 크게 개선되었고, 디지털콘텐츠 시장에 있어서 유료화 비즈니스 모델도 어느 정도 자리를 잡아가고 있다. 이제는 무엇보다도 상업성 있는 질 높은 콘텐츠 생산이 가장 중요한 요인이 되고 있다. 따라서 퓨전 콘텐츠 시대의 유료화 모델이 성공하기 위한 기본 전제는 무엇보다 소비자들이 돈을 지불할 의사가 있는 콘텐츠가 존재해야 한다는 점이다. 소비자가 구매하길 원하는 콘텐츠는 단순 정보를 제공하는 간단한 텍스트보다는 멀티미디어 콘텐츠여야 하며, 소비자들이 소장하고 싶도록 콘텐츠의 사용연한이 길어야 한다. 예컨대, 음악이나 영화 같은 콘텐츠들이 소비자의 주요 구매대상이 된다. 최근 영화나 방송 콘텐츠, 또는 소비자가 직접 제작한 다양한 비디오콘텐츠(UCC)에 대한 소비자 수요가 형성됨에 따라 콘텐츠 유료화 모델이 등장할 수 있는 기반이 조성되고 있다.

미래의 퓨전 콘텐츠 비즈니스 모델은 유료화 수익과 광고수익이 혼합된 형태의 수익모델이 될 것이다. 특정한 콘텐츠에 대해 이용요금과 광고수익이 혼합된 형태의 경제적 모델은 여러 가지 요인에 의해 영향을 받게 된다. 그 중에서도 특히 콘텐츠의 저장수명(shelf life)과 콘텐츠에 대한 소비자의 욕구 강도에 따라 수익성과 수익유형별 비중이 결정될 것으로 보인다.

뉴스, 날씨, 제품 리뷰, 날짜와 관련한 항목별 광고 등은 시의성이 있어야만 정보의 가치가 있기 때문에 콘텐츠의 저장수명이 짧다. 반면에 음악, 비디오, 각종 조회 정보 및 거래관련 콘텐츠는 시간의 제약을 받지 않고 재사용이 가능하므로 저장수명이 길다. 저장수명이 긴 콘텐츠일수록 사용자와 광고주 모두에게 높은 가치를 지닌다.

소비자의 욕구 강도 역시 콘텐츠에 따라 다양하다. 사용자들은 블로그, 폭로성 기사 및 비즈니스 뉴스 등에 대한 관심이 크지 않은 편이다. 반면 만화, 스포츠게임, 오디오북, 전문적인 금융 관련 뉴스 등에 대해서는 관심도가 매우 높다. 소비자의 관심도가 높은 콘텐츠가 더욱 많은 수익을 올리는 것은 당연하다.

대중시장이 열리기 위해서는 두 가지 수익모델의 자체적인 진화와 아울러 시장의 특성에 따라 광고와 유료화의 다양한 조합과 변종을 꾀하는 수익다변화 전략이 필요하다. 이러한 상황에서 상업적 대안은 대량판매를 통한 저가정책과 시장세분화 전략이다. 특정한 콘텐츠에 대해 이용요금과 광고수익이 혼합된 형태의 경제적 모델은 여러 가지 요인에 의해 영향을 받는다. 즉, 콘텐츠 서비스 시장을 소비자 수용의 특성에 따라 세분화하여 광고와 유료화를 조합할 수 있다. 콘텐츠의 저장수명과 콘텐츠에 대한 소비자의 욕구 강도에 따라 수익성과 수익유형별 비중이 결정된다. 소비자의 구매의사가 높고 콘텐츠의 사용연한이 오래된 콘텐츠는 보다 유료화의 비중을 높이고, 그 반대의 경우에는 광고의 비중을 높이는 방법이다.

　소비자의 구매욕구도 콘텐츠에 따라 다양하게 나타난다. 소비자는 일반적으로 뉴스, 날씨와 관련한 항목별 광고 등을 원하지만 일반적으로 구매할 의사는 낮기 때문에 이러한 단순 정보콘텐츠는 유료화하기 어렵고 광고가 주요 수익모델이 될 수밖에 없다. 그렇지만 전문적인 비즈니스 뉴스 등은 상대적으로 저장할 가치가 크기 때문에 일부 유료화가 가능할 수 있다. 반면에 음악, 비디오, 만화, 각종 제품리뷰 등 조회정보는 소비자의 구매의사가 높아 유료화가 주요 수익원이 될 수 있다. 그러나 만화나 제품리뷰 등 저장수명이 상대적으로 짧은 콘텐츠는 유료화에 대한 의존도가 상대적으로 낮기 때문에 광고와 조합되어야 할 것이다.

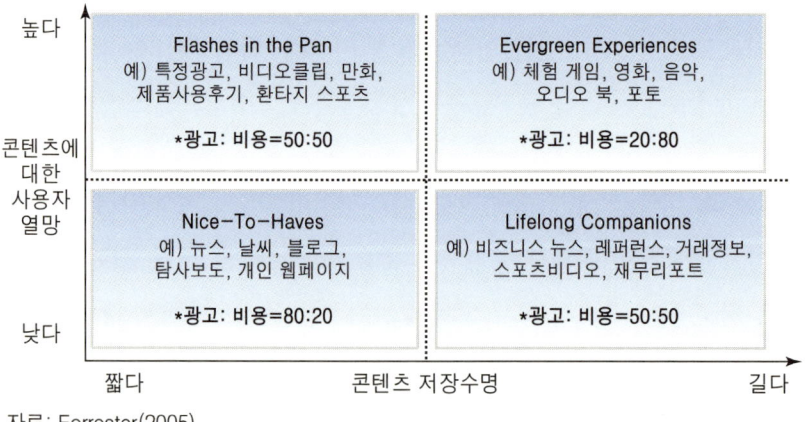

자료: Forrester(2005)

[그림 7.11] 광고와 유료화의 조합

이상의 두 가지 요인 외에도 콘텐츠 사업자의 수익성을 향상시키기 위해 콘텐츠가 갖추어야 할 두 가지 특성이 있다. 하나는 독점성(exclusivity)이고, 다른 하나는 소비자의 경험(experience)이다. 오늘날 특정 미디어에 대한 소비자의 충성도는 점차 낮아지고 있으며, UCC가 시장에 등장함에 따라 소비자는 엔터테인먼트 및 정보와 관련해서 더욱 많은 선택권을 행사할 수 있게 되었다. 따라서 복제되기 힘든 콘텐츠를 제공하는 서비스 브랜드가 콘텐츠의 가치를 증대시킬 수 있을 것이다. 또한 유비쿼터스 환경에서는 콘텐츠를 소비자의 다양한 경험과 결부시키는 것이 콘텐츠 유료화의 핵심적인 요소가 된다. 단순하게 콘텐츠를 제공하는 수준을 넘어서서 이용자의 취향과 소비패턴에 대한 이해에 기반한 서비스를 제공할 수 있어야 한다. 예컨대, 애플의 아이튠즈는 음악을 손쉽게 구매하는 경험과 해당 콘텐츠와 상호작용할 수 있는 적절한 디바이스를 결합했기 때문에 성공할 수 있었던 것이다.

콘텐츠 비즈니스 모델에서 OSMU 전략은 매우 유용한 전략적 틀을 제공해 왔다. OSMU는 1차 콘텐츠를 기반으로 지속적인 부가가치를 창출하기 위해 다양한 채널로 상품을 특화하여 재생산하는 비즈니스 전략이다. 최근에는 OSMU 전략도 진화하고 있다. 최근의 OSMU는 일단의 소스가 인기를 얻은 다음 그것을 바탕으로 시도되었던 과거와는 달리 기획단계에서부터 OSMU를 염두에 두고 개발된다.

그러나 퓨전 콘텐츠 시대에는 OSMU 전략을 넘어서는 새로운 전략적 툴이 필요하다. 그것은 바로 MSMU(Multi Source Multi Use)이다. MSMU는 융합의 진행에 따라 발전된 개념이다. 퓨전 문화의 산물인 것이다. OSMU가 재생산에 중점이 있다면, MSMU는 매체와 채널이 다양해지고 서비스 상품의 응용 범주가 확장됨에 따라 1차 콘텐츠를 재창조하거나 새롭게 상품화하는 비즈니스 전략이다.

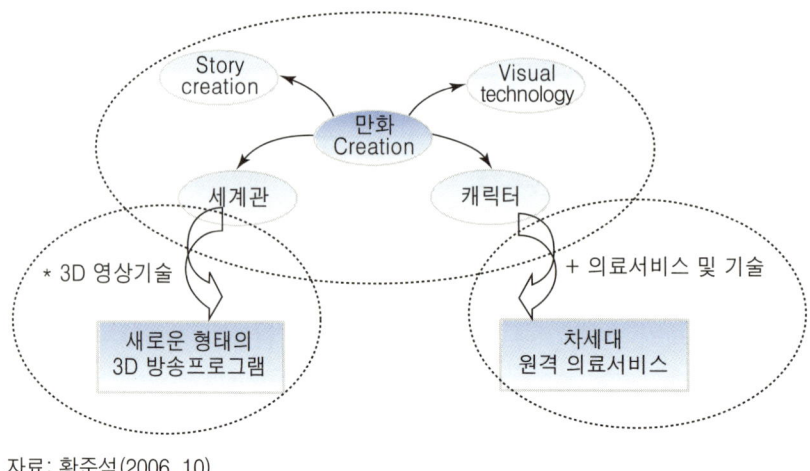

자료: 황준석(2006. 10)

[그림 7.12] MSMU의 사례

MSMU가 갖는 경제적 효용성을 정리하면 다음과 같다.

첫째, 재상산 비용을 낮춰준다. 소스의 복제용이성에서 기인하는데, 각각의 매체에 독립적으로 적용되어야 할 공정(기획-투자-개발-유통)을 통합하여 비용을 절감시켜 준다.

둘째, 위험의 분산이다. 주식의 포트폴리오 투자방식과 같이 분산투자함으로써 일부 매체에서 손해가 나더라도 다른 매체에서 그 손해를 메꿀 수 있는 방법을 택함으로써 'All or Nothing' 식의 막무가내 투자를 지양할 수 있다.

셋째, 이익의 극대화이다. 비용절감을 통한 이익의 확대와 각 매체 사이의 시너지 효과를 통해 같은 비용으로 더 많은 이익을 얻을 수 있게 해 준다.

한편 MSMU 현상은 최근에 일상적으로 나타나고 있는 추세이다. 특히 온라인 콘텐츠에서 가속화되어 나타나고 있다. UCC 동영상, 시민기자, 전문적인 프리랜서 등 독립적인 뉴스 콘텐츠 생산이 IPTV, Wibro, 포털, UCC 동영상 사이트, DMB 등 다양한 콘텐츠 유통망으로 확산하는 것이 바로 그 사례이다.

2006년은 UCC의 해라고 부를 만큼 UCC 시장이 만개했던 시기이다. 세계적인 시사 주간지 타임은 2006년의 발명품으로 동영상 공유사이트인 미국의 '유튜브(Youtube)'를 선정했다. 국내에도 동영상 UCC 전문 사이트들이 우후죽순 격으로 생겨나는가 하면 기존 인터넷의 지존 격이었던 포털들 역시 동영상 UCC 관련 서비스들을 내놓기 시작했고 심지어 통신업체들까지 이에 가세하고 있는 추세이다. 실제로 UCC를 통한 인터넷 스타가 탄생하는가 하면 기업들은 UCC에서 수익모델을 찾기 위해 혈안이 되고 있다. 바야흐로 UCC의 시대가 도래한 것이다. 기존의 단순한 셀카 수준의 UCC 개념도 진화하고 있다. 방송 콘텐츠를 업로드하거나 패러디, 혹은 간단한 자막을 입히는 수준을 넘어 창작 UCC가 증가하는 추세이다. 강의, 정보, 웰빙, 퍼블리즌(publizen: 자신의 모든 것을 공개하는 성향) 등 상브도 나양하다. UCC가 차세대 미디어로 발전하고 있는 것이다. 단순하게 보고 즐기는 시간 때우기 콘텐츠에 머무르지 않고 즐거움과 공감대를 형성하는 미디어적 요소가 강조되고 있는 것이 그 증거이다.

UCC 변화의 중심은 역시 엔터테인먼트를 기본으로 사회 고발성 프로그램, 강의, 정보, 웰빙, 퍼블리즌 등으로 다양하다. 급속도로 증가하는 이용자에 비해 법적 규제나 제도적 방안은 미비한 실정이어서 성인·폭력물이 판을 치거나 타인 동의를 받지 않은 초상권 침해, 공들여 만든 창작물을 베끼는 저작권 침해 등 부작용도 우려된다. 이 밖에도 수준 이하의 콘텐츠도 난무하고 있어 수익성 향상에 저해요인으로 작용한다.

이에 그래텍의 '곰TV'는 '세미 UCC'를 도입해 아마추어적인 콘텐츠는 제외하면서 정규방송에서는 다룰 수 없는 콘텐츠를 제작하고 있다. 예컨대 YG 엔터테인먼트의 신인그룹 '빅뱅'의 연습과정과 일상생활을 다큐로 제작하여 홍보를 겸하는 방식이다. 그래텍은 이미 2006년 초부터 CJ 미디어, YTN, MBC 게임 등의 50여 개 방송사, 언론사와 제휴를 통해 다양한 콘텐츠를 유/무료로 제공하면서 거대 인터넷 미디어 기업으로 부상했다. 판도라TV도 검증된 프로급 아마추어를 잡기 위해 제작비와 방송팀을 지원하고 스튜디오까지 임대해 주는 등 양질의 콘텐츠를 육성, 발굴하기 위한 노력을 경주하고 있다. 이들 준전문가들은 클릭 수에 따른 수익

배분이나 동영상 광고를 유치하는 데 도움을 주는 등의 혜택을 제공받게 된다.

최근 UCC의 흐름은 전문화를 강조하는 추세로 흐르고 있다. 이전의 엽기적이고 화제 중심의 아마추어 UCC에서 준전문가가 제작한 PCC(Protuer Created Contents) 소비로 패러다임이 진화할 전망이다. PCC는 현재까지 수익성을 보장하고 저작권 문제를 해결하는 데 가장 근접하고 있는 모델로, 네티즌 가운데 전문가적 지식과 재능을 갖춘 이들에 의해 만들어진 동영상을 공유함으로써 저작권과 상업성이라는 두 마리 토끼를 잡을 수 있을 것으로 기대된다.

UCC는 누구나 참여하고 제작할 수 있다는 특성상, 세미 UCC나 UCC를 기반으로 한 포드캐스팅(podcasting)과 같이 다양한 응용이 가능하다. 포드캐스팅이란 기존의 블로그를 사용해 포드캐스트 전용 'RSS reader' 프로그램을 설치한 후 좋아하는 포드캐스트 블로그를 등록하면 새로운 방송이 추가되었을 때 자동적으로 PC에 MP3 등을 다운로드하여 iPod(iRiver, iAudio) 등의 MP3 플레이어로 즐길 수 있는 방송을 말한다.

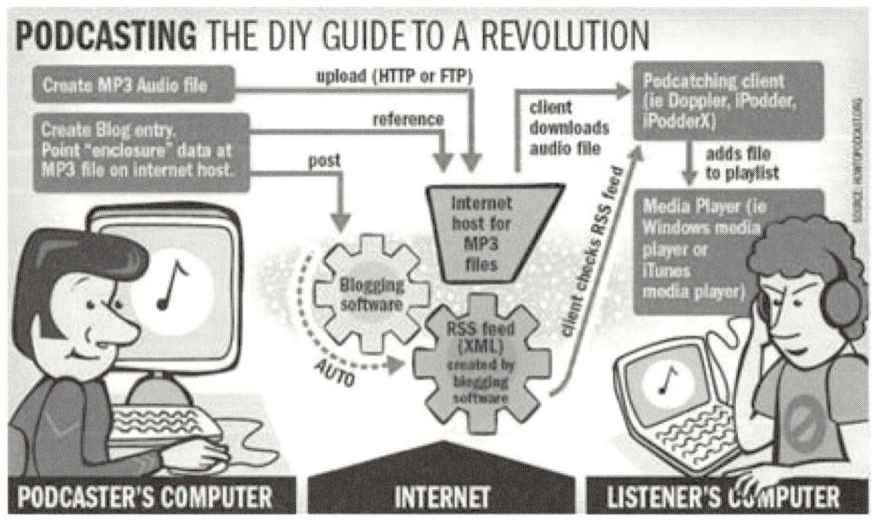

[그림 7.13] UCC를 기반으로 한 포드캐스팅

포드캐스팅으로 인해 개인 인터넷 방송국의 개국이 보다 간편해졌으며, 이용자
간의 커뮤니케이션과 공유도 보다 원활해졌다. 포드캐스팅이 블로그를 이용한다는
점 등은 UCC를 기반으로 한다고 볼 수 있다. UCC를 기반으로 한 포드캐스팅의
서비스 가치사슬은 다음과 같다.

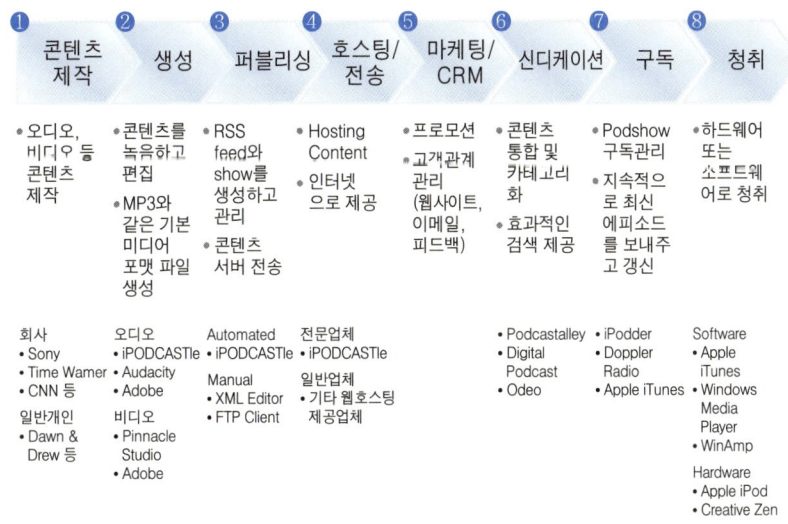

[그림 7.14] UCC 기반 포드캐스팅 서비스 가치사슬

퓨전 콘텐츠 시대의 웹을 기반으로 하는 다양한 비즈니스 모델은 앞으로 이용자
참여, 동영상, 지능화, 모바일화가 될 전망이다. 이 네 가지 요소가 검색, 미디어,
전자상거래, 디지털 가전 등과 결합한 차세대 비즈니스 모델을 만들어갈 것이라는
것이다. 검색 서비스는 인공지능과 결합되어 정확성이 높아질 것이고, 미디어 분야
에서는 포털업체가 인기 있는 동영상을 이용하고 그 수익을 제작자와 나누는 방식
이 보편화될 것이다. 디지털 가전 분야에서는 소비자가 영상 콘텐츠를 직접 쉽게
만들고 편집해 인터넷에 올리는 캠코더, 인터넷을 통해 영상물을 쉽게 내려 받는
TV 등이 인기를 얻을 것이다. 그러나 무엇보다 중요한 것은 바로 국내뿐만 아니라

해외에서도 통하는 사업모델을 발굴하는 것이다. 한국형 UCC가 '우리만 통하는 콘텐츠'가 되어서는 안 된다는 의미이다.

7.3 성공을 위한 미래 비즈니스의 조건

기업에게 미래의 전략적 비즈니스를 발굴하는 것은 생존을 좌우하는 의미로 여겨지고 있다. 이에 많은 기업들이 신 성장엔진을 발굴하는 데 많은 노력을 경주하고 있다.

SK텔레콤은 2005년 8월 신 성장엔진을 발굴하는 사업전략팀을 만들었다. KT도 2006년 초 산하 경영연구소에 '미래 사회연구센터'라는 비공식 부서를 신설했다. 둘 다 '미래의 먹을거리'를 찾는 조직이다. 국내 통신업계의 '양대 거인'인 SK텔레콤과 KT가 각각 미래 준비에 본격적으로 뛰어들고 있다. 이들은 앞날의 살길을 '기술'이 아니라 '소비자'에서 찾고 있다(동아일보, 2006. 11. 16).

SK텔레콤 사업전략팀은 신 성장엔진 발굴을 담당하고 있다. 이 조직의 모토는 '인간 중심의 혁신'이다. 고객을 새로운 사업 기회를 찾는 출발점으로 삼겠다는 의미다. '사람을 향합니다'란 광고 카피에도 이런 전략이 녹아 있다. 사업전략실의 최대 관심은 '고객의 욕구가 무엇이며 어떻게 변하느냐'이다. 이들은 고객 탐구를 위해 문화인류학의 연구 방법론을 응용한 '참여관찰법' 등 다양한 실험을 벌이고 있다.

KT 미래 사회연구센터의 목표는 '기술'이 아닌 '사회문화적 관점'에서 다양한 미래의 모습을 연구하면서 신사업 기회를 포착하는 것이다. "지금까지 새로운 시장은 시장조사기관들이 미처 예측하지 못했던 전혀 새로운 분야에서 생겨났다. 시장을 제대로 이해하려면 소비자와 사회가 어떻게 바뀌고 있는지를 알아야 한다."는 게 지론이다.

이렇게 능동적으로 미래를 준비하는 기업만이 미래의 생존경쟁에서 살아남을 것이다. 능동적으로 미래를 준비하는 기업은 남들이 제시한 미래를 공유하는 것이 아니라 자신이 직접 미래를 그리고 남들을 동참시킨다. 여기서 바로 선도자와 추종자의 길이 갈라지게 되는 것이다.

퓨전이라는 미래 경영의 화두를 능동적으로 준비하는 것도 기업들에게는 중요하다. 이미 제품에 대한 고정관념을 송두리째 변화시켰고(인터넷 냉장고, 휴대폰 현금카드), 기술 간 융합을 통해 새로운 영역을 창조시키고 있으며(IT, BT, NT, CT, ET, ST 등의 등장과 퓨전현상의 가속화), 서비스의 융합도 현실화(은행과 보험이 결합된 방카슈랑스의 출현)되고 있기 때문이다.

이렇듯 퓨전은 분명 미래경영의 화두이다. 그러나 기존의 기능들을 무소신 실합한다고 해서 시장의 성공을 보장받는 것은 아니다. 소비자의 니즈를 정확히 읽어그에 합당한 제품이나 서비스를 제공할 수 있을 때에만 퓨전의 시장 침투는 성공할수 있다. 아무리 기술이 좋고 기능이 복합화된 제품이라고 하더라도 소비자들이 사용할 때 새로운 경험을 얻을 수 있어야만 성공할 수 있는 것이다.

그 해답은 소비자가 느끼는 효용가치에 있다. 개별 단위의 기존 제품을 사는 것보다 퓨전 제품을 사는 것이 경제적으로 유리하고, 더 나아가 단순 융합이 아닌 부가적인 시너지를 창출 수 있을 때에 소비자의 구매의도가 증대되는 것이다. 즉, 소비자의 효용가치는 경제성과 편이성 그리고 감성이라는 키워드로 정리된다. 이에 현실과 동떨어진 무리한 기술보다는 5~10년 앞을 내다보는 중기적인 로드맵의 기반하에 다음 세대로 연결되는 지속적인 히트상품의 개발이 무엇보다 중요하다. 즉, 소비자의 니즈를 앞서가야 하지만 지나치지 않아야 한다.

디지털 자체가 휴머니즘이라고 할 정도로 지금껏 모든 산업의 발전은 기술이 아닌 사람에 의해 발전되어 왔다. PC-TV처럼 퓨전 자체만으로는 결코 미래의 성공을 보장할 수 없다. 진정한 디지털의 효용은 휴머니즘에서 출발한 개념이라 하겠다.

단순히 인간을 향한 기술이 중요해지는 것만은 아니다. 일부 엘리트가 향유하던 콘텐츠의 가치가 대중으로, 이제는 특별화된 개인으로 넘어가고 있는 것이다. 휴머니즘을 중요시하되 그 타깃 집단에 대한 의미가 점차 진화하고 있는 것이다. 인간을 향하되 세분화된 개인을 향하는 것이 바로 기술진화의 현대 트렌드이다.

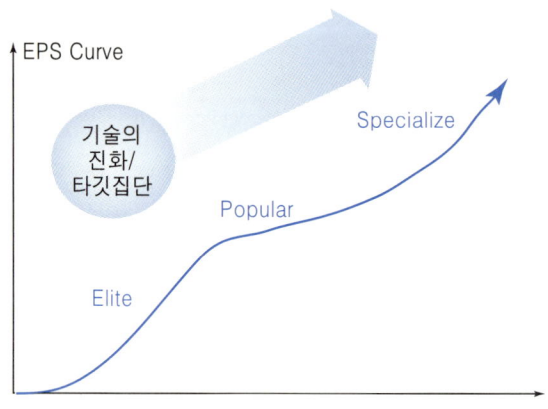

[그림 7.15] 기술이 향하는 타깃 집단의 변화(E → P → S)

최근 새로운 닷컴 열풍이 불고 있다. 제2의 닷컴 열풍이다. 인터넷에서 금맥을 찾으려는 젊은 벤처사업가들로 북새통을 이뤘던 1999년대 말 풍경이 다시 재현되고 있는 것이다. 최근 기업들의 미래 비즈니스 금맥도 여기에서 찾아지고 있다.

웹 2.0과 UCC가 바로 새로운 닷컴 열풍의 기폭제이다. 포털을 비롯한 기존 인터넷업체들은 앞다투어 웹 2.0 혹은 UCC 기반의 신규 서비스들을 내놓고 있고, 신생 인터넷 서비스업체들도 너나없이 웹 2.0 전문업체임을 표방하고 있다. 요즘 나오는 인터넷 서비스 혹은 신생업체치고 웹 2.0, UCC를 내세우지 않는 경우가 없을 정도다.

문제는 이들 용어가 서비스업체의 상술적 계산에서 나온 마케팅 용어로 남발되고 있다는 것이다. 현재 우후죽순처럼 생겨나고 있는 웹 2.0, UCC 기반의 서비스들은 검증과정도 거치지 않은 채 새로운 첨단기술이나 유망사업으로 오인될 소지가 다분하다.

사실 인터넷 사업에서의 성패 여부는 문패보다는 수익모델이 관건이 되어 왔다. 닷컴버블이 꺼지기 시작한 2001년 이후 독보적인 서비스 기반하에 제대로 된 수익모델을 정립했던 닷컴기업들은 여전히 안정적인 성장세를 유지하는 반면, 독특한 서비스를 개발했더라도 수익모델을 찾지 못한 기업들은 시장에서 쇠락했거나 아예 사라져버렸다. 웹 2.0 혹은 UCC 기반 서비스 중 일부는 성공적이라는 평가를 받기도 한다. 그러나 여전히 대부분의 서비스들은 수익모델이 제대로 검증되지 않은 상황이다. 인터넷 비즈니스 부문에서 보다 냉철한 안목이 필요한 시점이다. 이것은 기업들도 명심해야 할 대목이다.

한편 미래 기업들에게 퓨전시대를 살아남기 위한 지침은 크게 다섯 가지로 정리할 수 있다(남대일, 2004).

첫째, 고객 접점 지역의 확보로 향후 킬러앱의 등장에 대비하라. 퓨전이 어떤 기기, 어떤 서비스로 구현되든 고객과의 접점에서 발생한다고 가정할 때, 결국은 최종 소비자와의 연결고리를 확보하는 사업자가 승리하게 된다. 향후 어떤 킬러 애플리케이션이 등장하더라도 그 서비스는 최종 소비자와의 접점 공간에서 시작될 것은 당연하다.

둘째, 표준을 장악해 퓨전의 핵심을 차지하라. 퓨전이 융합이라는 의미로 영역을 파괴하지만 역설적으로 수렴화의 현상을 가져오기도 하는데, 이것이 바로 표준화의 문제이다. 융합이 진행되면 개별 기술이나 서비스의 호환에 대한 중요성이 보다 강조되기에 기반 제품이나 표준 소프트웨어 같은 플랫폼의 존재는 필수적이다.

디지털 가전의 퓨전화 현상에 대응하기 위해 세계 유수의 기업들은 홈 네트워크 표준화 작업이 한창이다. 메일, 동영상 등을 휴대폰으로 구현할 수 있는 무선 인터넷의 경우도 전송방식의 표준이 되는 프로토콜 전쟁이 진행 중이다. AV와 IT의 융합에 필수적인 플래시 메모리 분야 역시 메모리 스틱과 SD 카드가 표준 전쟁에 여념이 없다. 그러나 무턱대고 이러한 전쟁에 뛰어들 수는 없다. 경쟁력을 배양하고 전략적으로 유리한 파트너를 선정해 미래를 대비해야 한다.

셋째, 자사의 영역을 침입하는 경쟁자의 영역을 역공하라. 일종의 크로스패리(Cross-Parry)[2] 전략으로 새로운 경쟁자의 침입으로 자사의 핵심사업이 크게 위협

[2] 펜싱 경기에서 쓰이는 전술로, 상대방이 자신을 찌르려 하는 경우 자신도 상대방을 찌르려 함으로써 상대방의 공격을 차단하는 방법이다.

받을 경우, 과거의 사업에 집착하는 대신 오히려 경쟁자의 영역에 역진출을 시도하는 것이다.

넷째, 제휴를 통해 진입장벽을 구축하라. 산업, 영역 간의 경계가 허물어져 기존에는 경쟁자로 여기지 않았던 사업자들이 새로운 라이벌로 부상하는 퓨전시대에는 기존 사업자 간의 연대를 모색해 미래의 발전방향 자체를 컨트롤하려는 노력이 필요하다.

다섯째, 전면전을 피하고 핵심역량 위주로 재포지셔닝하라. 영역파괴가 진행되는 과정에서 향후 자사의 핵심 역할이 무엇이 될지를 먼저 명확히 규정해 자신이 가장 잘 할 수 있는 분야로 게임의 룰을 다시 설정해야 한다. 이를 통해 경쟁자나 신규 참여자들이 쉽게 모방할 수 없는 높은 진입장벽을 구축할 수 있는 것이다.

새로운 기술을 상품화해 시장에서 성공하기 위해서는 기술의 고유 특성 외에도 여덟 가지의 사회·경제·문화적 성공가능 요인에 대한 이해와 분석이 필요하다. 여덟 가지 요인을 정리하면 다음과 같다(Horx, M., 2003/이온화 역, 2004).

첫째, 일상적 적용성이다. 인간의 습관을 연구해 일상에서 활용될 수 있도록 해야 한다.

둘째, 매혹적 요인이다. 테크놀로지도 섹시해야 한다. 우주여행이 주는 매혹성처럼 말이다.

셋째, 좌절감 요인이다. 사용법이 복잡한 기계에 우리는 기가 죽는다.

넷째, 대체 요인이다. 획기적인 상품을 출시하기 위해서는 주변여건을 고려해야 한다.

다섯째, 구조적 요인이다. 인프라 구조를 완전히 바꾸는 발명품은 보급속도가 느리다. 전화는 보급이 100년 걸린 반면, TV는 20년이 걸렸다.

여섯째, 시장세분화이다. 상품을 출시할 때 누구를 위한 상품인가를 명확히 해야 한다.

일곱째, 복합성 요인이다. 복합기능이 반드시 인간을 보다 편리하게 하는 것은 아니다.

여덟째, 윤리적 요인이다. 소비자들은 상품에 내재한 기술의 윤리성을 따지기 시작했다. 유전자 조작 식품이 대표적인 예이다.

이러한 요인들이 첨가되어야만 상품화의 성공가능성이 더욱 높아지는 것이다.

블루오션 전략은 기술의 상품화에 있어서도 매우 유용한 전략적 틀을 제공해 준다. 이는 가치혁신이라는 블루오션 전략의 기본 논의가 있어서 가능하다. 그러나 블루오션 전략이 수용(adoption)과 확산(diffusion)이라는 기술수용주기 마케팅 전략에 따라 비고객을 공략함으로써 새로운 블루오션을 창출하고 동시에 다른 고가 제품을 출시함으로써 제품 간의 시너지화로 수익성을 높이는 것이 핵심이지만, 이렇게 기존의 기술만을 가지고 믹스하고 모듈화한다고 해서 다 성공하는 것은 아니며 설사 성공한다 해도 영속성은 보장할 수 없다는 점이 바로 블루오션 전략의 맹점이다. 게다가 경제 요인들이 변화하면서 융합과 분화 또한 끝없이 반복된다. 그러므로 제품의 서비스의 핵심인 원천기술 없이 블루오션을 창출할 수 있는지는 의문이 드는 부분이다.

따라서 블루오션을 안정적으로 창출하기 위해서는 기술혁신과 마케팅 발산의 전환이 동시에 고려되어야 한다. 기술수용주기 이론이나 기술마케팅 이론에 의한 마켓의 개발을 보아도 기술과 마케팅 능력은 동시에 고려되어야 한다.

끊임없는 새로운 시장 개발, 연구개발 투자, 비용절감, 생산성 향상과 더불어 글로벌 차원에서 특허화된 기술적 토대가 구축되어야 한다. 그리고 이러한 바탕 위에서 고객의 요구에 부응하는 차별화된 제품으로 승부 및 경쟁해야만 진정한 블루오션 시장을 창출할 수 있는 것이다.

웹 2.0에 기반한 퓨전시대 기업 경영은 온-오프 연계 경영 시스템이어야 한다. 신제품 아이디어 발굴 및 기술 개발 과정에서 소비자와 외부 전문가의 적극적인 참여를 유도하는 방식이어야 하는데, 크라우드소싱(crowdsourcing)[3]이 대안이다 (삼성경제연구소, 2007). 가전, 자동차, 보험, 패스트푸드, 완구 등 다양한 분야의 기업이 제품개발 프로세스에 소비자의 아이디어나 의견을 반영하는 것이다. 일반인

---

[3] Crowdsourcing은 2006년 미국 경제전문지 「Wired」가 만든 신조어로 기업이 인터넷을 활용해 새로운 아이디어를 모으고 기술적 문제를 해결하는 것을 의미한다.

이 제작한 UCC를 신규 제품 및 서비스의 원천으로 활용할 수도 있으며, 인터넷의 폭넓은 전문가 커뮤니티를 통해 최적의 솔루션을 발굴할 수도 있다.

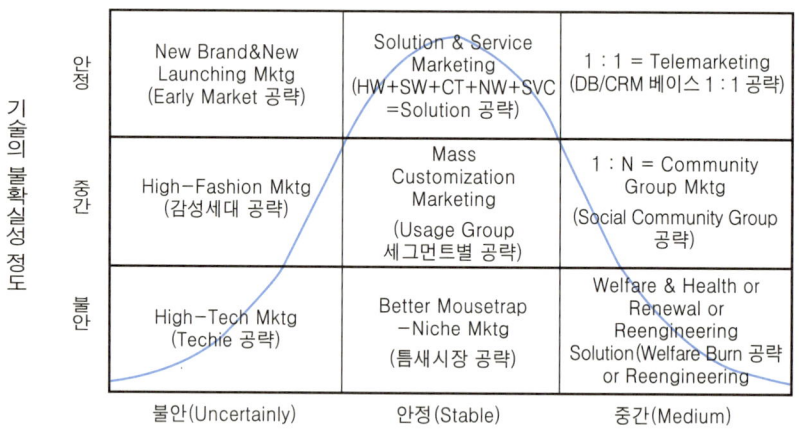

자료: 차원용(2006)

[그림 7.16] 기술마케팅에 의한 블루오션 창출 전략

7.4 퓨전 비즈니스 정책의 조건

7.4.1 소프트파워 정책 강화

문화콘텐츠 전쟁의 시대라고 한다. 방송과 캐릭터, 애니메이션 분야가 반도체, 전자, 조선 등 전통 제조업의 시장규모를 추월한 지 오래다. 세계 여러 나라들이 이 미래 블루오션을 선점하기 위한 경쟁에 전력을 기울이고 있다.

반도체, 조선 등 제조업이 우리를 먹여 살리고 있지만, 우리가 일본을 따라잡았 듯이 중국에 추월당할 가능성도 배제할 수 없다. 현재 우리나라의 조선시장 점유율 이 40%쯤 된다. 그런데 애니메이션은 0.4%에 불과하다. 4%까지만 끌어올려도 다음 세대가 먹고사는 데 큰 도움이 될 것이다. 우리나라 핸드폰의 세계 시장 점유율이 32%인데, 수출할 때마다 45%의 부품을 일본에서 사와야 한다. 문화콘텐츠는 그럴 필요가 없다. 바로 이 점에서 문화콘텐츠는 유비쿼터스 시대 한국의 블루오션이 되는 것이다.

컨버전스와 유비쿼터스 환경에 맞춰 모든 산업이 구조·개편되면서 문화산업과 문화콘텐츠 또한 이러한 환경 변화에 가장 민감하게 반응하지 않을 수 없다. 문화콘텐츠산업은 현재의 시장규모보다도 잠재적인 성장가능성으로 인해 차기 핵심산업으로 주목되고 있다. 따라서 감성이 중요시되는 현재와 미래의 시장에서는 문화사업계는 물론이고 그 외의 기업들도 경쟁을 뛰어넘어 새로운 이익과 성장의 기회를 잡기 위해 문화콘텐츠를 활용한 새로운 시장, 즉 블루오션을 창출해야 할 것이다.

국가적 과제로 추진하고 있는 동북아중심 국가 및 동북아 균형자 역할을 위해서도 문화산업의 중요성이 강조된다. 강성권력(hard commanded power) 중심 구도의 국제사회에서 강성권력 사용에 있어서 어려움과 부작용이 증대하면서 연성권력(soft power)[4]의 중요성이 부각되기 시작하였다. 문화산업은 이러한 연성권력의 가장 중요한 수단으로 대두된다.

콘텐츠의 중요성은 하드(제조·기술)적 영역을 중시하는 문화산업구조에서 가치를 높여주는 소프트(감성·예술)의 영역으로 그 구조가 확장되면서 더욱 강조될 것으로 예견된다. 특히 하드웨어의 마진율이 급감함에 따라 소프트 및 창조에 바탕을 둔 문화콘텐츠사업은 차세대 성장엔진으로 부상할 것이다.

1980년대에 들어와 소프트의 의미가 경제·사회 분야에까지 확대되면서 소프트화, 감성지향형 산업 등의 용어가 본격적으로 사용되었다. 통상적으로 사회 전반에 걸쳐 눈에 보이는 물질적 요소를 하드라고 하고, 눈에 보이지 않는 감성, 지식, 문

---

[4] 조지프 나이(Joseph Nye)는 미국 하버드대 케네디스쿨 학장으로 초기 클린턴 행정부에서 국방부 국제안보담당 차관보로 재직하면서 미국의 동아시아 정책을 수립했던 브레인으로 군사적 행동을 통해 물리적 힘을 뜻하는 하드 파워(hard power)에 비하여 정당성이나 호감(好感)을 뜻하는 소프트 파워(soft power)의 중요성을 강조하고 있다. Soft Power라는 용어는 1990년의 저서 『지도할 운명: 미국 권력 본질의 변화(Bound to Lead: The Changing Nature of American Power)』에서부터 사용되었다.

화, 창의 등을 소프트라고 통칭하고 있다. 소프트산업은 문화산업, 패션산업, 광고 산업, 디자인산업 등 감성과 문화를 기반으로 하는 서비스산업이다. 문화산업은 문화상품 및 서비스의 기획, 제작, 유통과 관련된 산업이며, 패션산업은 패션상품 및 유통, 브랜드 가치 증대, 고객관리와 관련된 산업, 디자인산업은 상품의 외양에 변화를 주어 생산성을 향상하고 고부가가치를 달성하는 서비스산업, 광고산업은 경제적 목적을 위해 상품정보를 전달하는 것과 관련된 산업을 의미한다.

최근에는 모든 산업들의 소프트화도 진행되고 있는 추세이다. 즉, 소프트화는 기존 산업에 소프트자원이 더해져 산업구조가 고도화되고 제품이 고부가가치화되는 것을 말한다. 즉, 소프트화라는 것은 기존 1, 2, 3차 산업에 감성, 지식, 문화, 창의 등 소프트적인 요소를 가하여 '+0.5' 차를 구현하는 것이다. 주력산업에 대한 구조 변화가 어려운 현실 속에서 기존 산업의 소프트화로 경쟁력의 강화가 가능하다.

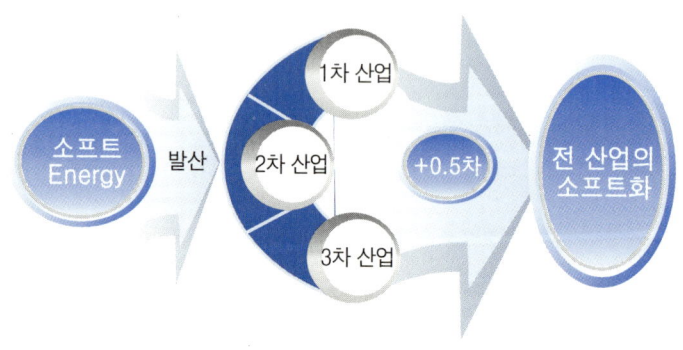

자료: 삼성경제연구소(2005. 3)

[그림 7.17] 전(소) 산업의 소프트화

미래 소프트산업이 중요하게 여겨지는 이유는 다음과 같다.

첫째, 감성 및 창조의 시대에는 소프트가 경제성장의 주역이 되기 때문이다. 성장의 핵심축이 20세기말에는 '정보'에서 21세기에는 '창조'로 변화하고 있다. 21세기에는 소프트 경제 시대가 될 것이며, 소프트산업의 경쟁력 없이는 21세기 경쟁에서 낙오할 것은 자명한 사실이다.

둘째, 소프트산업은 자체매출뿐만 아니라 타 산업에 미치는 영향력이 매우 큰 산업이다. 예컨대 영화의 경우에는 극장수입, DVD/방송 등을 통한 판매수입, 촬영지의 관광지화, 수출을 통한 국가적인 브랜드 이미지 제고 등 다양한 파급효과를 얻게 된다.

셋째, 소프트산업은 고부가가치산업이다. 소프트산업의 경우 일단 초기 제작비가 투입되면 추가비용이 거의 없어 손익분기점 이후의 매출은 이익으로 직결된다. 또한 소프트산업은 네트워크 외부효과(network externality)로 사용자가 증가하면 할수록 수익이 체증되는 수확체증법칙이 작용하는 산업이다.

넷째, 소프트산업은 타 산업의 경쟁력에 결정적인 역할을 수행한다. 하드웨어에 감성, 문화, 스피드 등 소프트 요소를 가미하면 부가가치가 크게 업그레이드된다. 예컨대 패션의 경우 취향, 안목, 생활양식, 유행의식, 가치관 등의 공통적 기호에 맞추어 기획·생산하는 데 기여함으로써 기존 제품의 가치를 크게 향상하는 데 큰 도움을 주고 있다(삼성경제연구소, 2005. 3).

세계의 주요 국가들은 콘텐츠산업을 국가 성장동력으로 인식하여 소프트산업의 주축인 문화산업을 적극적으로 육성하고 있다. 미국은 민간주도형으로, 일본·프랑스·중국·한국·대만 등은 정부주도형으로, 유럽·호주 등은 공공-민간 파트너십형 모델에 입각하여 문화산업정책을 추진하고 있다.

그동안 우리나라의 경우에는 뛰어난 인프라와 창조적인 능력을 보유하고 있었음에도 세계적인 소프트산업 대국으로 성장하지 못했다. 이에 우리는 풍부한 소프트자원을 활용하여 미래 소프트산업과 소프트화를 실현하고 이를 미래 성장동력의 엔진으로 삼아야 할 것이다. 이를 위해서 제안할 수 있는 5대 전략은 다음과 같다(삼성경제연구소, 2005. 3).

첫째, 우리가 현재 갖고 있는 소프트자원들의 활용을 극대화시키는 것이다. 지금 우리는 세계 최고 수준의 IT 인프라를 갖고 있다. 이를 활용해 온라인과 모바일 분야의 사업을 새롭게 개척해 나가는 것이다. 특히 미디어 창작기술, 3D 그래픽 기술

[표 7.5] 세계 주요국의 문화콘텐츠산업 관련 진흥정책 추진현황

미국	– 세계 최고 문화콘텐츠 강국. 군수산업과 함께 미국 경제를 이끄는 2대 산업 – 미디어 콘텐츠산업의 수출은 연 900억 달러 정도로 화학, 항공기, 자동차 수출액 초과 – 콘텐츠의 세계시장 장악을 위한 정책강화(자유무역협정, 저작권보호 강화) – 2003년: 「Entertainment Industry Coalition for Free Trade(EIC)」 조직
일본	– 세계 2위의 문화콘텐츠 강국으로 게임, 애니메이션, 캐릭터, 만화 등 세계 최고 수준 – 2002/04년: 「e-Japan 전략 I, II」 – 2003년: 「지적재산의 창조보호 및 활용에 관한 추진계획」 – 2004년: 자민당이 발의한 「콘텐츠 창조보호 및 활용촉진에 관한 법률」 통과(5월) – 2005년: 「신산업 창조전략 2005」, 「지적재산추진계획 2005」, 「저작권법」 일부개정 (CD환류방지조치 등), 일본영상산업진흥기구 발족(6월)
영국	– 창조산업은 GDP의 8.2% 차지, 창조산업 수출액은 전 산업 수출액의 4.2% 차지 – 1997년: Cool Britanica(Re-branding) → Creative Industries(13개 산업) – 2000년: 「UK Digital Content Action Plan for Growth」 발표와 함께 범정부차원 전 담 기구(창조산업추진반) 설립
프랑스	– 유럽시장에서 애니메이션 제작규모 1위, CNC(국립영화센터)를 통한 체계적 지원 – 영화영상산업투자회사채(SOFICA)의 문화산업 투자에 대한 세제 혜택 – MIPTV, MIPCOM, MIDEM 등 국가의 브랜드화
EU	– 영상산업 경쟁력 강화 위한 「MEDIA I('91~95), II('96~00), Plus('01~05)」 – 2000년: 「e-Content Program」, 「European digital content on global networks」, 「The Ten-Telecom programme」
중국	– 2003년: 「三網合一(통신, 방송, 컴퓨터)」 정책으로 문화산업 강화, "인터넷 콘텐츠의 해" – 2004년: 문화부 "국가 만화·애니·전자게임산업 진흥기지" 설립(상해), "D-TV의 해" – 2005년: "자국 애니메이션 원년의 해"

대만	– 2002년: 「兩兆雙惺(반도체, 디스플레이, 바이오, 콘텐츠) 산업 발전계획」
	– 2004년: 「디지털콘텐츠산업 발전 조례」 발의(8대 산업 – 게임, CG, e-러닝, 디지털
	  AV, 모바일, 전자출판, 네트워크서비스, 콘텐츠관련 소프트웨어): "모바일(M) 대만응용추
	  진계획"

등 우리의 뛰어난 CT(문화기술)를 활용한다면 세계의 문화 틈새시장을 겨냥할 수 있을 것이다.

둘째, 지식·감성을 기반으로 한 창조적인 인재를 양성하는 것이다. 미국의 영화 감독 스필버그, 일본의 만화가 미야자키 하야오 같은 소수의 창조적인 인재들이 바로 국가의 소프트산업에 기여하는 바는 지대하다. 인력 양성체계 개선을 통해 질 중심의 인재양성교육이 필요하다.

셋째, 글로벌한 경쟁력을 갖춘 소프트 대기업을 양성하는 것이다. 해외의 글로벌 소프트기업들은 이미 수직계열화 및 전략적 제휴를 통해 기술, 네트워크 등을 장악함으로써 진입장벽을 형성하고 있다. 우리의 경우에도 대형 소프트기업들을 조속히 육성해 해외시장 진출에 박차를 가해야 한다.

넷째, 소프트산업 내의 네트워킹을 활성화해야 한다. 소프트산업 간 협력 및 융합, 타 산업과의 협력, 글로벌한 협력체계 구축 등 네트워킹 강화가 필요하다.

다섯째, 소프트산업 융복합화의 추진이다. 산업단지 내에 소프트기업의 입주를 활성화하고, 기업과 대학 등에 '소프트화 혁신자금'을 지원하여 지식과 아이디어의 흐름을 원활하게 할 필요성이 있다.

7.4.2 과학기술 정책의 혁신

세계 각국은 기술융합을 통한 신기술 창조의 시너지 효과를 예상하여 정부차원의 기술 개발 정책을 발표하여 본격적인 연구체제에 돌입했다.

미국은 NT-IT, IT-BT, ET-NT 등 기술융합을 통해 발전가능성이 높고 해당 기술의 파급효과가 큰 분야의 중점 육성을 위한 사업을 추진하고 있다. 미국은 NBIC(NT, BT, IT 및 Cogno) 융합기술 중심으로 NNI, NSF 등에서 연간 1,300억 달러를 투자하고 있다. EU는 EUFP7(2007-2013, 678억 유로) 프로그램을 통하여 IT, BT, NT 분야에 집중적으로 투자하고 있는데, 총 R&D 예산의 69.9%가 IT, BT, NT 관련 분야에 할당되고 있다. 영국은 SEFP(Sixth EU Framework Programme)를 통하여 제반 요소들의 기술 간 융합을 장려하고, 타 산업 간 융합을 통한 신기술 개발 및 기존 기술의 혁신을 목표로 세부사업 추진 중이다.

일본은 Protein 3000, MIRAI, ERATO 등 프로그램을 통해 IT, BT, NT 및 융합기술을 정부 주도로 집중 육성하고 있다. 아일랜드는 전통산업과 신산업의 접목을 통한 성장을 위하여 교육 및 지식, 산업디자인 등 산업혁신을 추구하는 연구개발에 우선순위를 제시하고 있다.

한국 정부도 향후 우리나라 경제를 이끌어 갈 새로운 동력으로 IT, BT, NT 등 신기술에 기반한 융합산업을 다음 세대의 성장엔진으로 선택하고 이를 육성하기 위한 노력을 시작하고 있다. IT를 제외한 나머지 분야들은 세계적으로도 아직 산업이 성숙되지 않은 단계이므로 보다 창조적인 기술혁신을 바탕으로 우리나라가 선도하는 분야가 될 수 있는 가능성이 높다. 정보화 혁명을 예견한 미래학자 앨빈 토플러 박사는 한국은 신 성장산업으로 BT와 IT의 컨버전스에 집중해 볼 만하다고 권고했다. 현재 과학기술부(기초연구), 산업자원부(전자소재, 소재연구), 정보통신부(IT 융합기술) 등 관련 부처가 역할을 분담하여 추진 중이다. 정부는 10년 이후를 대비한 핵심 원천기술 확보와 성장 잠재력 배양을 위해 IT-BT-NT 등 신기술 융합 분야에 향후 10년간 1조5,000억 원을 투자할 계획인데, 과학기술채권 발행 등을 통해 투자재원을 확보할 방침이다. 컨버전스 시대에는 빠른 추종자(fast follower)보다는 선발자(first mover)가 유리한 만큼 기업들도 적극적 시장선점을 위해 신속히 대응하고 있는데, 삼성전자, LG 화학 등 국내 유수기업들은 융합기술 개발을 위한 투자규모를 늘리고 있다.

흔히 국력의 상징으로까지 여겨지는 과학기술의 역할은 첫째, 산업의 대외 경쟁력, 즉 기술적·경제적 경쟁 우위확보를 통해 국부 창출에 기여하는 것을 의미하는 산업경쟁력 향상, 둘째, 환경 개선, 보건 향상, 공공의 생활시스템 개선 등을 통해 인간답게 사는 데 과학기술이 기여하는 것을 의미하는 삶의 질 향상, 셋째, 국가 존립의 근간이 되는 국방과 자원 확보에 기여하고 과학기술을 통해 국가 위상을 높이는 것을 의미하는 국가 안보와 위상 제고로 구분될 수 있다.

한편 FT 연구개발의 장기 정책 수립을 위해서는 미래 국가 전략산업인 FT 산업의 기술 개발에서 정부가 어느 정도까지 개입할 것인가를 결정해야 한다. 미래 유망기술에 기반한 신산업의 개발은 최종적으로 정부가 아니라 민간이 담당해야 할 부분이다. 그러나 불확실성이 매우 높고, 부가가치 창출 효과 및 고용 효과가 크게 기대되는 FT 연구 개발에서 정부가 민간기업들과 같이 비전을 세우고, 연구 개발에 많은 예산을 투입하여 선행적 위험을 감수하는 것은 올바른 정책방향으로 평가되고 있으므로, 어느 단계까지 정부가 개입하는가를 결정하는 것이 중요하다.

[표 7.6] 시대별 기술 혁신과 정부의 역할

연도	성장주도	산업기업의 기술혁신 방식	정부의 역할
60년대	노동집약, 경공업, 수입대체	기술인식 부족 외국업체 생산기지	제도정비
70년대	중화학, 해외건설, 수출	설비체화기술 도입 단순조립	출연연구소 확충 기술 개발 지원
80년대	전자, 자동차, 첨단산업 진출	자체개발 인식확산 현지연구소 설치	민간공동 개발
90년대	기술집약, 기계전자, 첨단서비스	한계돌파형, 제휴, 전략적 획득	선도기술 개발지원 산업기술 중시
2000년대	IT + 융합, 양산조립(고기술), 부가서비스	부분적 선도, 글로벌화, 표준참여	미래기술 개밀(6T) 핵심인력 양성

1960년대 초 경제개발계획의 추진과 함께 연구개발체제가 본격적으로 구축된 이래 기술 개발에서 정부의 역할은 1960년대 제도정비, 1970년대 출연연구소 확충 및 기술 개발 지원, 1980년대 민간공동 개발, 1990년대 선도기술 개발지원 및 산업기술 중시, 2000년대 미래기술 개발(6T) 및 핵심인력 양성으로 변화하고 있다.

이렇게 관련 기술의 개발 또는 연구과정에서 얻어지는 기술적, 사회적, 경제적 효과로서 기술파급효과, 경제성장효과, 고용창출효과, 기타 경제사회적 발전기여도 등이 포함된 기술 발전효과 중심의 정책에서 국가적 또는 공익적으로 매우 중요하나 민간부문에서 사적 전유성 부족, high risk, 공공재적 성격 등으로 투자를 회피하는 경우 국가가 주도적으로 연구개발에 개입하는 것을 의미하는 시장실패보완 분야로 정책 방향이 선회하였음을 나타내었다.

이와 같이 기술시장의 불완전성은 '집중형 관리 구조(central governance structure)'를 필요로 한다. 곧 시장에서의 상호작용은 비효율적인 결과를 가져오며 사회적으로 최적의 결과를 유도하기 위해서는 정책적 개입이 불가피하게 되는 것이다. 그러나 이러한 집중형 관리 구조는 '배제(exclusion)'를 지향하는 구조가 아닌 '포섭(inclusion)'을 지향하는 구조여야 한다. 즉, 기존의 대표적 집중형 관리 구조인 특허 제도와는 달리, 기술 정책을 통하여 발명가 내지 혁신가보다는 해당 발명 내지 혁신의 잠재적 사용자들을 보다 중시하여, 발명가 혹은 혁신가들이 완전 배타적인 권한을 소유하는 것이 아닌 부분적 소유권(partial rights)만을 획득해야 하는 것이다. 법률적인 관점에서 본다면 발명가들은 그들의 발명에 대하여 수동적 권한이 아닌 능동적 권한을 소유해야 하는 것이다. 다시 말해, 발명가가 그들의 권한을 잠재적 사용자들의 적극적 활용을 통해 추구해야 하는 것이다. 즉, 정부 지원에 의하여 개발될 기술 선정 및 개발된 기술의 유통에 보다 많은 정책 노력이 필요하다는 점이 강조된다.

[표 7.7] 기술 정책 수립의 기본 원칙과 기대 결과

특성(problems)	원칙(principles)	기대 결과(expected outcomes)
시장 불완전성	집중형 관리구조	부분적 소유권 최소한의 배타성
연구개발-확산 고리	보상체계의 재설계	명시적 정보의 확산 바람직한 기술의 선택 바람직한 기술의 창출
누적성	자발적 정보공개	암시적 정보의 확산 기술의 개선 응용기술 개발

　　창조적 혁신형의 FT 개발을 위한 미래의 바람직한 과학기술 관리정책의 방향은 위기관리와 미래에 대한 기대와의 균형적인 발전을 도모하여 위험을 최소화하는 방향을 지향하면서 동시에 자유롭게 과학기술 과제의 추진을 유지하는 균형 잡힌 과학기술 정책의 수립을 필요로 할 것이다.

　　한편 U-콘텐츠, 감성콘텐츠가 이끄는 퓨전 콘텐츠산업 영역의 확장, 산업구조의 변화에 정책적으로 대응하게 위해서는 퓨전 콘텐츠산업의 특징과 산업 발전의 장애요인을 고려할 필요가 있다.

　　첫째, 브로드밴드 네트워크의 고도화는 퓨전 콘텐츠산업의 필요조건이다. 퓨전 콘텐츠는 네트워크를 통해 유통, 전송되기 때문에 새로운 유형 혹은 고품질의 콘텐

츠 서비스가 이루어지기 위해서는 네트워크 고도화가 필수적이다.

둘째, 퓨전 콘텐츠산업은 기술 및 혁신집약적인 산업적 특성을 갖는다. 퓨전 콘텐츠가 제작, 유통, 전송, 소비되는 가치사슬 전체 과정 내에서 브로드밴드 네트워크와 각종 디지털기기 외에도 다양한 소프트웨어 및 테크놀로지가 필요하다. 예컨대, 제작단계에서는 컴퓨터 게임에서 이용되는 3D 소프트웨어를 포함, 각종 이미지기술, 시청각 표현기술, 다차원환경 및 가상현실기술 등 다양한 소프트웨어 기술이 필요하며, 플랫폼과 전송단계에서는 압축 및 암호화 기술을 비롯해 DRM과 같은 콘텐츠 권리 관리시스템 등 다양한 패키징과 관리기술을 필요로 한다. 또한 네트워크상에서 필요한 검색기술, 온라인 거래를 위해 필요한 과금 및 지불시스템 역시 퓨전 콘텐츠시장이 원활하게 작동하는 데 필수적인 기술들이다.

퓨전 콘텐츠산업의 발전은 브로드밴드 네트워크와 테크놀로지의 발전 수준에 의존할 뿐만 아니라 서로 강한 상관관계 및 순환관계에 있다. 소프트웨어의 발전과 브로드밴드 네트워크의 보급은 고품질을 갖춘 새로운 유형의 콘텐츠 서비스를 가능하게 하며, 반대로 콘텐츠 서비스와 애플리케이션의 확산은 다시 테크놀로지의 고도화와 효율적 이용을 촉진한다. 따라서 테크놀로지와 콘텐츠는 포지티브 피드백(positive feedback) 관계를 형성하고 있는 것이다. 나아가 퓨전 콘텐츠는 하드웨어, 소비자용 기기 및 모바일 서비스 시장의 발전을 추동하는 등 다양한 파급효과 및 시너지 효과를 창출한다.

8장 퓨전시대의 미래과제

8.1 미래 FT 전망

미래기술의 진화에 대한 의견은 분분하지만, 가장 설득력 있는 의견은 바로 기술이 혼자 앞서가는 것이 아닌 인간을 보듬는 기술로 진화할 것이라는 것이다.

이에 유비쿼터스 네트워크 사회에서 테크놀로지 패러다임은 다음과 같이 진화할 것으로 전망된다.

[표 8.1] 인간을 위한 테크놀로지 패러다임 변화

	현재	미래
소비자 욕구	효율성	안락함과 안전함
테크놀로지의 목적	데이터 처리	인간 보조
콘텐츠	문자, 음성, 영상	감성, 감각
인터페이스	유형	무형
네트워크	단층적 평면 네트워크	복층적 프랙탈 네트워크

자료: 사토루 이토(2006), p. 115

멀티미디어 기술에서는 기술과 예술 분야의 퓨전이 본격화될 것으로 전망된다. 미래에는 사용자 인터페이스를 중심으로 각종 기술이 퓨전될 것으로 전망된다.

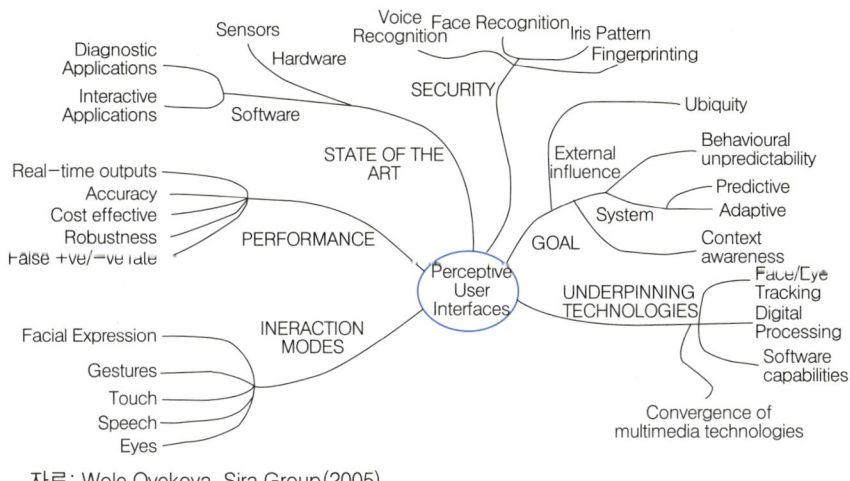

자료: Wole Oyekoya, Sira Group(2005)

[그림 8.1] 사용자 인터페이스를 중심으로 하는 기술의 퓨전

차세대 테크놀로지는 점차 모든 서비스가 융합되고, 모든 디바이스들이 통합되며, 보다 다양하고 개별화된 맞춤 서비스를 제공할 수 있도록 진화되고 있다. 사용자 관점에서 미래 핵심적인 기술 트렌드를 정리하면, ① 시공간을 초월한 상호연결성 확보, ② 인간을 닮아가는 사물/기기, ③ 질병으로부터의 해방, ④ 지구의 건강관리/자원 개발, ⑤ 마이크로(micro)/모바일 세계의 구현, ⑥ 지능화되는 생활 공간, ⑦ 세상 밖으로 나오는 비트 등으로 요약된다.

이에 따라 다음과 같은 추이로 발전할 것으로 예상된다(LG 경제연구원, 2005).

첫째, 통신, 방송, 컴퓨터, 가전이 통합되는 디지털 융합 추세에 부응하여 IT 제품의 소형화, 저전력화, 저가격화를 실현하는 방향으로 IT SoC 기술 발전이 가속화될 전망이다. 둘째, BcN 구축을 기점으로 어느 곳에서나 고품질 멀티미디어 콘텐츠 및 3차원 실감 그래픽 게임 서비스가 가능해질 것이다. 셋째, 현재의 PC는 입고 다니거나 차고 다니는 웨어러블 PC로 발전하며 신체와의 접촉을 통한 오감형 휴먼 인터페이스가 가능해질 전망이다. 넷째, 인간과 공존하는 환경에서 네트워크에 연결되어 이동하면서 인간이 원하는 다양한 서비스를 제공하는 네트워크 기반의 지능형 서비스 로봇이 10년 내에 등장할 것으로 전망된다. 다섯째, 텔레매틱스 단말의 고급화로 차량 내 고품질 멀티미디어 서비스와 이동 사무실 서비스가 가능하며, 위치 기반의 긴급 구조와 실시간 상황이 반영되는 길 안내가 가능해질 것으로 전망되고 있다. 여섯째, 유비쿼터스 서비스 부분에서는 디지털콘텐츠와 디지털 TV를 통한 텔레매틱스 기술이 구현될 것이다. 지상파, 케이블, 위성 DTV 방송 매체의 발전과 아울러 방송·통신 융합을 통한 양방향 맞춤형 방송으로 통합 발전할 것이며, 멀티 플랫폼 적용형 서비스, 멀티미디어 프레임워크와 실시간 광역교통정보, 이동 스트리밍형 멀티미디어 서비스가 구현될 예정이다. 이러한 발전을 통하여 2012년에는 플랫폼 적용형 서비스, 실사 그래픽 기반 실감게임, 실감방송, 고정밀 상황기반 교통정보, 실감형 콘텐츠를 통해 보다 유비쿼터스 특성을 지니는 서비스를 제공하게 될 것이다.

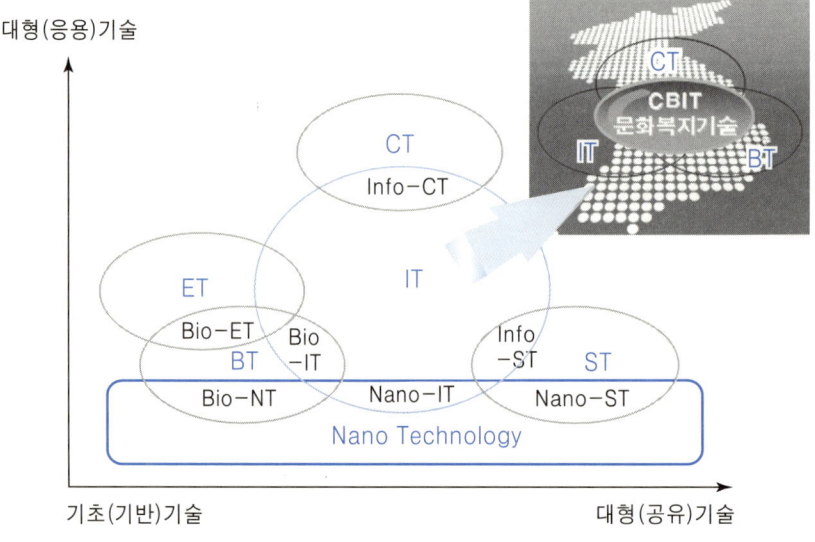

[그림 8.2] 미래유망 신기술(6T) 간의 융합구도(2010년 전망)

새로운 부가가치를 창출하는 수단으로서 단위 기술과 이종 기술의 융합은 융합과학에 기반한 미래형 첨단기술(6T)의 융합으로 궁극적으로 인간의 문화복지 향상에 기여할 전망이다.

퓨전 테크놀로지가 구현할 미래의 개인, 가정의 모습은 다음과 같이 그려진다.

주문에 따라 모든 종류의 멀티미디어를 감상하는 단말기 (HDTV, DMB, 음악 등)

해외 우수교육기관의 강의를 내 단말기를 통해서 수강

컴퓨터가 내장된 재킷으로, 어디서든 멀티미디어 감상, 이메일 송/수신, 인터넷 검색(안경을 통해 디스플레이)

상대방의 모습을 입체 홀로그램으로 보면서 통화

주인의 감정상태에 따라 색깔이 변하는 의류

인공장기를 이용한 장애극복 (세포, 심장, 팔, 다리, 눈 등)

TV를 시청하는 중에 주인공이 사용하는 관심물건을 주문 (전자화폐, 양방향 TV)

건강상태에 따라 필요한 음식과 음식점을 자동으로 추천

신체 능력을 향상시키는 군복

가상 꿈, 현실을 이용한 네트워크 오락

한 번 충전으로 9개월 이상 사용하는 단말기

눈, 음색, 모습을 이용 또는 인체 내장형 칩을 통한 개인인증

음성명령 및 가상공간에 터치하는 방식으로 정보입력(가상키보드)

자신의 생각을 인지하는 컴퓨터

외국어를 실시간으로 통역해 주는 컴퓨터가 내장된 재킷

손목시계를 이용한 친구 찾기

두루마리 디스플레이로 관련 서류 검토 및 일정관리

문맥을 이해하는 스토리텔링 디스플레이

각각의 체형에 맞는 맞춤의류

건강상태가 담당의사에게 자동전달되어 주1회 검진결과를 통보받음

[그림 8.3] FT가 구현하는 개인의 미래

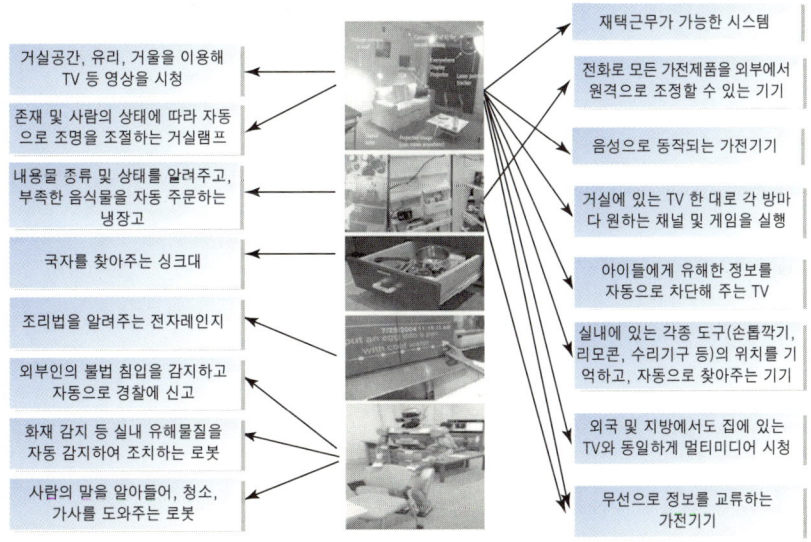

거실공간, 유리, 거울을 이용해 TV 등 영상을 시청

존재 및 사람의 상태에 따라 자동으로 조명을 조절하는 거실램프

내용물 종류 및 상태를 알려주고, 부족한 음식물을 자동 주문하는 냉장고

국자를 찾아주는 싱크대

조리법을 알려주는 전자레인지

외부인의 불법 침입을 감지하고 자동으로 경찰에 신고

화재 감지 등 실내 유해물질을 자동 감지하여 조치하는 로봇

사람의 말을 알아들어, 청소, 가사를 도와주는 로봇

재택근무가 가능한 시스템

전화로 모든 가전제품을 외부에서 원격으로 조정할 수 있는 기기

음성으로 동작되는 가전기기

거실에 있는 TV 한 대로 각 방마다 원하는 채널 및 게임을 실행

아이들에게 유해한 정보를 자동으로 차단해 주는 TV

실내에 있는 각종 도구(손톱깎기, 리모콘, 수리기구 등)의 위치를 기억하고, 자동으로 찾아주는 기기

외국 및 지방에서도 집에 있는 TV와 동일하게 멀티미디어 시청

무선으로 정보를 교류하는 가전기기

[그림 8.4] FT가 구현하는 가정의 미래

8.2 퓨전시대, 미래 트렌드 읽기

퓨전의 미래는 과연 어떠할 것인가? 퓨전 트렌드는 대세인가, 단지 유행인가? 이러한 물음에 대답하는 것은 간단하지 않을 것이다.

오늘 우리가 살고 있는 이 시대를 이해하고 미래를 대비하기 위해서는 시대의 트렌드를 읽어내는 게 관건이다. 트렌드는 미래를 미리 보여주는 변화의 흐름으로 인류사회의 다양한 변화의 층과 속도는 이를 대변하는 트렌드를 통해 드러나는데, 메타트렌드, 메가트렌드, 소비자 트렌드 등으로 정리된다. 여기서 메타트렌드는 배후에 숨은 진화의 힘을 의미하며, 메가트렌드는 경제, 문화, 일상의 보편적인 트렌드이며, 소비자 트렌드는 일상적 변화의 교집합이다. 현실세계는 여러 트렌드가 복잡하게 얽혀 있으므로 트렌드 연구를 통해 미래를 예측하기 위해서는 협력적인 생각을 가지고 트렌드를 종합적으로 보는 눈을 키워야 한다.

트렌드는 반작용의 힘을 갖는다. 이른바 역트렌드이다. 보다 강력하고 더 지속적인 반(反)트렌드가 종종 존재하는 것이다. 따라서 중요한 트렌드는 트렌드와 역트렌드가 결합한 종합트렌드이다. 이로써 옛것과 새것에서 제3의 어떤 것이 예고되는 퓨전트렌드가 중요한 의미를 갖게 된다(송해룡 외, 2006).

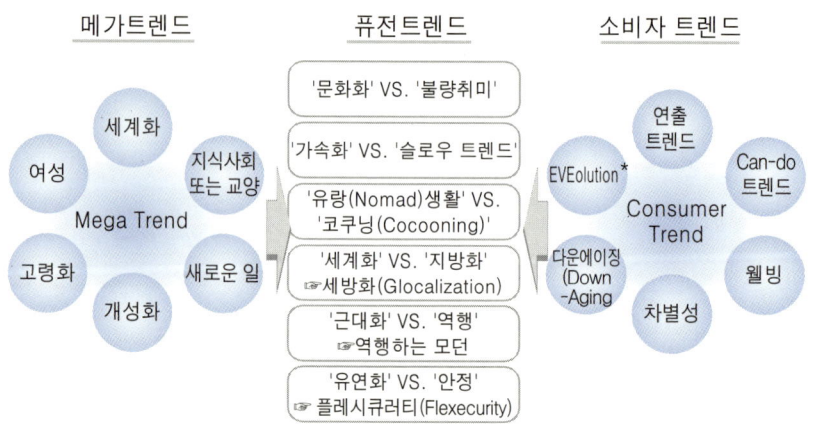

＊ EVEolution: 페이스팝콘이 제시한 신조어, 여성 중심의 소비문화로 이동을 표현한 EVE + Evolution의 합성어.

[그림 8.5] 퓨전 트렌드의 형성

오늘날 소비자들은 복잡한 기술로부터의 해방을 갈망한다. '단순함'은 미래 디지털 산업의 성패를 좌우하는 요소가 될 것이다. 소비자 행동 관점에서 볼 때 소비자는 생각하는 존재(information processor)이면서 생각을 아끼는 존재(인지적 구두쇠, cognitive miser)들이다. 가능한 한 적은 노력으로 최대의 효과를 보고 싶어하는 것이다. 오늘날의 정보 과부하는 이런 성향을 더욱 강화시키고 있다.

컨버전스, 유비쿼터스 현상 역시 단순화의 연장선에서 이해할 수 있다. 컨버전스는 여러 기기를 주렁주렁 매달고 다니는 불편에서 벗어나 하나의 기기로 여러 가지를 해결하는 것을 의미한다. 디지털 시대에 다시 단순화가 화두가 되고 있는 이유는, 그만큼 이 작업이 쉽지 않기 때문이다.

단순화가 어려운 이유는, 첨단기술에의 집착 때문이다. 기술 발전 가속화는 기업의 첨단기술 집착을 더욱 심화하는 역할을 한다. 디지털 경제에서는 환경 및 시장의 변화에 빠르게 대응하는 기업이 유리한 고지를 차지한다. 흔히 말하는 '선도 효과(first mover advantage)'가 그 예이며, 좋은 기업 이미지를 유지하기 위해서도 최첨단 제품의 개발과 시판은 중요하다. 기술 발전은 필연적으로 상품 수명주기를 단축시킨다. 이렇게 되면 기업은 고객의 욕구를 일일이 짚고 넘어가기 어려워진다. 결국 기업은 소비자의 욕구를 미리 예측해 그것을 충족시켜야 하는데, 그 주요 수단은 좀더 새롭고 복잡한 기술과 기능이다.

단순화가 어려운 또 다른 이유는, 고객의 입장을 정확히 파악하기 힘들다는 점 때문이기도 하다. 단순화를 위해 필요한 것은 좀더 세분화되고 심층적인 소비자 연구이다. 중요한 것과 중요하지 않은 것을 가려서 중요한 것만을 뽑아내기 위해서는 철저한 조사가 선행되어야 한다. 그러나 제품을 개발하는 엔지니어 입장에서 고객의 숨어 있는 욕구까지 속속들이 파악하는 것은 어렵다. 첨단기업들은 기술혁신에 비해 제품의 편의성이나 기능의 단순화에는 관심을 덜 기울이는 경우가 많다(전석호·김원제, 2005).

오히려 디버전스(divergence)가 중요하다. 휴대폰과 PC는 너무 많은 기능으로 폭발 직전이고 보통사람들은 편리함보다는 필요하지 않은 기능까지 알아야 하는 불편함의 측면이 더 큰데, 이는 결국 기능별로 분화(디버전스)되는 계기로 작용할 것이다. 단순하고 상식적인 수준이다.

디버전스의 등장이 예견되는 이유는 아무리 디지털 컨버전스, 퓨전이 진행되더라도 개별 시장을 하나로 통합할 완전 융합제품이 시장을 석권할 확률은 희박하다는 전망에 기인한다. 이미 기술 수명주기는 갈수록 짧아지고 있는데, 복합기능만으로 이를 대응하는 것은 개별 특화기기의 발빠른 대응보다 유연성이 떨어진다. 또한 소비자의 니즈가 세분되어 퓨전 제품보다 전문적이고 심화된 상품을 원하는 소비자 계층이 존재하기도 하는 것이다(남대일, 2004).

기기들이 더욱 지능화되고 더 많은 기능들이 탑재되면서 이들 기기의 개발에 있어 사용자의 경험과 유용성을 최우선과제로 두는 것이 점점 더 중요해지고 있다. 여기서 기술복잡성에 대한 소비자의 내성한계(tolerance threshold)라는 것이 중요하다. 복잡성이 일정 수준을 넘어가 버리면 소비자는 그 기술을 사용하지 않는다.

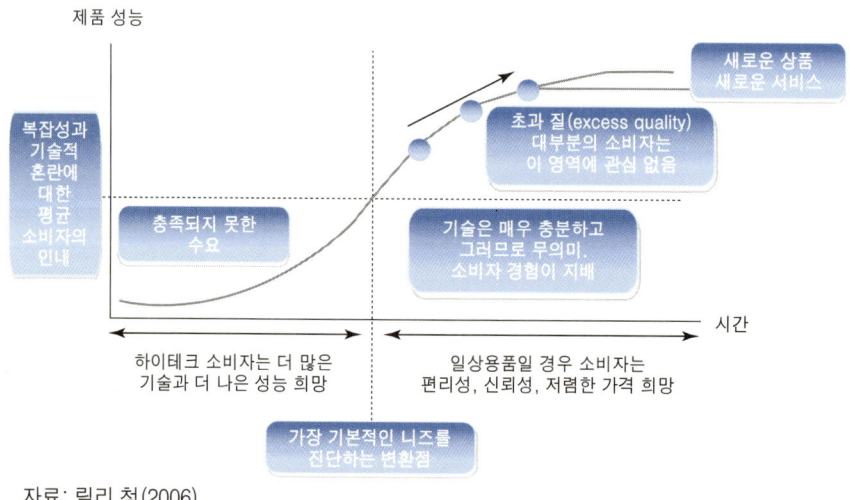

자료: 릴리 청(2006)

[그림 8.6] 기술복잡성에 대한 소비자의 내성한계

내성한계를 극복하기 위해 기업은 기술을 소비자에게 비(非) 기술적인 방법으로 전달할 필요가 있다. 최종 소비자로부터 추출해낸 방법으로 기술을 전달하고, 보이지 않는 기술을 만들어야 한다. 사용설명서 없이 제품이 사용될 수 있어야 하는 것이다.

소비자의 내성한계를 극복할 수 있는 원칙 열 가지를 정리하면 다음과 같다(릴리청, 2006).

(1) 더 많은 기능이 보다 나은 것은 아니다. 더 나쁘다.
(2) 기능을 추가함으로써 보다 쉽게 만들 수는 없다.
(3) 혼란은 궁극적인 걸림돌이다.
(4) 스타일은 중요하다.
(5) 좋은 소비자 경험을 제공하는 기능만이 이용될 것이다.
(6) 학습을 요구하는 기술은 극소수의 사용자들에게만 채택될 것이다.
(7) 이용되지 않는 기능들은 쓸모없을 뿐만 아니라 속도를 떨어뜨리고, 이용의 용이성을 감소시킨다.
(8) 이용자들은 기술에 대해 생각하는 것을 원하지 않는다. 정말 중요한 것은 기술이 그들을 위해 무엇을 제공해 주는가이다.
(9) 킬러 기능을 잊어버려라. 기술이 아닌 고객의 편의성이 중시되는 킬러 소비자 경험의 시대를 환영하라.
(10) 보다 단순한 것이 어렵다. 보다 단순한 것이 보다 많은 사람들에게 도움을 주기 때문이다.

이러한 상황에서 단순화는 향후 유비쿼터스 환경에서 기업 생존의 중요한 키워드가 되는데, 이와 관련하여 다음과 같은 전략들이 고려될 수 있겠다.

첫째, 고객의 숨겨진 욕구를 찾아내야 한다. 단순화 전략에서 중요한 것은 철저히 고객의 입장에서 생각하여 숨겨진 욕구를 찾아내는 것이다. 이것이야말로 첨단기술의 사각지대에 숨어 있는 시장기회를 찾아내는 핵심요소이다. 소비자는 일견 첨단의 기술에 감탄하고 만족하는 것처럼 보인다. 하지만 그 내면을 들여다보면 정보 과부하에 대한 부담과 함께 숨겨진 불편, 즉 간편하고 쉬운 기술에 대한 욕구가 보이기 마련이다.

숨겨진 고객 욕구를 찾아내기 위해서는 보다 심층적인 소비자 조사가 필요하다. 단순히 고객의 의향을 물어보는 것은 숨겨진 욕구를 찾아내기에 역부족이다. 고객 스스로도 자신이 무엇을 원하는지 알지 못하는 경우가 있기 때문이다. 이런 어려움을 벗어나게 해 주는 방법이 고객이 제품을 어떻게 사용하며, 어떤 점에서 불편을 겪고 있는지를 알아내는 것이다. 사용 행태 관찰이나 시제품(prototype)에 대한 의견 청취가 좋은 예가 될 수 있다.

둘째, 2:8 법칙을 응용할 수 있다. MS는 고객의 사용 행태를 관찰해 차기 제품에 적극 반영한다. 마이크로소프트의 오피스 개발팀은 고객이 가장 많이 사용하는 기능을 단순화하고 개선한다는 원칙을 갖고 있다. 이 경우 고객들은 더 많은 기능이 추가되어도 사용이 더 간편해졌다고 느끼게 된다. 이들은 오피스 XP를 개발할 때 기존 버전에서 어떤 도구와 기능이 자주 사용되는가부터 파악했다. 그 결과 사용자들이 문서를 수정하거나, 각기 다른 오피스 프로그램(워드, 파워포인트, 엑셀 등)에서 작성한 문서를 하나로 통합하는 데 시간을 가장 많이 소비한다는 것을 발견했다. 새로운 버전은 이런 기능을 보다 단순화하고 새로운 기능은 쉬운 인터페이스로 소화했다. 애플(Apple)의 오디오 프로그램 아이튠즈(iTunes)는 고객들이 불편해 하는 작업을 단순화한 경우이다. 아이튠즈는 대부분의 사용자들이 여러 단계를 거쳐야 하는 MP3 음악파일의 구입을 클릭 한 번으로 가능하게 만들었다. 이런 전략의 효과가 큰 것은 결국 고객의 제품 사용에서도 2:8 법칙이 작용하기 때문이다. 수많은 기능 중에서 고객이 실제로 사용하는 것은 20% 내외에 불과하다. 그러므로 사용이 많은 부분부터 단순화할수록 효과도 커진다.

셋째, 보급기에는 단순화된 제품으로 접근해야 한다. 이것은 처음에는 오피니언 리더인 초기 수용자(early adopter)에 어필할 화려하고 다양한 기능의 제품을, 제품 보급기에는 좀더 단순하고 쓰기 편한 제품을 시판하는 전략이다.

이런 전략의 예는 디지털 카메라에서 찾아볼 수 있다. 디지털 카메라 업체들은 제품 시판 초기 고성능 줌(zoom)과 노출보정 등 종래 고급 카메라에서나 찾아볼 수 있던 다양한 기능을 중심으로 제품을 시판했다. 그러나 시장이 보급기에 접어들기 시작한 최근에는 기능을 대폭 단순화한 제품의 비중을 늘렸다. 일반적인 소비자는 첨단제품이 가진 모든 기능을 필요로 하지 않는다. 시장을 늘려야 할 상황에서는 일반 소비자가 원하는 단순화된 기능과 쉬운 조작성을 강조하는 것이 훨씬 유리하다.

이와 비슷하게 소비자를 좀 더 세분화한 후 각각의 세분화 그룹에 대해 다른 기술 수준의 제품을 제공하는 것도 생각해 볼 수 있다. 기술 적응성이 높은 젊은 층에게는 복잡한 기술을, 중장년층에게는 간편한 기술을 적용하는 것이다.

넷째, 공통적 문화 패턴을 활용해야 한다. 같은 시대를 사는 사람들은 지배적인 문화 패턴을 따라가는 경향이 있다. 이런 패턴은 사람들에게 익숙한 공통분모를 제공한다는 점에서 중요하다.

현재 쓰이는 많은 PC용 프로그램을 보면, 마이크로소프트의 윈도 체제는 대다수의 사람들이 사용하는 제품이다. 따라서 윈도 체제를 모방해 소프트웨어를 만들 경우 소비자에게 별도로 사용법을 교육할 필요가 없다. 휴대폰의 경우도 마찬가지이다. 휴대폰의 조작법 역시 PC의 인터페이스를 응용한 것이다. 요즘 나오는 휴대폰은 모두 커서를 상하좌우로 움직일 수 있는 내비게이션 버튼과 함께 명령을 수행하는 버튼을 갖고 있다. 'OK 버튼'은 PC의 Enter 키를 휴대폰으로 확장한 것이다.

이런 문화적 패턴을 찾는다면 복잡한 기술을 쉽고 간단하게 적용할 수 있다. 물론 아주 쉽고 간단하게 독창적인 제품을 만드는 것이 최선일 것이다. 그러나 이것이 가능하지 않을 경우 시장에서 널리 인지된 기존 제품의 사용법을 모방하는 것이 차선책이 될 수 있다.

한편, 숨겨진 고객의 욕구를 찾는 것과 동시에 폐쇄적이었던 기존의 기업시스템을 변화하려는 노력도 필요하다. 감지하고(sense), 해석하고(interpret), 결정하고(decide), 행동하는(act) 인간의 감각기관 및 시스템과 같은 21세기의 기업 모델은 고객에게 완전하게 오픈되어 있는 개방형 기업시스템이다(차원용, 2006). 인간의 지능과 같이 기업의 구조가 융합적으로 작동되어 각 구성원들의 능력의 융합을 극대화시켜 효율적인 생산이 가능하게 된다.

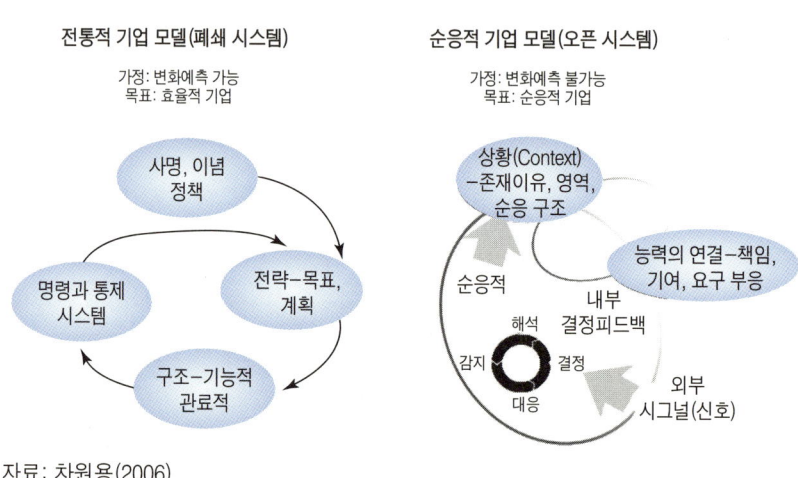

자료: 차원용(2006)

[그림 8.7] 전통적 기업 모델과 순응적 기업 모델

8.3 퓨전시대를 사는 법

인간의 사회적 삶과 문화가 더욱 기술 의존적이 될 것이라는 점에는 이의가 없으며, 이제 문화는 인간과 미디어 사이에 이루어지는 상호작용의 결과물이라는 정의도 가능하다. 이 평형추의 한쪽을 기술매체가 차지하고 있다면 그 균형점을 찾는 것은 결국 인간이라고 할 수 있다. 인류사회진화의 지향점과 기술 발전의 방향성 사이에 절충점과 연결고리를 찾는 작업은 영원히 인류의 과제로 존재할 것이기 때문이다.

인류는 사회·문화적인 진화를 계속해 나갈 것이고 그것은 우리가 어떻게 현명하게 그 진화의 흐름을 이론적이며 동시에 실천적으로 잘 제어해 나가느냐에 달려 있다. 컴퓨터가 매우 강력한 재혼합 도구이긴 하지만, 거기에서 나오는 것은 궁극적으로 그 컴퓨터를 다루는 창조적인 개인, 바로 우리 자신에게 달려 있기 때문이다.

일찍이 움베르토 에코(Umberto Eco)는 디지털 사회의 시민계급이 세 가지로 분화될 것임을 주장했다. 그에 따르면, TV만 보고 조립된 영상만 받아들이려 하는 프로렉스(prolex), 소극적이고 수동적인 방법으로 컴퓨터를 사용하는 쁘띠 부르주아지(petite bourgeoisie), 기술에 친숙한 노멘클라투라(nomenklatura) 계급이 존재한다는 것이다.

디지털 사회에서 정보접근에 유리한 전문직종인들은 상위계층으로 부상하고 정보화에서 소외되는 사람들은 하위계층으로 전락하게 된다. 상위계층을 디제라티 (digerati: digital과 지식계급 literati의 합성어) 또는 가상계급(virtual class)이라 부르고, 이들의 사고와 이념을 캘리포니아 이데올로기(California ideology)라 한다. 이들 디지털에 익숙한 계급은 디지털 사회의 부를 독점하게 되고 이들의 사회적 영향력이 급증하게 됨에 따라 점차 새로운 지배계급으로 변모한다. 디제라티는 디지털시대의 파워엘리트로 존재하는데, 미국 최고 부유층 1% 중 35세 이하 청년 디제라티가 5%를 차지한다.

문제는 정보격차에서 소외받는 층, 이른바 정보빈자들에게 부여된다. 정보시스템을 능숙하게 사용하지 못하는 정보빈자들은 '20 대 80의 사회'에서 배척되는 80%로 티티테인먼트(tittytainment)로 삶을 영위한다. 티티테인먼트는 '엄마 젖' 이란 뜻의 titty와 오락이란 뜻의 entertainment의 합성어로 세상에 좌절한 사람들은 약간의 오락물과 먹거리에 만족하며 아무 저항 없이 얌전하게 조용히 살아야 한다는 것을 의미한다.

그렇다면 이러한 상황에 어떻게 대처할 것인가? 디지털 격차를 극복하기 위해서는 디지털 통합(digital integration)을 이룩해야 한다. 그 전제는 나눔의 철학이다. 선진국들의 보편적 서비스(universal service) 개념은 공공재로서 정보와 지식을 염두에 두고 있다. 이는 승자독점경제(winner-takes-all economy)에서 초래될 수 있는 어느 특정 계층이나 집단의 정보·지식 독점을 방지하는 수단으로 작용한다.

따라서 사회적 포용정책이 요구되는데, 디지털 경제가 정보화 소외계층의 사회적 배제(social exclusion)를 증가시킨다는 인식에서 이들을 동참하게 하는 사회적 포용(social inclusion) 정책을 실시해야 한다. 정보화로부터 소외되는 계층과 지역을 타깃으로 산업화과정에서 벌어진 격차가 디지털 사회에서 되풀이되지 않게 하는 데 역점을 두어야 한다. 경제적, 신체적으로 소외된 계층과 정보화로 인한 경제적 부를 나누어 갖는다는 점에서 사회적 평등 실현에 근접한다.

우리는 디지털 제국의 노예가 된 지 오래다. 하루 종일 핸드폰 없이는 살지 못한다. '용건만 간단히'라는 금언은 찾는 이 없이 거리의 흉물로 전락한 공중전화에만 유용할 뿐이다. 우린 이미 침묵에 허전함을 느낀다. 핸드폰이 없으면 현대판 로빈슨 크루소를 체험하는 듯하다.

요즘은 강아지가 애완동물의 개념에서 가족의 개념으로 확장되고 있으며, 실제 애견인구도 폭발적으로 증가하고 있다. 그에 따라 아무 때나 짖어대는 소리에 조용한 생활을 방해받는 사람들의 불평이 적지 않다. 주위의 동의를 구해야만 개를 기를 수 있게 해야 한다는 아이디어가 정책적으로 고려되고 있는 상황이다. 스스로 상황을 타개하고자 하는 사람들은 개 목의 진동을 감지하여 미세한 전기자극을 주어 짖음을 방지하는 기계를 구매하고 있다. 한마디로 인간의 이기적인 목적에 영합하는 디지털 기술의 가학성이다. 이 얼마나 잔인한 발상인가! 주인이 반가워, 배가 고파 짖고자 할 때 어김없이 전기자극이 가해질 것이다. 디지털은 편리함을 가져다준다. 그러나 어떻게 쓰느냐에 따라 이처럼 잔인한 기술이 되기도 한다.

디지털은 어떻게 쓰느냐에 따라 '디지털'이 되기도 하고, '돼지털'이 되기도 한다. 디지털이면 인간에게 유용한 생활도구인데, 돼지털이 되면 아무 소용없는 것으로 전락하거나 애물단지일 뿐이다. 돼지고기는 음식이 되지만 털은 버리는 것과 같다. 그런데 돼지털도 붓털로 사용된다는 사실을 간과해서는 안 될 것이다. 즉, 어떻게 사용하느냐이다. 아날로그를 무시한 디지털이어서는 곤란하다.

비틀즈는 LP에서 전설로 부활한다. 아날로그적인 감수성은 여전히 중요한 의미로 남아 있는 것이다. 역시 답은 인간이 주인공인 디지털 세상이다. 디지털에서 아날로그를 Delete 해서는 안 될 것이다. 디지털에 저장된 아날로그적 향수를 다운로드해 보는 여유가 소중해지는 요즘이다. 이는 기업을 포함해 개인의 자세이기도 한 금과옥조이기도 하다.

또한 퓨전시대에는 예술적이고 감성적 아름다움을 창조하고 트렌드를 감지하며 스토리를 만들어낼 수 있는 하이컨셉의 능력이 우리들에게 요구될 것이다. 따라서 하이컨셉을 구현하기 위해서는 다음과 같은 여섯 가지 요소에 주목해야 한다.

첫째, 디자인이다. 기능만으로는 안 된다. 시각적으로 아름답거나 좋은 감정을 선사해 가치를 제공해야 한다. 좋은 디자인이란, 사람들의 욕구에 기술과 인지과학, 그리고 미를 결합하는 것이다.

둘째, 스토리이다. 단순한 주장만으로는 안 된다. 설득과 커뮤니케이션이 필요하다. 인간은 선천적으로 논리를 이해하는 데 이상적이지 않다. 인간은 선천적으로 스토리를 이해하도록 만들어져 있다.

셋째, 조화이다. 집중만으로는 안 된다. 통합, 이질적인 조각들을 서로 결합하는 능력이 요구된다. "수레바퀴를 발명한 사람은 멍청이다. 바퀴를 네 짝으로 만든 사람, 그 사람이 바로 천재다."라는 명제를 알아야 한다.

넷째, 공감이다. 논리만으로는 안 된다. 유대 강화, 배려하는 정신이 필요하다. 공감은 타인을 격려하고, 그들의 삶에 활력을 불어넣어 주기 위해 타인과 관련을 맺고 연대하는 능력이다.

다섯째, 놀이이다. 진지한 것만으로는 안 된다. 마음의 여유, 웃음, 유머를 선사해야 한다. 21세기에 놀이는 지난 300년에 걸친 산업사회에서 일이 우리의 사고, 행동, 그리고 가치창조에서 차지했던 것과 같은 비중을 갖고 있다.

여섯째, 의미이다. 물질의 축적만으로는 안 된다. 목적의식, 초월적 가치, 정신적 만족 등을 제공해야 한다. 인간은 선천적으로 쾌락보다는 의미를 추구한다. 그 쾌락에 의미가 깊이 개입되어 있지 않은 한 그러하다.

결국 미래 하이컨셉 시대를 살아가기 위해 우리가 준비해야 하는 것은 다음과 같은 자질들이다. 그것은 바로 기술을 아름답게 하는 디자인 능력, 설득 커뮤니케이션을 담은 스토리 구성 능력, 이질적인 조각들을 서로 결합하는 조화력, 남을 배려하고 관계 맺는 공감력, 즐길 줄 아는 여유, 의미와 만족을 추구하는 정신 등이다.

앞으로 펼쳐질 미래 퓨전시대에 무엇보다도 중요한 화두는 바로 우리들이 단순한 사용자나 소비자가 아니라는 점이다. 이는 웹 2.0 시대가 갖는 속성과도 일치한다. 이제 우리는 생산자이자 평가자이다. 그래서 기득권자들 중심의 기존 질서 대신 새로운 질서를 갖춘 세계가 만들어지고 있다. 구경만 하던 사람들이 이제는 직접 참여해 무엇인가를 만들어내고 이를 다른 사람들과 함께 공유하면서 나타나는 현상이다. UCC 열풍이 그랬고, 집단지성이 그랬다.

미래에는 힘 있는 소수보다 평범한 다수의 힘이 더욱 큰 위력을 발휘하게 될 것이다. 80%의 긴꼬리(long tail) 집단이 세상을 움직이는 힘을 얻게 된다. 이러한 참여시대의 도래는 미래의 이야기만이 아니라 현재진행형이다. 공유의 경제학, 개방의 네트워크가 퓨전시대의 새로운 화두로 떠오르고 있다.

퓨전 트렌드의 미래는 기능적 융합(컨버전스)이 아니다. 삶의 질 향상을 위해 새로운 가치를 창조해내는 기능적 차원의 문화혁신이어야 한다. 이로써 다양한 사상의 꽃을 피웠던 백가쟁명(百家爭鳴)의 춘추전국시대가 미래 창조적 퓨전시대에 새롭게 꽃피우게 될 것이다. 우리가 그리는 미래 인류의 청사진이 여기에 담겨 있다.

컨버전스, 퓨전이 주목받는 이유는 미래의 무한한 확장가능성에 있다. 아직 완벽한 의미의 컨버전스, 퓨전은 존재하지 않지만 그 형태는 인간이 추구하는 모든 것을 담아내는, 인간에 대한 이해를 바탕으로 한 형태의 것이 될 가능성이 크다. 미래의 퓨전은 인간이 추구하는 다양한 욕구를 충족시키기 위해 기능적 융합과 해체가 자유롭게 이루어지면서 지속적으로 진화해 나갈 것이다. 이는 인간에게, 기업에, 국가에 새로운 기회가 될 것이다.

 참고문헌 및 자료

1. 국내문헌

강홍렬 외(2006).『메가트렌드 코리아』, 한길사

김문겸(1996).『현대사회와 여가』, 부산대 출판부

김미지자(1998).『감성공학』, 디자인오피스

김사혁(2004). "나노기술의 이해와 정책적 시사점", <정보통신정책>, 제14권
　　제17호

김용섭(2006).『대한민국 디지털 트렌드』, 한국경제신문

김원제(2006).『호모미디어쿠스』, 커뮤니케이션북스

김원제 외(2005).『문화콘텐츠 블루오션』, 커뮤니케이션북스

김위찬·르네 마보안(2005).『블루오션 전략』, 교보문고

김재곤 외(2004). "맞춤형방송 기술과 표준화 동향", <전자통신동향분석> 제
　　19권 제4호

김종성 외(2005). "생체신호 기반 사용자 인터페이스 기술", <전자통신동향분
　　석> 제20권 제4호

김준호 외(2005). <2004년도 해외 디지털콘텐츠산업조사연구: 총괄편>, 한국
　　소프트웨어진흥원

나가마치 미츠오(1997).『감성공학』, 상조사

남대일(2004).『컨버전스 시대 퓨전경영』, 도서출판 이유

노무라총합연구소, u-네트워크연구회 역(2002).『유비쿼터스 네트워크와 시장
　　창조』, 전자신문사

디지털융합연구원(2005).『디지털 컨버전스 전략』, 교보문고

릴리 청(2006). 복잡성과 유용성의 함수, Being Digital, 서울디지털포럼, 미래
　　의 창

모라비안바젤컨설팅(2005). 『블랙홀 시장창조 전략』, 고즈원

박세영(2004). "S/W 및 디지털콘텐츠", 정보통신정책연구원

박준석(2006). "차세대 휴먼 인터페이스의 오감 정보처리 기술", ITFIND <주간기술동향>

보니타 콜브, 이보아·안성아 역(2005). 『문화예술기관의 마케팅』, 김영사

사토루 이토(2006). 유비쿼터스 네트워킹 사회, Being Digital, 서울디지털포럼, 미래의 창

삼성경제연구소(2007). 웹 2.0이 주도하는 사회와 기업의 변화, <CEO Information>, 제588호

삼성경제연구소(2005. 9). 기술과 감성의 융합시대, <CEO Information>, 제417호

삼성경제연구소(2005. 3). 2000~2004년 히트상품 분석을 통한 중기 소비시장 전망, Issue Paper

삼성경제연구소(2005. 3). 소프트강국으로 가는 길, Issue Paper

삼성경제연구소(2004. 7). 애니메이션의 비즈니스 사례와 성공전략, Issue Paper

삼성경제연구소(2003. 12). 유비쿼터스 컴퓨팅: 비즈니스 모델과 전망, Issue Paper

삼성SDS(2005). 통방융합 환경에서의 IT 서비스 시장 기회 및 전략

서병문(2005). 2005 미래전략포럼, IT 전략연구원

손대현 편저(2004). 『문화비즈니스를 승화시킨 엔터테인먼트산업』, 김영사

송해룡·김원제·조항민(2006). 『대한민국은 지금 체험지향사회』, 커뮤니케이션북스

심상민(2005). 『블루콘텐츠 비즈니스』, 커뮤니케이션북스

안두현·엄미정·이광호·김석관·배용호·정교민·박정규(2002). "주요 신기술의 혁신추이 및 경쟁력 분석: BT, NT, ET를 중심으로", 과학기술정책연구원, 2002

안종배(2006). 방송통신융합시대 콘텐츠산업 육성방안. 방통융합시대 문화콘텐츠와 미디어산업의 제2의 도약 세미나 발제문. 문화관광부

야마시타 유미(2005).『오감재생』, 아이티아이북스

엘지경제연구원(2006). "2006년 주목할 감성 마케팅 키워드", <주간경제>, 867호(1. 18)

엘지경제연구원(2006). "엔터테인먼트에서 엿보는 소비심리", <주간경제>, 872호(2. 22)

엘지경제연구원(2005). 디지털디바이스의 컨버전스 트렌드, 제7회 전자산업동향예보제 세미나 발제문

엘지경제연구원(2005). "산업 컨버전스 시대가 열린다", <주간경제>, 834호(6. 1)

원팡언 외(2005). CT 중장기 발전방안 수립 연구보고서, 분콘진 04-30, 한국문화콘텐츠진흥원

우제린(2001). "정서특정적 생리의 탐색을 모색하는 감성공학의 패러다임과 실천방법", <한국감성과학회지>, Vol.4. No.2. 1-13

유재천 외(2005).『컨버전스와 미디어 세계』, 커뮤니케이션북스

윤심(2006). 서비스 컨버전스와 산업성장, 2006 웹코리아 포럼 심포지엄 발표자료

윤태진, 이상길. "IT와 문화콘텐츠의 내용과 형식의 변화", 정보통신정책연구원, 2005

이구형(1998a). "사회 및 산업환경의 변화와 감성과학", <한국감성과학회지>, Vol.1. No.1. 13-17

이구형(1998b). "감성과 감정의 이해를 통한 감성의 체계적 측정 평가", <한국감성과학회지>, Vol.1. No.1. 113-122

이병민 외(1993). 감성공학 기술동향 및 수요조사 연구, 한국표준과학연구원

이상태 외(2002). 웹기반 감성 데이터베이스 구축 및 보급에 관한 연구, 한국표준과학연구원

이상홍(2006). Ubiquitous Life를 위한 디지털 컨버전스. KT · 정보통신경영전략공동연구소

이재동 · 김원제 외(2006). 감성형 문화콘텐츠기술 연구. 한국문화콘텐츠진흥원

이재동·김원제 외(2005). CT 기반 문화콘텐츠산업의 블루오션 전략. 한국문화
　　콘텐츠진흥원

이재동·박제호·김원제(2006). CT-BT-NT-IT 융합기술 종합발전계획, 한국문
　　화콘텐츠진흥원

이재동·김원제(2005). CT 비전 및 중장기 전략수립 보고서, 문콘진 05-10, 한
　　국문화콘텐츠진흥원

이재동 외(2004). 유비쿼터스 콘텐츠 기술 로드맵, 문화관광부

이정민·김영수(2005). "통신산업과 블루오션 전략", <통신시장>, 3/4 월호, 통
　　권 69 호, 82~97

전석호·김원제(2005). 『유비쿼터스 사회와 방송』, 커뮤니케이션북스

전자부품연구원(2006). <나노기술의 미래>

전황수, 허필선(2006). "IT-BT-NT 기술 융합에 따른 산업육성전략", <전자통
　　신동향분석> 제21 권 제2 호

정보통신부/ETRI(2006. 9). 미래국가발전 수립을 위한 IT 기반 미래기술 발전
　　전망, 미래전략위원회 중간보고

정보통신부(2006). RFID/USN 산업동향 및 전망

정보통신부(2006. 1). IT 부품·소재산업 경쟁력 강화대책(안)

정보통신부(2005). IT 기반 융합기술 발전전략

정보통신정책연구원(2005). 디지털 컨버전스 시대의 기업전략, KISDI 20 주년
　　기념세미나

조위덕(2005). 유비쿼터스 기술 발전과 미래 휴먼라이프 변혁, NCA 정책포럼자
　　료집

차원용(2002). 『솔루션 비즈니스 마케팅』, 굿모닝미디어

차원용(2006). 『미래기술경영 대예측: 매트릭스 비즈니스』, 굿모닝미디어

천경준(2004). "정보통신 Terminal 의 발전과 향후전망", <통신시장>, 한국통
　　신, 2004. 9/10. 통권 제56 호. 53~65

최수미(2003). "세계의 우주분야 현황과 전망", <항공우주산업기술동향>, 제1
　　권 제1 호, 한국항공우주연구원

ETRI(2005. 6). IT-BT 융합기술기획보고서(초안)

ETRI(2006). 미래 텔레매틱스 기술 전망

ETRI(2006. 10). IT-BT-NT 융합기술 발전방안 수립을 위한 기획연구, 정보통신부

전황수·허필선(2006). IT-BT-NT 융합기술, ETRI 기획보고서

하원규(2003). 유비쿼터스 IT 혁명으로 세계 정보화 선도하자. 한국 S/W 산업협회 창립 15주년 기념세미나 발표자료

한국공학교육기술학회(2002). "BT 분야 특허 현황 및 전망", <공학교육과 기술>, 9권 1호, 4~7

한국문화관광정책연구원(2005). 문화산업동향

한국문화콘텐츠진흥원(2005). 컨버전스 & 유비쿼터스 시대 문화콘텐츠의 진화와 발전방향(2005. 12)

한국문화콘텐츠진흥원(2006). 소비자 욕구분석을 통한 뉴미디어 콘텐츠 개발전략 연구(2006. 8)

한국산업기술평가원(2005). <일본의 국가기술 현황과 도출과정>

한국전산원(2005). <디지털 컨버전스로 나타나는 유비쿼터스 사회>, 유비쿼터스 사회연구 시리즈 제3호

한국전산원(2006). 컨버전스에 따른 미래 패러다임 변화와 정책과제, IT 신기술 이슈

한국전파진흥원(2006). IT839 따라잡기: 지능형 로봇

한국정보통신기술협회(2005). IT839 전략 표준화 로드맵 Ver. 2006

황준석(2006. 10). 통방융합에서의 DC 패러다임의 변화, 디지털 컨버전스 확산에 따른 DC 산업 활성화 방향 세미나 자료집

최영호(2006). 문화콘텐츠산업 2005년 동향 및 2006년 전망, 한국문화콘텐츠진흥원

2. 해외 문헌

Ahlqvist, T. (2005). "From Information Society to Biosociety? On Societal Waves, Developing Key Technologies, and New Professions", Technological Forecasting and Social Change, 72(5), June, pp. 501-519.

Allen Consulting Group (2003). Digital Content: plus Connectivity: Driving Value, Jobs and Competitiveness in Business, Government and the Community Throughout NSW (Report for the New South Wales Government)

Benkler, Y.(2000). "From consumers to users: Shifting the deeper structures of regulation towards sustainable commons and user access", Federal Communication Law Journal, Volume 52, 561-579, (http://www.law.indiana.edu/fclj/pubs/v52/no3/benkler1.pdf)

Bockstedt, Jesse C. Robert J. Kauffman, Director and Frederick J. Riggins. (2005). "The Move to Artist-led Online Music Disctribution: Explaining Structural Changes in the Digital Music Market", Hawaii International Conference on System Sciences (http://misrc. umn.edu/workingpapers/fullpapers/2004/0422_091204.pdf)

Buchanan, Colin (2000). Cultural Industries and Evening Economy: Strategy prepared by: Colin Buchanan and Partners & Urban Cultures for Derry City Council, City Centre Initiative, NI Tourist Board and Londonderry Development Office (http://www. derrycity.gov.uk/downloads/EconomicDevelopment/Cultural%20ind ustries%20and%20Evening%20Economy%20.pdf)

Calic, Janko, Neill Campbell, Majid Mirmehdi, Barry Thomas, Ron Laborde, Sarah Porter and Nishan Canagarajah (2004). ICBR - Multimedia management system for Intelligent Content Based

Retrieval. In: International Conference on Image and Video Retrieval CIVR 2004, pages 601-609. Springer LNCS 3115, July 2004 (http://www.cs.bris.ac.uk/Publications/pub_info.jsp?id=2000116)

Chetrit, Guy (2001). EIB Sector Papers: The European Audiovisual Industry (http://www.eib.org/Attachments/pj/pjaudio_en.pdf)

Chu, June Chi-jung (2003). Museum and Creative industries: A Myth in Taiwan, (http://susan.chin.gc.ca/~intercom/chu.pdf)

Cunningham, Stuart (2003). The Evolving Creative Industries-from original assumptions to contemporary interpretations (http://www. creativeindustries.qut.com/research/cirac/documents/THE_EVOLVI NG_CREATIVE_INDUSTRIES.pdf)

DCMS&DTI(2000). A New Future for communications. http://www. communicationsact.gov.uk/

Dominick, J. R., Sherman, B. L. & Messere, F.(2000), Broadcasting, Cable, The Internet and Beyond: An Introduction to Modern Electronic Media. Boston, MA: McGraw- Hill.

EC(1997). Green Paper on the Convergence of the Telecommunications, Media and Information Technology Sectors, and the Implications for Regulation.
(http://europa.eu.int/ISPO/convergencegp/97623en.pdf)

EC(1999). Toward a new framework for regulation Electronic Communications Infrastructure and associated services. The 1999 Communications Review. (http://europa.eu.int/scadplus/leg/en/ lvb/l24216.htm)

European Union(2002), Directive 2002/21/EC of the European Parliament and the Council of 7 March 2002 on a common regulatory framework for electronic communications networks and services (Framework Directive). Official Journal of the European Communities, L 108/33.

FRST (2003). R&D Strategy for creative industries a discussion paper (http://www.designindaba.com/advocacy/downloads/Strategy_for_the_Creative_Industries.pdf)

Fischbeck, Brian (2000). Digital Music Business Model, (http://faculty.darden.edu/gbus885-00/Papers/PDFs/Fischbeck%20-%20Digital%20Music%20Business%20Models.pdf)

Forrester (2005), The Seeds of the Next Big Thing: Sketching The Fourth Wave of Growth For the Technology Economy.

Fronville, Claire L. (2003). The International Creative Sector: Its Dimensions, Dynamics, and Audience Development (http://www.culturalpolicy.org/pdf/UNESCO2003.pdf)

Florida, Richard (2002). The Rise of the Creative Class: And How It's Transforming Work, Leisure Community and Everyday, Basic Books

Friedewald, Michael and Olivier Da Costa (2003). Science and Technology Roadmapping: Ambient Intelligence in Everyday Life (AmI@Life), JRC/IPTS - ESTO Study (http://www.cybertherapy.info/pages/AmIReportFinal.pdf)

Godin, Seth (2002). Purple Cow: Transform Your Business by Being Remarkable, Portfolio; 남수영 · 이주형(2004), 보랏빛 소가 온다: 광고는 죽었다, 재인.

Horx, M.(2003). Future Fitness, Eichborn AG.; 이온화 역(2004), 미래, 진화의 코드를 읽어라, 넥서스북스.

Kelliher, Aisling Geraldine Mary (2005). Everyday Storytelling: supporting the mediated expression of online personal testimony, Thesis Proposal for the Degree of Doctor of Philosophy, Massachusetts Institute of Technology

Kruzweil, Ray (1999). The Age of Spiritual Machines: When Computers Exceed Human Intelligence, Viking, New York

Kruzweil, Ray (2004). Law of Accelerating Returns (http://www. kurzweilai.net/pressroom/presentations/slides/KAIN_Keynote_files/ frame.htm)

Lazzeretti, Luciana and Barbara Nencioni (2005). Creative Industries in High Culture Local System: The Case of The Art City of Florence, Regional Studies Association Annual Conference 2005 Aalborg, Denmark 28th-31st May (http://www.regional-studies-assoc.ac.uk/ events/aalborg05/lazzeretti.pdf)

Moravec, Hans (1998). When will computer hardware match the human brain?", Journal of Evolution and Technology. 1998. Vol. 1

Nikias, C. L. Max (2005). "Can Hollywood Survive in the Digital Age?" 2005 IEEE International Conference on Acoustics, Speech, and Signal Processing March, Philadelphia, PA, USA

OECD(2005), OECD Communication Outlook 2005, Paris: Author.

OECD(2005). Roundtable on Communications Convergence, London, 2-3 June 2005. (http://www.oecd.org/document/53)

OECD(2005). OECD Guiding Principles for Regulatory Quality and Performance, (http://www.oecd.org/dataoecd/24/6/34976533.pdf)

OECD (2005). Working Party on the Information Economy Digital Broadband Content: Music (http://www.oecd.org/dataoecd/13/2/ 34995041.pdf)

OCED (2004). WPIE Digital Content Workshop: The Case of Music (http://www.oecd.org/dataoecd/18/16/34078979.pdf)

Pearl2 Project (2004). State of the Sector Report on Philippine Digital Animation, (www.pearl2.net/pages/se/reports/animation.pdf)

Picard, R. W.(2000). Affective Computing, MIT Press.

Pink, D. (2005). Whole New Mind, Riverhead books.

Rheingold, H.(2003). Smart Mobs: The Next Social Revolution, Basic Books.

Roncarelli, Robi (2004). THE RONCARELLI REPORT on the Computer Animation Industry, PIXEL

Russ, Martin (2004). Exploring Multimedia as if it was a Level in a Game (http://www.iee.org/oncomms/pn/visualinformation/MARTIN_RUSS.pdf)

Schdmidt, Albrecht (2005). "Interactive Context-Aware Systems: Interacting with Ambient Intelligence", Ambient Intelligence, G. Riva, F. Vatalaro, F. Davide, M. Alcaiz(Eds.) IOS Press, 2005, http://www.ambientintelligence.org

Schmitt, B.(1999). Experiential Marketing; 박성연 외 역(2005), 체험 마케팅, 세종서적.

Scottish Screen (2003). Audit of the Screen Industries in Scotland (http://www.scottishscreen.com/downloads/ScreenIndustriesAuditPt2.pdf)

Schfer, Ralf (2004). Motivation for Broadband Television Motivation for Broadband Television (http://tim.irisa.fr/veille/TVadsl/Broadband%20TV/Broadband%20TVSEM/Presentations/Day%201/Opening/BBTV%20Opening.pdf)

Steven, S.(2002). Telecommunications Convergence(2nd). McGraw-Hill.

Takeda, Nobuaki (2002). Proposal for New Industrial Development Mechanism

UNESCO (2004). Communication of the European Community and its Member States1 to UNESCO on the preliminary draft UNESCO Convention on the protection of the diversity of cultural contents and artistic expressions

UNESCO Bangkok (2005). Context and Aims of the Simposium, UNESCO Senior Expert Symposium on Cultural Industries, Judhpur, India (http://www.unescobkk.org/index.php?id=2223)

Venturelli, Shalini (2000). "From the Information Economy to the Creative Economy: Moving Culture to the Center of International Public Policy", Center for Arts and Culture (www.culturalpolicy.org/pdf/venturelli.pdf)

Waterman, David (2004). The Effects of Technological Change on the Quality and Variety of Information Products, Dept. of Telecommunications, Indiana University

Watts, Lloyd (2002). "Reverse Engineering the Brain", 2002 World Congress on Computational Intelligence (http://www.lloydwatts.com/neuroscience.shtml)

Weiser, M.(1993), "Hot Topics: Ubiquitous Computing", IEEE Computer, October 1993, (http://www.ubiq.com/hypertext/weiser/UbiCompHotTopics.html)

Weiser, M & Brown, J. S. (1996), "The Coming Age of Calm Technology", (http://www.ubiq.com/hypertext/weiser/acmfuture2endnote.htm)

Weiser, M., Gold, R., and J. S. Brown (Number 4, 1999), "The origins of ubiquitous computing research at PARC in the late 1980s", IBM Systems Journal, <Pervasive Computing>, Volume 38.

3. 신문 및 인터넷 자료

전자신문, "연중기획 CT가 미래다", 2006년 기획시리즈.
디지털타임스, 2004년 3월 5일자.
동아일보, 2004년 7월 19일자.
동아일보, 2006년 1월 23일자.
미디어오늘, 2005년 9월 22일자.
서울경제, 2004년 6월 29일자.
아이뉴스 24, 2005년 8월 24일자.
전자신문, 2005년 7월 25일자.
중앙일보, 2005년 5월 30일자.
중앙일보, 2005년 8월 4일자.
조선일보, 2005년 8월 3일자.
파이낸셜뉴스, 2005년 9월 19일자.
한국경제신문, 2005년 6월 20일자.
한국경제신문, 2005년 8월 3일자.
헤럴드경제, 2005년 8월 11일자.

경영실무리뷰(http://www.mbr.co.kr)
국가지식포털(http://www.knowledge.go.kr/)
뮤직시티(http://www.muz.co.kr/main/main_index.html)
뮤직시티 싸이월드(http://town.cyworld.com/musiccity)
미디어랩 유럽, 헤비타트 프로젝트(Human Connectedness)(http://web.
    media.mit.edu/~stefan/hc/projects/habitat/)
반즈앤노블(http://www.barnesandnoble.com)
뿌까(http://www.vooz.co.kr/vooz/index.html)
사이버지움(www.cyberseum.com)
유비유넷(http://www.ubiu.net/index.htm)

이노디자인(http://www.innodesign.com)

애플 아이튠즈(http://www.apple.com/itunes)

SM 엔터테인먼트(http://www.smtown.com)

3D 게임 세피로스(http://www.sephiroth.co.kr/index.jsp)

MIT 미디어 랩(http://www.media.mit.edu/)

카네기멜론대학 엔터테인먼트 기술 연구소(http://www.etc.cmu.edu/
　　Global/index.html)

찾아보기